Die Entwicklung der selbsttätigen Einkammer-Druckluftbremse bei den europäischen Vollbahnen

Von

Dr.-Ing. e. h. Wilhelm Hildebrand

Mit 234 Abbildungen im Text

Springer-Verlag Berlin Heidelberg GmbH
1927

ISBN 978-3-642-50594-2 ISBN 978-3-642-50904-9 (eBook)
DOI 10.1007/978-3-642-50904-9

Ursprünglich erschienen bei Julius Springer in Berlin 1927
Softcover reprint of the hardcover 1st edition 1927

Der Technischen Hochschule zu Berlin

gewidmet

Inhaltsverzeichnis.

Einleitung.

Nach jahrzehntelangem Kampf zwischen dem Saugluft- (Vakuum-) und dem Druckluftsystem hat dieses bei den durchgehenden Bremsen der europäischen Vollbahnen endgültig den Sieg davongetragen. Der „Internationale Eisenbahn-Verband“ (U. I. C.) hat die selbsttätige Saugluftbremse vollständig fallen lassen und zieht nur noch das Druckluftsystem für die Einführung einer einheitlichen Güterzugbremse in Betracht.

Man darf zugeben, daß dieser Sieg nicht allein der inneren Überlegenheit des Druckluftsystems zuzuschreiben ist, sondern in erheblichem Maße auch der Tatsache, daß in dem Zeitpunkt, in dem die Bremsfachleute vor die Wahl eines der beiden Systeme für die internationale Güterzugbremse gestellt wurden, die Druckluftbremse bei den Personenwagen und Lokomotiven der in Betracht kommenden Staaten bei weitem die größte Verbreitung hatte und damit die Kostenfrage sehr gewichtig in die Wagschale des Druckluftsystems fiel.

Wenn damit das Saugluftsystem allmählich aus den Eisenbahnbetrieben vollständig verschwinden wird, so darf nicht vergessen werden, daß denjenigen, welche dieses System zu hoher Vollkommenheit entwickelt und verfochten haben, insofern großes Verdienst zukommt, als sie damit außerordentlich befruchtend auf die Entwicklung des Druckluftsystems gewirkt haben. Man würde sich vielleicht bei der Einführung einer Druckluft-Güterzugbremse mit einer weniger vollkommenen Einrichtung abgefunden haben, wenn nicht die selbsttätige Saugluftbremse Vorteile gezeigt hätte, auf die man nicht so leicht verzichten konnte. Zwar gab es auch bei dem Druckluftsystem eine Form, die Druckluft-Zweikammerbremse, die dieselbe unbeschränkte Regulierfähigkeit bot, welche die als Zweikammerbremse wesensverwandte selbsttätige Saugluftbremse so vorteilhaft erscheinen ließ. Doch waren mit dieser Abart des Druckluftsystems so erhebliche Nachteile verbunden, wie insbesondere Trägheit der Wirkung und großer Luftverbrauch, daß ihre Weiterbildung aufgegeben werden mußte. Im Vollbahnbetrieb ist deshalb die selbsttätige Druckluft-Einkammerbremse allein auf dem Felde geblieben, und diese Bremsgattung wird für absehbare Zeit bei den Vollbahnen des europäischen Festlandes wie der übrigen Welt vorherrschen.

In der Weiterbildung der Druckluft-Einkammerbremse stellt die Kunze Knorr-Bremse diejenige Entwicklungsstufe dar, die eine vollkommene Abkehr von der Saugluftbremse ermöglichte. Die Versuche auf den langen und steilen Gefällen der Schweiz und des Arlbergs haben gezeigt, daß diese Bremsbauart allen Bedingungen entspricht, die an eine für alle Verhältnisse brauchbare Bremse gestellt werden müssen, so daß in technischer Beziehung einer allgemeinen Annahme der Kunze Knorr-Bremse im europäischen Verkehr nichts im Wege stehen würde.

Es erscheint daher lohnend und im allgemeinen Interesse liegend, einmal einen Rückblick auf die ganze Entwicklung der selbsttätigen Einkammer-Druckluftbremse zu werfen und ihren Werdegang zu verfolgen, beginnend mit der Form, in der sie ihren Einzug bei allen größeren Bahnen des europäischen Festlandes, mit Ausnahme von Österreich, des Balkans und der Pyrenäenhalbinsel, gehalten hat, und in der sie teilweise noch heute in Betrieb ist. Es dürfte für die weitere Entwicklung wertvoll sein, die Erfahrungen festzuhalten, die während dieser Zeit gemacht wurden, damit sich die Bremstechnik auf sie als auf etwas Bekanntes und Feststehendes stützen kann und es nicht nötig hat, die vielen Versuche nochmals durchzumachen und die häufigen Umwege zu gehen, die schließlich zu dem heutigen Stande der Vollbahnbremsung in Europa geführt haben.

Es sollen in diesem Buch nur die rein pneumatisch gesteuerten Bremsen behandelt werden. Elektrisch gesteuerte Bremsen sind schon seit ungefähr vierzig Jahren in verschiedenen Ausführungen versucht worden, da die Benutzung des elektrischen Stroms zur gleichzeitigen Betätigung der Bremsen eines Zuges naheliegt. Wegen der Schwierigkeiten, elektrische Kabel und Kontaktverbindungen in dem verhältnismäßig rauhen Eisenbahnbetrieb bei langen Revisionsperioden zuverlässig zu erhalten, wurden solche Versuche immer wieder aufgegeben, und die elektrische Steuerung hat nur in kleineren Sonderbetrieben, z. B. bei Stadtbahnen, Verwendung gefunden, bei denen die Betriebsmittel besser überwacht und in Stand gehalten werden können.

Die Entwicklung der Druckluftbremsen in ihrem Entstehungsland, den Vereinigten Staaten von Nordamerika, weicht in wesentlichen Punkten von der Entwicklung in Europa ab. Sie ist insbesondere dadurch beeinflußt worden, daß dort schon früh die selbsttätige Mittelpufferkupplung eingeführt wurde. Die amerikanischen Bauarten der Einkammer-Druckluftbremse werden deshalb in der Hauptsache nur in ihren Anfangsstufen behandelt, von denen die Entwicklung der europäischen Bauarten ihren Ausgang nimmt.

A. Die selbsttätige Einkammer-Druckluftbremse für Personenzüge.

I. Die Grundform der selbsttätigen Einkammer-Druckluftbremse.

Alle bisher eingeführten selbsttätigen Einkammer-Druckluftbremsen und auch die Kunze Knorr-Bremse stützen sich letzten Endes auf die Erfindung der indirekten Steuerung, die G. Westinghouse im Jahre 1872 machte. Wenige Jahre vorher — im Jahre 1869 — hatte Westinghouse eine direktwirkende Druckluftbremse als durchgehende Eisenbahnbremse gebaut und zur Einführung gebracht (Abb. 1).

Eine auf der Lokomotive angebrachte Luftpumpe P erzeugte Druckluft, die in einem größeren Behälter H aufgespeichert wurde. Durch einen Dreiwegehahn F konnte der Führer die durch den Zug geführte Bremsleitung L und die an diese angeschlossenen Bremszylinder C entweder mit dem Druckluftbehälter oder mit der freien Luft verbinden. Im Ruhezustand war die Leitung entlüftet, die Bremse also gelöst. Zum Zweck des Bremsens ließ der Führer in die Bremsleitung und damit in die Bremszylinder der Lokomotive und der Wagen Druckluft einströmen und zog dadurch die Bremsen des Zuges an. Die zwischen den Fahrzeugen durch biegsame Kupplungen Q verbundene durchgehende Leitung war doppelt ausgeführt. Am Zugende wurden die beiden Stränge durch Verbindung der beiden Endkupplungen abgeschlossen. Die zum Bremszylinder des Tenders und zu denen der Wagen gehenden Abzweigungen führten über Doppelrückschlagventile D, welche die in den Bremszylinder eingelassene Druckluft in diesem zurückhalten sollten, wenn eine der Leitungen beschädigt würde. Bei Zugtrennung trat bei diesem System natürlich keine selbsttätige Bremsung ein.

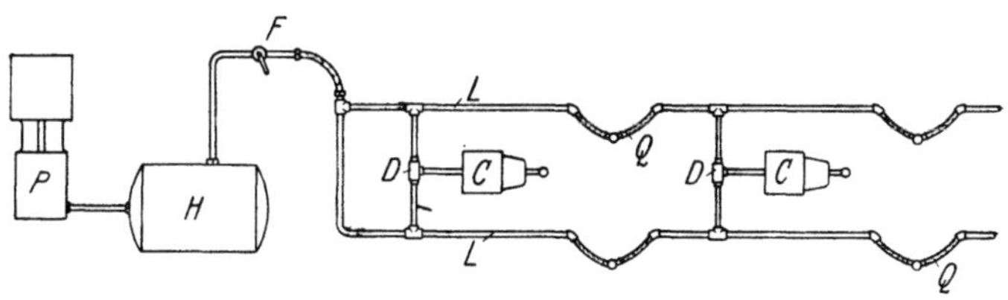

Abb. 1. Die direkte Bremse von Westinghouse.

Die indirekte Steuerung der selbsttätigen Einkammerbremse brachte hierin einen großen Fortschritt. Die an die Bremsleitung angeschlossenen Bremszylinder werden bei ihr nicht direkt von der Lokomotive aus mit Druckluft gefüllt, sondern durch besondere Steuerorgane und Luftbehälter, die an den Bremswagen angebracht sind. Im Gegensatz zur direkten Bremse ist die Bremsleitung bei gelöster Bremse mit Druckluft gefüllt, und die Einleitung der Bremsung erfolgt durch Auslassen von Druckluft aus der Leitung. Dadurch, daß die in den Bremszylindern zur Wirkung kommende Druckluft nur einen kurzen Weg zurückzulegen hat und nicht vom Führerstand aus die Leitung durcheilen muß, wird die Zeit von der Einleitung der Bremsung durch den Führer bis zum Beginn der Wirkung wesentlich abgekürzt, und dieser Vorteil ermöglichte es erst, längere Züge einwandfrei zu fahren.

Die Einrichtungen zur Drucklufterzeugung und zur Betätigung der selbsttätigen Bremse durch den Führer sind im allgemeinen dieselben wie bei der direkten Bremse.

Die Eigenart der selbsttätigen Bremse zeigt sich nur in den an die durchgehende Bremsleitung angeschlossenen Apparaten. Die Entwicklung dieser Teile bildet deshalb naturgemäß den Hauptgegenstand dieser Abhandlung.

An jedem mit Bremse versehenen Wagen ist neben dem Bremszylinder *C* ein Druckluftbehälter *B*, der sogenannte Hilfsluftbehälter, und ein Steuerventil *St* angeordnet. Bei der Grundform der selbsttätigen Einkammer-Druckluftbremse, wie sie allgemein an normalen Wagen in Verwendung ist, sind diese drei Teile so miteinander vereinigt, daß sie ein einziges Stück bilden (Abb. 2). Nur dort, wo größere Bremszylinder als solche mit 10″ Durchmesser erforderlich sind und wo wegen der besonderen Wagenbauart nicht genügend Platz vorhanden ist, sind die einzelnen Apparate voneinander getrennt angeordnet. Auch in diesen Fällen ist das Steuerventil meist entweder an den Hilfsluftbehälter oder an den Bremszylinder unmittelbar angeschraubt.

Der Kolben *K* des Bremszylinders *C* wirkt drückend auf das Bremsgestänge *G*. Die Druckstange führt dabei frei, ohne Dichtung, aus der Vorderkammer des Zylinders heraus.

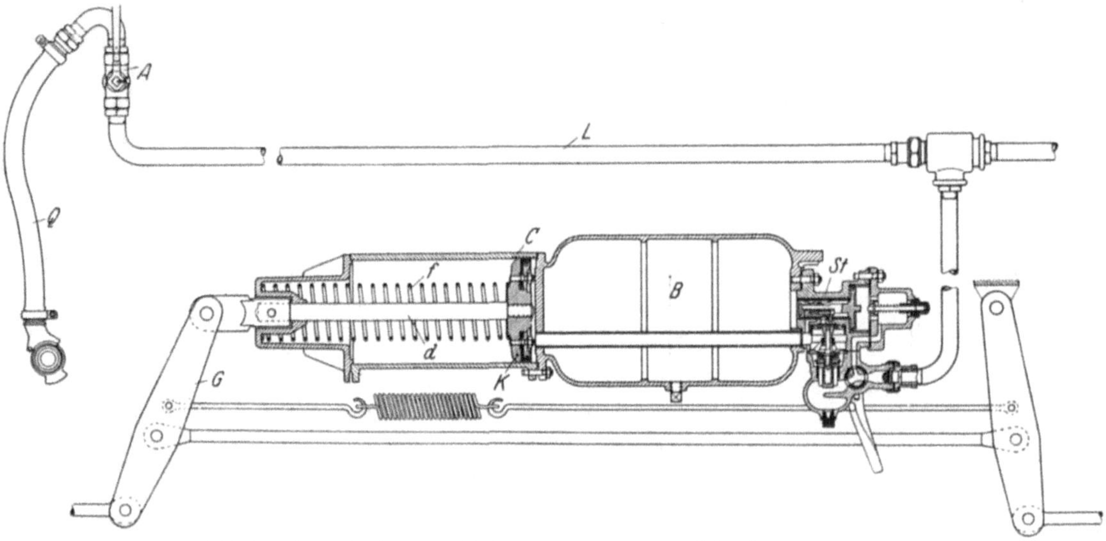

Abb. 2. Die selbsttätige Einkammerbremse von Westinghouse.

In dieser ist eine Druckfeder *f* angeordnet, die den Kolben in seine Ruhe- oder Lösestellung drückt, wenn die Arbeitskammer entlüftet ist.

Bei der dargestellten Bauart der Kolbenstange *d* trägt diese selbst an ihrem äußeren Ende den Kreuzkopf, der die Verbindung mit dem Bremsgestänge herstellt. Bei einer anderen Bauart besteht die Kolbenstange aus einem Rohrstück, in dem sich die in einen Kreuzkopf endende Druckstange frei bewegen kann. Diese stützt sich mit ihrem inneren Ende direkt auf den Bremskolben.

Der Hilfsluftbehälter *B* ist bei der vereinigten Bauart aus Gußeisen hergestellt. Bei getrennter Bauart wird er meist aus Blech gebogen und gelötet oder geschweißt.

Das Steuerventil vermittelt das Füllen der Arbeitskammer des Bremszylinders mit Druckluft oder das Entleeren und damit das Anziehen bzw. Lösen der Bremse. Es verbindet den Bremszylinder beim Anziehen der Bremsen mit dem Hilfsluftbehälter und beim Lösen mit der freien Luft, es steuert 3 Wege und trägt hiervon im englischen den Namen „triple-valve“ d. h. Dreiwege-Ventil.

Durch die Bremsleitung *L* und die sie mit den Bremsleitungen der benachbarten Wagen verbindenden Kupplungen *Q* stehen die Bremsapparate aller Wagen eines Zuges mit dem Führerventil der Lokomotive in Verbindung. Durch Absperrhähne *A* kann diese Verbindung unterbrochen werden. Normalerweise sind alle Hähne eines Zuges bis auf den Schlußhahn geöffnet.

Im Ruhezustand der Bremsen sind die durchgehende Bremsleitung und die durch Vermittlung der Steuerventile mit ihr verbundenen Hilfsluftbehälter mit Druckluft gefüllt. Die Bremszylinder sind entlüftet, die Bremse ist also gelöst. Zum Bremsen wird der Druck in der Leitung vermindert, die Steuerventile werden dadurch umgeschaltet und verbinden die Hilfsluftbehälter mit den zugehörigen Bremszylindern. Der Inhalt des Hauptluftbehälters an der Lokomotive bzw. die von der Luftpumpe gelieferte Druckluft steht also nur zum Lösen der Bremse und zum Wiederaufladen der Hilfsluftbehälter zur Verfügung. Zum Bremsen selbst ist die Bremskraft auf den Inhalt der Hilfsluftbehälter beschränkt. Stellt beim Bremsen das Steuerventil die Verbindung zwischen Hilfsluftbehälter und Bremszylinder her, so expandiert die Druckluft aus jenem in diesen. Der höchste Druck, der im Bremszylinder wirksam gemacht werden kann, entspricht dem Druckausgleich zwischen dem Hilfsluftbehälter und dem Bremszylinder.

Da der Steuerkolben des Steuerventils auf der einen Seite unter dem Leitungsdruck, auf der anderen Seite unter dem Druck des Hilfsbehälters steht, also durch den Druckunterschied beider bewegt wird, so muß der Druck in der Leitung auf mindestens den Ausgleichdruck vermindert werden, um den höchsten Bremsdruck zu erzielen. Das Maß dieser Drucksenkung ist auch dasjenige, welches zur Erzielung von Abstufungen der Bremskraft zur Verfügung steht. Dieses Maß darf also mit Rücksicht auf die leichte Handhabung der Bremse nicht zu klein sein. Es ist bestimmend für das Verhältnis zwischen den Räumen des Bremszylinders und des zugehörigen Hilfsluftbehälters.

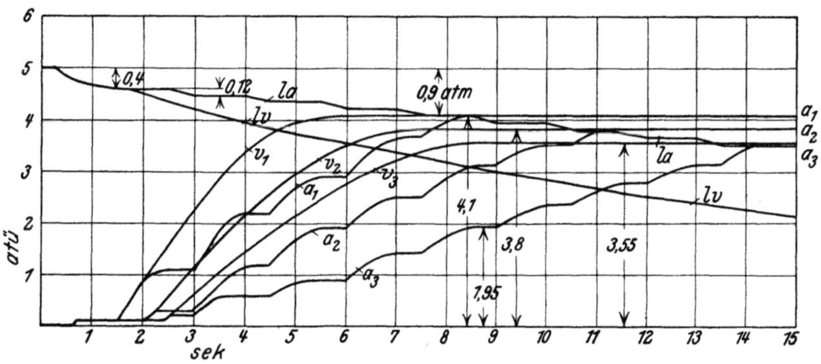

Abb. 3. Bremsdruckschaulinien der selbsttätigen Einkammerbremse mit einfachem Steuerventil von Westinghouse.

Der Inhalt des Bremszylinders ist aber abhängig von dem Hub des Bremskolbens, d. h. von dem Abstand der Bremsklötze und dem Spiel und der Durchfederung in den Bremsgestängen. Legt man der Berechnung einen bestimmten mittleren Hub zugrunde, so wird der Druckunterschied zwischen dem normalen Leitungsdruck und dem höchsten Bremsdruck verkleinert, sobald die Bremsklötze im gelösten Zustand näher am Rade stehen, und vergrößert, sobald sie weiter davon entfernt sind. Die Bestimmung eines dem Betriebe angepaßten mittleren Bremsklotzabstandes bzw. Kolbenhubs und seine Aufrechterhaltung in praktischen Grenzen bilden also eine wesentliche Grundlage für das richtige Arbeiten der selbsttätigen Einkammerbremse.

Man erkennt diese Verhältnisse am besten an Hand der obenstehenden Leitungs- und Bremsdruckschaulinien (Abb. 3), die bei den für Wagenbremsen allgemein geltenden kleinsten und größten Kolbenhüben von 100 und 200 mm sowie bei dem mittleren Kolbenhub von 150 mm, der bei der Deutschen Reichsbahn üblich ist, an einem 14zölligen Bremszylinder mit einfachem Westinghouse-Steuerventil aufgenommen wurden.

Die Kurve *lv* zeigt den Abfall des Leitungsdruckes bei einer vollen Betriebsbremsung, die Kurven v_1, v_2, v_3 zeigen die sich dabei ergebenden Bremsdruckschaulinien für 100, 150 und 200 mm Kolbenhub.

Die Kurve *la* zeigt den Abfall des Leitungsdruckes bei abgestufter Bremsung, und zwar wurde der Leitungsdruck zuerst um 0,4 Atm. und dann um je ca. 0,12—0,15 Atm. gesenkt. Dies entspricht einer ziemlich feinen Abstufung. Die Kurven a_1, a_2, a_3 zeigen die sich dabei ergebenden Bremsdruckschaulinien wieder bei 100, 150 und 200 mm Kolbenhub.

Das Verhältnis zwischen dem Inhalt des Hilfsluftbehälters und dem Bremszylinderdurchmesser ist bei den im Betrieb befindlichen Einkammerbremsen so festgesetzt, daß der Ausgleichdruck zwischen Bremszylinder und Hilfsluftbehälter bei dem größten Kolbenhub von 200 mm nicht unter 3,5 Atm. sinkt. Wird der Kolbenhub bei denselben Verhältnissen verringert, so steigt der Ausgleichdruck und beträgt, wie Abb. 3 zeigt, bei 150 mm ca. 3,8 Atm. und bei 100 mm sogar 4,1 Atm. Sind diese Kolbenhubunterschiede an den Bremswagen eines Zuges vorhanden, so wird bei dem Wagen mit 100 mm Kolbenhub die höchste Bremskraft von 4,1 Atm. schon erreicht, wenn der Führer den Leitungsdruck um 0,9 Atm. vermindert. Bei den Wagen mit 200 mm Kolbenhub dagegen steigt die Bremskraft bei demselben Leitungsdruckabfall nur auf 1,95 Atm., beträgt also weniger als die Hälfte der bei den Wagen mit 100 mm Hub vorhandenen Bremskraft.

Auch die Zeit, die bei einer vollen Betriebsbremsung verstreicht, bis der höchste Bremsdruck erreicht wird, ist bei verschiedenen Kolbenhüben verschieden. Sie beträgt nach Abb. 3 bei 100 mm Hub ca. 6 Sek., bei 150 mm Hub ca. 7,5 Sek. und bei 200 mm Hub ca. 9 Sek., ist im letzten Falle also um 50% länger als bei 100 mm Kolbenhub.

Andererseits ist die Zahl der Bremsstufen, die man ohne Anwendung besonderer Aufmerksamkeit bis zum Höchstdruck machen kann, bei dem kurzen Hub von 100 mm wesentlich geringer als bei dem langen Hub von 200 mm. Sie beträgt bei der oben angegebenen Abstufung des Leitungsdrucks bei 100 mm Hub nur 5, bei 200 mm Hub dagegen 9. Würde der Kolbenhub noch weiter verringert, so würden praktisch nur noch 2 bis 3 Stufen möglich sein. Die Abstufungsmöglichkeit würde dann ungenügend werden. Aus diesem Grunde in erster Linie darf der Kolbenhub von 100 mm bei Wagenbremsen nicht unterschritten werden, während der größte Kolbenhub von 200 mm durch die aus praktischen Gründen gewählte Länge des Zylinders gegeben ist.

Eine genaue und womöglich selbsttätige Einstellung der Bremsklötze ermöglicht in dieser Richtung eine wertvolle Verbesserung. Bei Verwendung einer der bekannten selbsttätigen Nachstellvorrichtungen kann man die Verschiedenheit des Bremskolbenhubes in den Grenzen von 120 und 150 mm halten. Der höchste Luftdruck im Bremszylinder schwankt dabei nur zwischen 3,8 und 4 Atm. Die Verwendung solcher Vorrichtungen würde es deshalb auch ermöglichen, den Kolbenhub noch weiter zu vermindern, ohne die Abstufbarkeit zu beeinträchtigen. Es wäre dafür natürlich erforderlich, den Inhalt des Hilfsluftbehälters so zu verkleinern, daß sich im Hilfsluftbehälter bei Vollbremsung wieder eine Expansion von 5 auf 3,9 Atm. ergibt. Aus betrieblichen Gründen empfiehlt es sich aber, an den einmal eingeführten Raumverhältnissen auch bei Anwendung selbsttätiger Nachstellvorrichtungen nichts zu ändern.

II. Die Steuerventile der selbsttätigen Einkammer-Druckluftbremse.

Während an den übrigen Teilen der Bremsausrüstung eines Wagens seit Erfindung der selbsttätigen Einkammer-Druckluftbremse keine wesentlichen Änderungen zu verzeichnen sind, hat das Steuerventil im Laufe der Jahre eine große Entwicklung durchgemacht.

Die Abb. 4 zeigt die erste Bauform des Westinghouse-Steuerventils aus dem Jahre 1874 mit durch selbstspannenden Ring gedichtetem Steuerkolben und Verteilungsschieber. An das Ventilgehäuse *S* ist bei *L* die Leitung, bei *C* der Bremszylinder und bei *B* (nach hinten) der Hilfsluftbehälter angeschlossen. Der Stutzen *W* dient lediglich für den Anschluß eines Wasser- und Ölabscheiders. Zwischen dem Leitungs- und dem Bremszylinderkanal ist noch ein Umschalthahn *U* angeordnet, durch dessen Umstellung die Leitung direkt mit dem Bremszylinder verbunden, die selbsttätige Bremse also in eine einfache direktwirkende Bremse umgestellt werden kann. Wird die Leitung *L* mit Druckluft gefüllt, so strömt diese bei der gezeichneten Stellung des Umstellhahns U in die Kolbenkammer l_2 des Steuerventils weiter und bringt den Kolben k in die dargestellte Lage. In dieser hat sich dessen Mittelbohrung von dem Nadelventil n abgestreift, und die Druckluft dringt weiter durch den Kolbenkörper hindurch in die Steuerkammer b und von dort in den Hilfsluftbehälter B. Gleichzeitig ist der Steuerschieber s in seine oberste Stellung gebracht worden und verbindet dabei durch die in ihm angebrachte Nut e den Bremszylinder mit der nach außen führenden Bohrung o. DerBremszy linder wird also entlüftet, die Bremse gelöst. Hat der Druck im Hilfsluftbehälter die Höhe des Leitungsdrucks erreicht, so sinkt der Kolben k so weit herab, daß sich der obere Bund der Kolbenstange auf den Schieber s stützt. Hierbei dringt das Nadelventil n in die Kolbenbohrung ein und unterbricht die Verbindung zwischen der Leitung und dem Hilfsluftbehälter. Reicht die Reibung des Schiebers s infolge des Rüttelns bei der Fahrt nicht aus, um den Kolben festzuhalten, so kann dieser noch weiter sinken, bis er auf dem Bund des Nadelventils aufsitzt, ohne daß eine Verbindung des Hilfsluftbehälters mit dem Bremszylinder hergestellt wird. Nur die Verbindung des Bremszylinders mit der Außenluft wird gedrosselt. Die Feder z verhindert eine weitere Abwärtsbewegung des Kolbens, ohne daß der Leitungsdruck gesenkt wird.

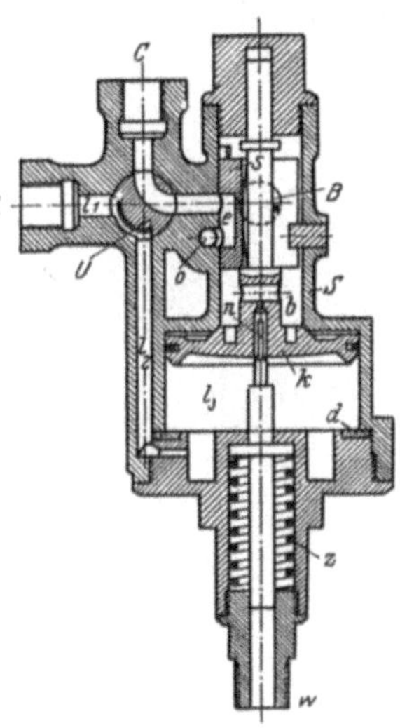

Abb. 4. Einfaches Steuerventil von Westinghouse aus dem Jahre 1874.

Läßt der Führer zum Zweck einer Bremsung Druckluft aus der Leitung L aus, so sinkt der Druck in der Kolbenkammer l_3, nicht aber in der von ihr abgesperrten Schieberkammer b. Der Druckunterschied überwindet den Druck der Feder z und verschiebt den Kolben k und mit ihm den Schieber s so, daß die nach dem Bremszylinder C führende Öffnung im Schieberspiegel aufgedeckt wird und die Druckluft des Hilfsbehälters nach dem Bremszylinder strömt. Sinkt dabei der Druck im Hilfsluftbehälter auf den Leitungsdruck, so hebt die Feder z den Kolben und damit den Schieber s so weit nach oben, daß die zum Bremszylinder führende Öffnung durch den Schieber verdeckt, der weitere Zufluß von Druckluft nach dem Bremszylinder also unterbrochen wird. Der Vorgang kann wiederholt werden, bis der Druck im Bremszylinder auf den sich jedesmal vermindernden Druck im Hilfsluftbehälter gestiegen ist. Wird der Druck in der Bremsleitung zum Zweck einer Notbremsung oder infolge Kupplungsbruchs plötzlich stark vermindert, so geht der Steuerkolben sofort in seine unterste Stellung und legt sich mit seinem vorstehenden Rand gegen einen elastischen Dichtungsring d, so daß ein Entweichen von Luft aus dem Hilfsluftbehälter um den nicht ganz dichten Kolben herum verhindert wird.

Um ein unbeabsichtigtes Anziehen der Bremsen zu verhindern, wenn der Leitungsdruck bei abgekuppelter Maschine ganz langsam sinkt, ist in einem Abzweig der zum Bremszylinder führenden Leitung C ein kleines Strömungsrückschlagventil angeordnet, welches die vom Steuerventil kommende Druckluft ins Freie entweichen läßt, wenn die Strömung ganz gering ist, sich dagegen schließt, wenn die Strömung infolge einer gewollten Bremsung größer wird.

a) Das einfache Steuerventil von Westinghouse.

Während Westinghouse bei dieser ersten Steuerventilbauart die Mitwirkung der Feder z zur Rückbewegung des Steuerkolbens in Bremsabschlußstellung, also zur Abstufung der Bremswirkung, nicht entbehren zu können glaubte, zeigt die nächste Bauform, die er schon kurz darauf herausbrachte, das Ventil ohne Federwirkung in der Ausführung, wie es noch heute bei Nebenbahnen und bei der Lokomotivbremse in Anwendung ist

(Abb. 5, 6). Die den Steuerkolben bewegende Kraft besteht bei diesem Ventil nur noch in dem Druckunterschied zwischen Leitung und Hilfsluftbehälter. Das Nadelventil im Kolben ist beseitigt, und die Füllung des Hilfsluftbehälters erfolgt über eine Nut im Kolbengehäuse, die beim Übergang des Steuerkolbens in Bremsstellung ausgeschaltet wird. Die Abstufung der Bremskraft geschieht durch ein in den Verteilungsschieber eingebautes kleines Ventil, das einen erheblich geringeren Bewegungswiderstand hat als der Verteilungsschieber, so daß eine viel feinere Abstufung möglich ist.

Durch den Stutzen L (Abb. 5) tritt die Druckluft von der Leitung aus in das Gehäuse des Steuerventils ein und gelangt über den Kanal l_1 und den Wassersammler l_2 in die Kolbenkammer l_3. Sie hebt den Steuerkolben k in die in Abb. 5 gezeigte oberste Lage und strömt durch die freigelegte Füllnut n_1 auf die andere Seite des Steuerkolbens. Diese ist von der Schieberkammer b_2 durch eine ventilartig ausgebildete Hubbegrenzung des Steuerkolbens getrennt, deren dichtende Fläche durch eine zweite Nut n_2 unterbrochen ist. Durch n_2 gelangt die Druckluft in die Schieberkammer b_2 und über b_1 in den Hilfsluftbehälter, der am Stutzen B angeschlossen ist. Bei gelöster Bremse ist der Druck im Hilfsbehälter wie in den Räumen des Steuerventils und in der Leitung gleich. Der bei C angeschlossene Bremszylinder ist über die in dem Verteilungsschieber s vorgesehenen Kanäle e_1—e_3 und den Kanal o mit der freien Luft verbunden.

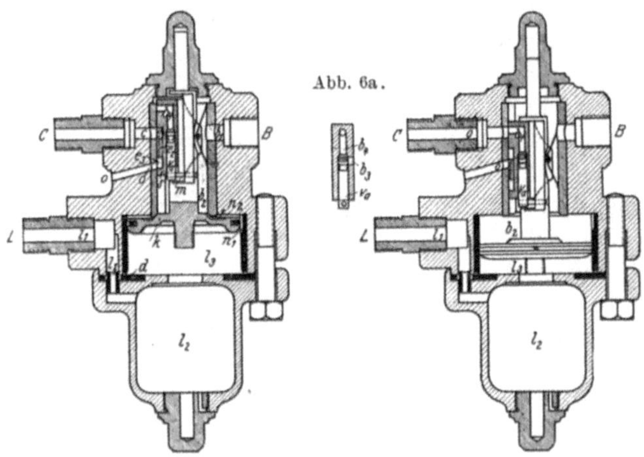

Abb. 5. Abb. 6.
Abb. 5 u. 6. Einfaches Steuerventil von Westinghouse.

Bei langsamer Druckverminderung in der Leitung, wie sie vom Führer bei Betriebsbremsungen vorgenommen wird, senkt sich der Steuerkolben, indem er gleichzeitig das Abstufungsventil v_a von seinem Sitz im Schieber abhebt und die Füllnut n_1 verschließt. Dieser Bewegung steht lediglich die Reibung des Kolbens entgegen, so daß sie schon bei geringen Druckunterschieden zwischen Leitung und Hilfsluftbehälter erfolgt. Immerhin ist es nicht erwünscht, daß diese Bewegung schon bei kleinen Undichtigkeiten in der Leitung einsetzt, und die Größe der beiden Nuten n_1 und n_2 ist deshalb so bemessen, daß erst von einem gewissen Druckabfall in der Leitung an sich ein für die Bewegung der Steuerkolben genügender Überdruck in der Schieberkammer b_2 bilden kann, so daß keine unbeabsichtigten Bremsungen eintreten. Bewegt sich der Kolben infolge eines stärkeren Druckabfalls in der Leitung nach unten, so stößt zuerst der obere Mitnehmer des Kolbens an dem Verteilungsschieber s an, der infolge seiner Belastung durch den Hilfsbehälterdruck einen größeren Widerstand ausübt und deshalb den Steuerkolben einen Moment festhält. Bei der weiteren Bewegung wird der Schieber mitgenommen und verbindet die Kanäle b_4 und c, so daß Druckluft aus dem Hilfsluftbehälter durch den Seitenkanal b_3 im Schieber (Abb. 6a), den freigelegten Sitz des Abstufungsventils v_a, die Kanäle b_4 und c und Anschluß C in den Bremszylinder überströmt. Die dabei in der Schieberkammer b_2 eintretende Druckminderung hebt den Überdruck auf, der die Kolbenbewegung hervorgerufen hatte, so daß der Steuerkolben zum Stehen kommt; und zwar stellt er sich je nach dem Grade, in dem der Leitungsdruck sinkt, so ein, daß die Druckminderung auf beiden Kolbenseiten gleichen Schritt hält. Die Stellung (Abb. 6), in der der zum Bremszylinder führende Kanal b_4 ganz geöffnet ist, nimmt der Steuerkolben nur bei vollen Betriebsbremsungen ein. Unterbricht der Führer die Druckminderung in der Leitung, so sinkt der Druck im Hilfsbehälter etwas unter den Leitungsdruck, so daß die entstehende Druckdifferenz den Steuerkolben hebt und das Abstufungsventil v_a auf seinen Sitz drückt. Es ist nur ein sehr geringer Überdruck in der Leitung erforderlich, um den dieser Bewegung entgegenstehenden Reibungswiderstand zu überwinden. Die Reibung des Verteilungsschiebers s dagegen ist im Verhältnis dazu so groß, daß sie die Bewegung des Kolbens nicht weitergehen läßt. Bei weiteren stufenweisen Druckverminderungen in der Leitung wird nur noch der Abstufungsschieber geöffnet und wieder geschlossen. Die Abstufung der Bremswirkung ist deshalb eine sehr feine.

Wird der Leitungsdruck plötzlich sehr stark ermäßigt, so geht der Steuerkolben sofort in die unterste Stellung und legt sich dichtend gegen die elastische Scheibe d, so daß keine Luft aus dem Hilfsluftbehälter entweichen kann, selbst wenn die Leitung vollständig entleert wird, wie dies z. B. bei Bruch einer Kupplung eintritt. Der Schieber s legt dabei den zum Bremszylinder führenden Kanal vollständig frei, so daß die Druckluft des Hilfsluftbehälters auf direktem ungedrosseltem Wege in den Bremszylinder dringt und hier in wenigen Sekunden die größtmögliche Bremskraft erzeugt.

Bei den einfachen Steuerventilen, die heute an den Lokomotivbremsen in Anwendung sind, ist die besondere Schnellbremsstellung in Wegfall gekommen. Der Hub des Steuerkolbens ist dementsprechend gekürzt.

b) Das schnellwirkende Steuerventil von Westinghouse.

Das einfache Steuerventil genügte vollständig, so lange die Bremse nur an Zügen von beschränkter Länge verwandt wurde. Es wird auch heute noch seiner Einfachheit wegen bei Nebenbahnen bevorzugt. Für die Bremsung längerer Züge dagegen, wie sie sich nach und nach einführten, war die Fortpflanzungsgeschwindigkeit der Bremswirkung durch den Zug ungenügend. Die Bremse zog an dem hinteren Zugteil wesentlich später an als im vorderen Teil, so daß die hinteren Wagen auf die vorderen aufliefen und die Pufferfedern zusammenpreßten. Die darauf einsetzende Rückwirkung der Federn streckte den Zug und führte zu Kupplungsbrüchen.

Dieser Mißstand wurde durch das Schnellbremsventil beseitigt, welches Westinghouse im Jahre 1887 erfand. Er verband das einfache Steuerventil mit einer Einrichtung, durch die bei Schnellbremsungen eine Verbindung der Leitung mit dem Bremszylinder hergestellt wurde. Die hierdurch hervorgerufene starke und plötzliche Druckverminderung in der Leitung brachte die benachbarten Ventile zu schnellem Ansprechen, und diese Wirkung pflanzte sich durch den ganzen Zug fort, so daß die Bremswirkung auch am letzten Wagen viel früher einsetzte als bei der Verwendung von einfachen Ventilen. Gleichzeitig war damit eine wesentliche Verstärkung der Bremskraft verbunden, da die aus der Leitung in den Zylinder gelangende Druckluft den Ausgleichdruck zwischen Hilfsluftbehälter und Bremszylinder wesentlich erhöhte.

Die Abb. 7—9 zeigen das Steuerventil in Löse-, Betriebsbrems- und Schnellbremsstellung. Die Abb. 10 gibt einen Schnitt durch den Schieber und die Schieberbüchse in Lösestellung bei dem Kanal b_2, die Abb. 11 die untere Ansicht des Schiebers und die Abb. 11a einen Schnitt durch den Schieber bei der Aussparung r. Die Abb. 7a, 8a, 9a zeigen die Stellungen des Schiebers (strichpunktiert) auf dem Schieberspiegel.

Der Teil des Ventils, welcher das Lösen, das Füllen des Hilfsluftbehälters und die abgestuften und vollen Betriebsbremsungen vermittelt, entspricht genau dem einfachen Steuerventil, nur daß der Steuerkolben und der Schieber wagerecht angeordnet sind. Die Leitungsluft tritt bei dem Anschluß L in das Ventil ein, gelangt durch Kanal l_1, Umstellhahn U und Kanal l_2 in die Kolbenkammer l_3 und von dort (Abb. 7) über die Füllnut n_1 und Empfindlichkeitsnut n_2 in die Steuerkammer b_1 und den bei B mit dieser in direkter Verbindung stehenden Hilfsluftbehälter. Der bei C angeschlossene Bremszylinder wird gleichzeitig über den Kanal c_1, die Nut e im Schieber und den Kanal o entlüftet.

Wenn der Führer den Druck in der Leitung wenig ermäßigt, geht der Steuerkolben nur langsam in die Betriebsbremsstellung vor. Das Abstufungsventil v_a wird dabei zunächst durch den Stift *m* von seinem Sitz gehoben. Dann wird der Schieber durch die Endscheibe des Steuerkolbens mitgenommen, bis der Schieberkanal b_3 über der nach dem Bremszylinderkanal c_2 führenden Bohrung c_1 im Schieberspiegel steht. Durch den Übertritt von Druckluft aus dem Hilfsluftbehälter über b_2, b_3, c_1 nach dem Bremszylinder tritt in jenem eine Druckminderung ein, die die Bewegung des Steuerkolbens aufhält. Dieser bleibt in einer Stellung stehen, in der die Druckabnahme im Hilfsluftbehälter infolge Überströmens von Druckluft aus diesem in den Bremszylinder mit der Druckabnahme in der Leitung gleichen Schritt hält. Unterbricht der Führer den Luftauslaß aus der Leitung, so schiebt der auf der Leitungsseite des Kolbens *k* entstehende Überdruck diesen so weit zurück, daß das Abstufungsventil v_a die weitere Überströmung von Luft aus dem Hilfsluftbehälter zum Bremszylinder unterbricht. Die äußerste Stellung, die der Steuerkolben bei Betriebsbremsungen einnehmen kann, ist nach Abb. 8 diejenige, in der der Kanal b_3 vollständig in der Öffnung des Kanals c_1 liegt. Damit der Kolben *k* bei ungünstigen Reibungsverhältnissen des Kolbenringes oder des Schiebers *s* nicht über diese äußerste Betriebsbremsstellung hinausfliegen kann, hat Westinghouse einen durch eine Feder *z* belasteten Anschlagstift *y*, die sogenannte Graduierstange angeordnet, gegen die der Steuer-

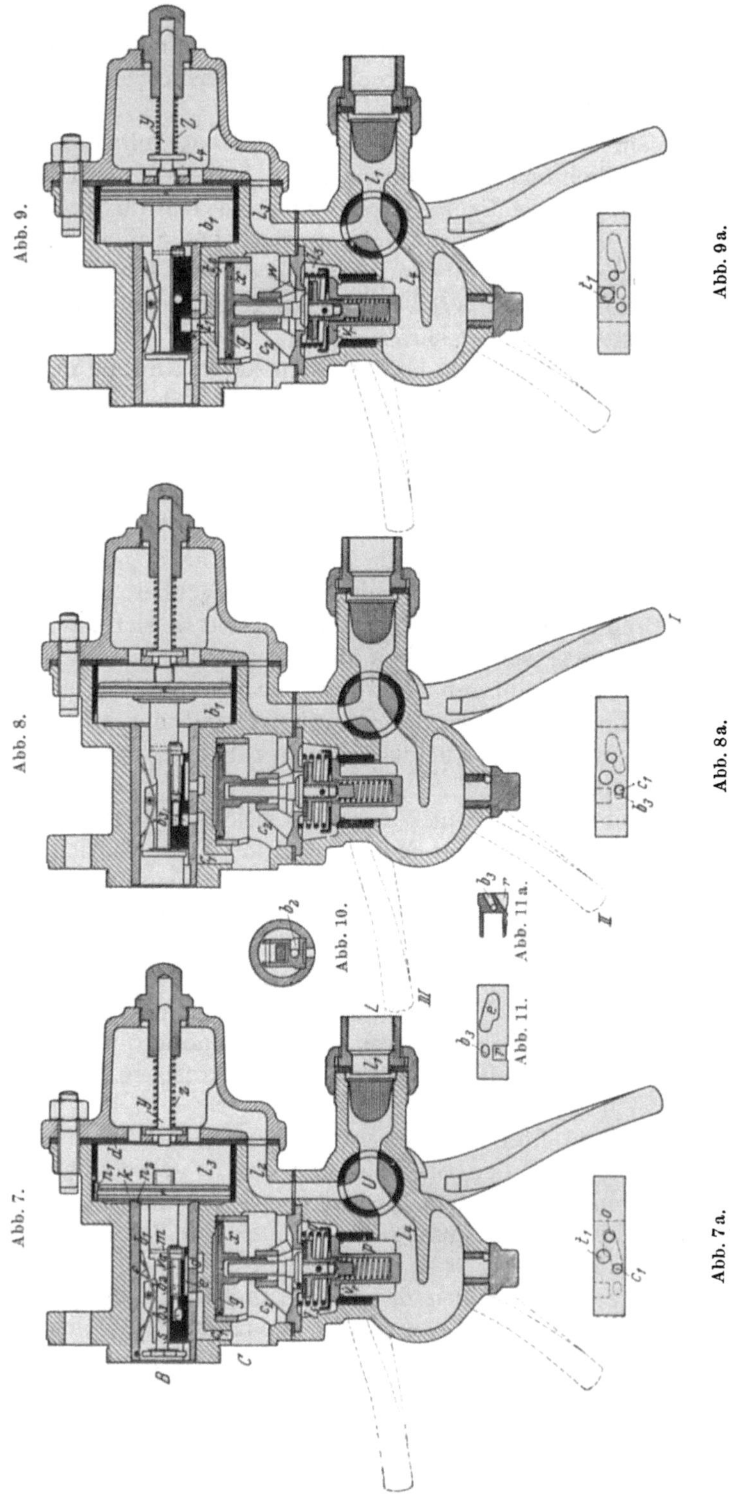

Abb. 7—11. Schnellwirkendes Steuerventil von Westinghouse.

kolben anschlägt und deren Widerstand er überwinden muß, bevor er in die Schnellbremsstellung gelangen kann.

Wird plötzlich eine größere Menge Druckluft aus der Leitung ausgelassen, so drückt der Überdruck des Hilfsluftbehälters die Feder z zusammen, und der Steuerkolben geht in die in Abb. 9 gezeigte Schnellbremsstellung. In ihr ist die direkte Verbindung des Hilfsluftbehälters mit dem Bremszylinder über den Kanal b_3 unterbrochen, dagegen tritt die Hilfsbehälterluft über die seitliche Schieberaussparung r und die Öffnung t_1 im Schieberspiegel über den Stoßkolben g des Beschleunigers. Dieser bewegt sich abwärts und stößt das Ventil w auf. Die in dem Raum l_4 zwischen den Ventilen w und v_r vorhandene Druckluft entweicht in den Bremszylinder. Das hierdurch völlig entlastete Ventil v_r öffnet sich weit und läßt die Leitungsluft über l_1, l_4, l_5 und w in starkem Strom in den Bremszylinder entweichen. Sobald der Druck in der Leitung so weit gesunken und derjenige des Bremszylinders so weit gestiegen ist, daß dieser im Verein mit dem Druck der Feder q jenen übersteigt, schließt sich das Rückschlagventil v_r, so daß die in den Bremszylinder gelangte Druckluft bei weiterem Sinken des Leitungsdrucks nicht in die Leitung entweichen kann. Das weitere Füllen des Bremszylinders erfolgt dann nur noch aus dem Hilfsluftbehälter durch die im Stoßkolben g vorgesehene Öffnung x. Diese Öffnung ist verhältnismäßig klein bemessen. Im Hilfsluftbehälter wird deshalb zunächst die Druckluft zurückgehalten. Infolgedessen wird der schroffe Abfall des Leitungsdrucks nicht durch eine parallele starke Strömung aus dem Hilfsluftbehälter gestört. Dadurch strömt eine größere Luftmenge aus der Leitung in den Bremszylinder. Dies ermöglicht einen wesentlich höheren Ausgleichdruck. Die Wirkung der Schnellbremsung wird deshalb im Verhältnis zu der vollen Betriebsbremsung wesentlich erhöht.

Der Umstellhahn U dient zum Absperren des ganzen Steuerventils von der Leitung (Stellung II) oder der Schnellbremswirkung allein (Stellung III).

Dieses Schnellbremsventil wurde im Jahre 1887 zuerst in Amerika eingeführt und ermöglichte es Westinghouse, durch die damit erzielten kurzen Bremswege alle anderen Bremsen aus dem Felde zu schlagen. Insbesondere fühlte sich auch die Preußische Staatsbahn veranlaßt, von der bis dahin auf ihren Linien eingeführten Carpenter-Zweikammerbremse zur Westinghouse-Bremse überzugehen, trotzdem die Zweikammerbremse in ihrer Regulierfähigkeit einen nicht zu unterschätzenden Vorzug besaß, der freilich auf den preußischen Strecken nicht so sehr ins Gewicht fiel.

Die Annahme der Westinghouse-Bremse bei allen Bahnen des europäischen Festlandes, die sich zur Verwendung einer Druckluftbremse entschieden hatten, nötigte auch die anderen Bremsenkonstrukteure, sich auf das der Westinghouse-Bremse zugrunde liegende Prinzip einzustellen, da sie sonst mit Rücksicht auf die selbstverständliche Forderung eines anstandslosen Zusammenarbeitens der in einem Zuge vereinigten Bremsen keine Aussicht auf Berücksichtigung hätten finden können. Es entstanden infolgedessen verschiedene Abarten der selbsttätigen Einkammer-Druckluftbremse mit Schnellwirkung, von denen die New Yorker Bremse, die Schleifer-Einkammerbremse und die Knorr-Schnellbremse größere Verbreitung gefunden haben.

c) Das schnellwirkende Steuerventil der New York Air Brake.

Die New Yorker Bremse (New York Air Brake) trat in den Vereinigten Staaten von Nordamerika in Wettbewerb mit der amerikanischen Westinghouse-Bremse, wurde dann später auch in Rußland hergestellt und von dort an verschiedene Bahngesellschaften in Rußland, Schweden und Holland geliefert, bei deren Wagen sie mit der Westinghouse-Bremse zusammen arbeitete.

An dem Steuerventil der New Yorker Bremse unterscheidet sich derjenige Teil, welcher die normalen Bremsungen vermittelt, insofern von der Bauart Westinghouse, als er kein Abstufungsventil, sondern einen Abstufungsschieber s_a besitzt, welcher sich auf demselben Schieberspiegel bewegt wie der Verteilungsschieber s. Da dieser nur die Verbindung des Bremszylinders mit der freien Luft zu vermitteln hat, ist er verhältnismäßig klein und beweglich. Die Schnellbremswirkung, d. h. die schnelle Verminderung des Leitungsdruckes bei Schnellbremsungen wird dadurch erreicht, daß die Schnellbremsvorrichtung des Steuerventils eine Verbindung der Leitung mit der freien Luft herstellt.

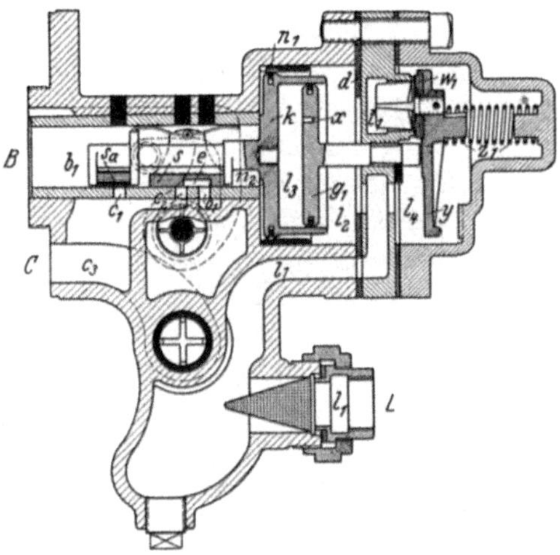

Abb. 12.

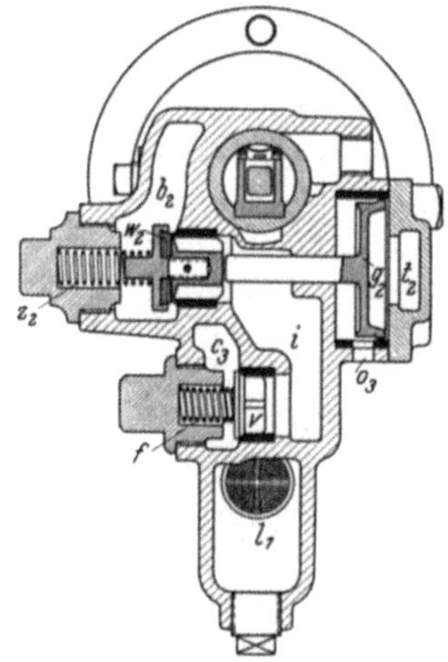

Abb. 13.

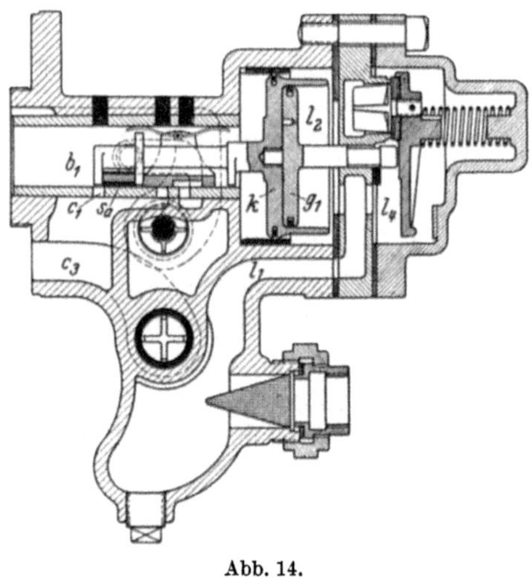

Abb. 14.

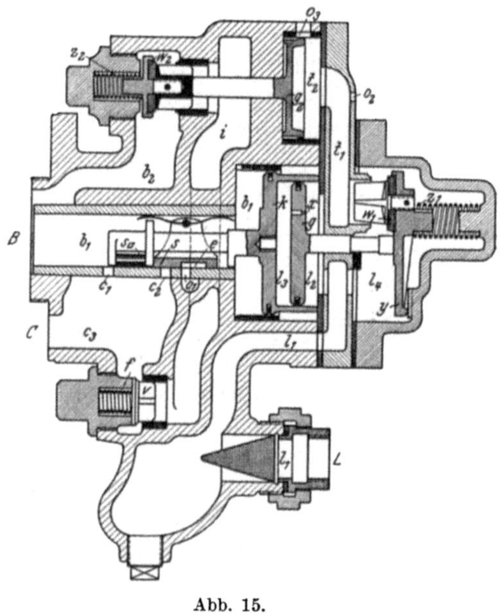

Abb. 15.

Abb. 12—15. Schnellwirkendes Steuerventil der New York Air Brake.

Eine Verwendung der Leitungsluft zur Erhöhung des Bremszylinderdruckes findet also bei der New Yorker Bremse im Gegensatz zur Westinghouse-Bremse nicht statt.

Die Abb. 12 zeigt das Steuerventil in Lösestellung. Abb. 13 gibt einen Querschnitt durch die Beschleunigungseinrichtung. Abb. 14 zeigt die Betriebsbremsstellung, und aus Abb. 15 ist die Schnellbremswirkung zu entnehmen, wobei der Übersichtlichkeit halber die Schnellbremsvorrichtung in eine zur Achse des Hauptsteuerkolbens parallele Lage herausgedreht erscheint.

In der Lösestellung (Abb. 12) tritt die Leitungsluft von Anschluß L her über Kanal l_1 in die Kolbenkammer l_2 des Hauptsteuerkolbens ein und durch die Füllnut n_1 und Empfindlichkeitsnut n_2 auch in die Schieberkammer b_1 und in den mit ihr bei B in direkter Verbindung stehenden Hilfsluftbehälter. Gleichzeitig wird durch die Empfindlichkeitsbohrung x im Beschleunigerkolben g_1 auch die durch diesen abgeschlossene Kammer l_3 im Steuerkolben k mit Druckluft gefüllt. Der Bremszylinder ist durch die Höhlung e des Schiebers s mit der Außenluft o_1 verbunden.

Wird eine Betriebsbremsung eingeleitet, bei welcher die Leitungsluft langsam abfließt, so bewegt sich nur der Hauptsteuerkolben k langsam in die Betriebsbremsstellung (Abb. 14), da die in der Kammer l_3 eingeschlossene Druckluft genügend Zeit hat, durch die Bohrung x in die Leitung zu entweichen, so daß der Beschleunigerkolben g_1 in Ruhe bleibt. Der Verteilungsschieber s schließt dabei den Bremszylinder von der Außenluft ab, und der Abstufungsschieber s_a legt die Öffnung c_1 frei, so daß die Druckluft des Hilfsluftbehälters in den Bremszylinder überströmt. Sinkt infolgedessen der Druck im Hilfsbehälter unter den Leitungsdruck, so schiebt der Kolben k den Abstufungsschieber s_a so weit zurück, daß die Öffnung c_1 verschlossen wird. Eine weitere Verschiebung, die durch ungünstige Reibungsverhältnisse verursacht sein könnte, wird dadurch verhindert, daß der Kolben bei der Berührung mit dem Hauptschieber s einen größeren Widerstand findet. Die Abstufung der Bremswirkung erfolgt also genau in derselben Weise wie bei dem einfachen Westinghouse-Steuerventil. Der auf dem Ventil w_1 lastende Feder- und Luftdruck verhindert ein vorzeitiges Ansprechen des Beschleunigerkolbens g_1.

Wird der Druck in der Leitung schnell ermäßigt, so geht der Kolben k rasch vor und komprimiert die Luft in der Kammer l_3 so stark, daß der Beschleunigungskolben g_1 mitgerissen wird und unter Vermittlung des Hebels y das Ventil w_1 aufstößt. Die Druckluft der Leitung strömt über l_1, l_4, w_1, t_1 zum Raum t_2, stößt den Stoßkolben g_2 vor und entweicht durch die Öffnung o_3 ins Freie. Der Stoßkolben g_2 stößt seinerseits wieder das durch Feder z_2 belastete Ventil w_2 auf und die Hilfsbehälterluft strömt infolgedessen nicht nur durch die ebenfalls geöffnete Bohrung im Schieberspiegel c_1, sondern auch durch das sich unter ihrem Druck öffnende Ventil v über w_2 und i in den Bremszylinder. Sobald die Druckluft aus der Leitung und der Kammer l_3 entwichen ist, schließt sich das Ventil w_1 unter Wirkung der Feder z_1. Die Feder z_2 schließt das Ventil w_2 und bringt den Stoßkolben g_2 in seine Ruhelage. Das durch Feder f belastete Rückschlagventil v verhindert ein Entweichen der im Bremszylinder eingeschlossenen Druckluft über die nur lose eingesetzte Kolbenstange des Stoßkolbens g_2.

Wie bereits erwähnt, besteht das besondere Merkmal der New Yorker Bremse darin, daß die Leitungsluft zur Beschleunigung des Druckabfalls nicht in den Bremszylinder, sondern durch große Querschnitte ins Freie geleitet wird.

d) Das Steuerventil der Einkammerbremse von Schleifer.

Bei der zweiten Abart der Westinghouse-Schnellbremse, der Schleifer-Bremse, wird die Schnellwirkung durch Überleitung der Leitungsluft in eine besondere Kammer erreicht.

Auch in bezug auf die Steuerung der gewöhnlichen Betriebsbremsungen unterscheidet sich das Schleifer-Ventil wesentlich von den bisher beschriebenen. Der Steuerkolben ist nicht durch metallische Liderringe, sondern durch Lederstulpen gedichtet. Das Abstufungsventil ist am Ende der Kolbenstange im Gehäuse des Steuerventils angeordnet und beherrscht eine in dessen Mittelachse angebrachte Öffnung. Der Hauptschieber vermittelt nur die Verbindung des Bremszylinders mit der freien Luft sowie die Verbindung der Beschleunigungskammer einerseits mit der freien Luft, andererseits mit der Leitung. Diese wird noch durch ein Ventil w überwacht, welches durch den von unten mit Hilfsbehälterdruck beaufschlagten Stoßkolben g aufgestoßen wird, sobald in Schnellbremsstellung des Steuerschiebers der Raum zwischen dem Ventil w und dem Stoßkolben in die Kammer entlüftet wird. Das Abstufungsventil besitzt eine Verdickung, durch die je nach der Stellung des Steuerkolbens der Zutritt der Druckluft vom Hilfsluftbehälter zum Bremszylinder mehr oder weniger gedrosselt wird.

Die Wirkungsweise des Ventils ist folgende:

In der Lösestellung des Steuerventils (Abb. 17) tritt die Leitungsluft durch Anschluß L ein, gelangt durch den Kanal l_1, den Hahn U und Kanal l_2 in die Kolbenkammer l_3. Von dort strömt sie durch den Umführungskanal n_1 um die erste Kolbenmanschette des Steuerkolbens herum in den Raum zwischen den beiden Manschetten, drückt die zweite Man-

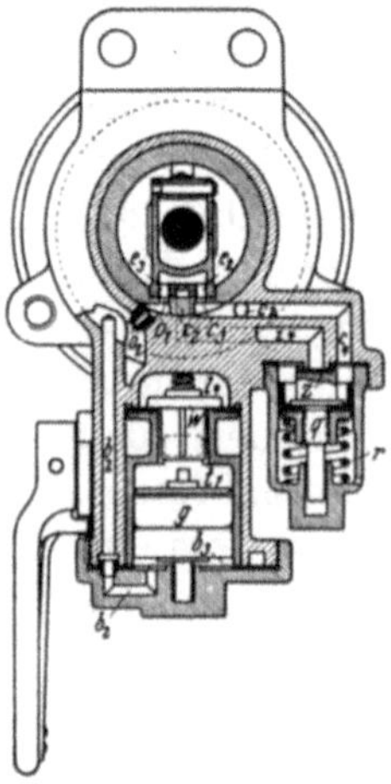

Abb. 16.

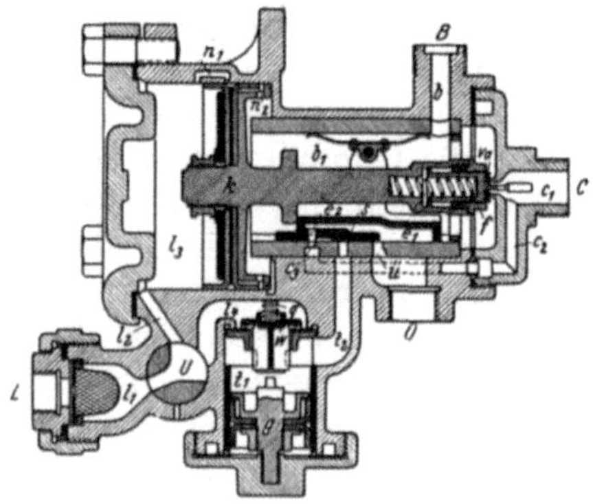

Abb. 17.

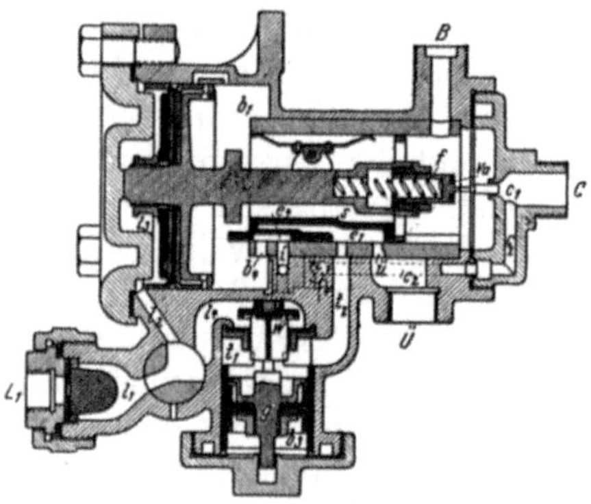

Abb. 18.

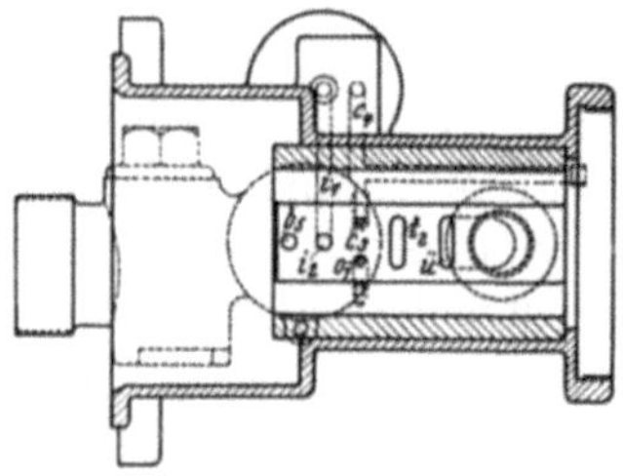

Abb. 19.

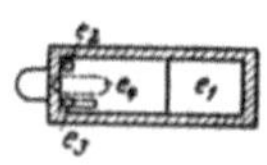

Abb. 20.

Abb. 16—20. Steuerventil von Schleifer.

schette nach einwärts und strömt an ihr entlang in den Schieberraum b und den bei B angeschlossenen Hilfsluftbehälter. Der bei C angeschlossene Bremszylinder ist über die Kanäle c_1, c_2, die Schieberbohrung e_2, die Höhlung e_1 des Schiebers und die Bohrungen e_3, o_1 und o_2 entlüftet, ebenso auch die bei $\ddot{U}$ angeschlossene Beschleunigungskammer durch Bohrung $\ddot{u}$ und über die Schieberhöhlung e_1. Der Raum b_3 unter dem Stoßkolben g steht durch Kanal b_2 (Abb. 16) ständig mit dem Hilfsluftbehälter in Verbindung. Der Hilfsbehälterdruck hebt infolgedessen das Ventil w so lange an, bis der Raum t_1 mit Leitungsluft gefüllt ist; dann drückt die Feder q das Ventil w auf seinen Sitz.

Wird der Leitungsdruck für eine Betriebsbremsung schwach ermäßigt, so hält die zweite Manschette des Steuerkolbens k wie ein Rückschlagventil die Druckluft im Schieberraum und Hilfsbehälter zurück. Unter dem hierdurch entstehenden Überdruck der Schieberkammer b_1 bewegt sich der Kolben nach der Kolbenkammer zu und nimmt nach Durchlaufen des zwischen ihm und dem Schieber vorgesehenen Spiels diesen so weit mit, daß die Verbindung des Bremszylinders mit der freien Luft durch Verdecken der Bohrungen c_3 und o_1 unterbrochen wird. Das Abstufungsventil v_a bleibt unter dem Druck des Hilfsbehälters und der Feder f vorläufig geschlossen, bis der zwischen ihm und der Kolbenstange vorgesehene Abstand aufgehoben ist. Bei weiterem Vorgang des Steuerkolbens wird das Abstufungsventil von seinem Sitz gehoben und läßt Hilfsbehälterluft so lange in den Bremszylinder einströmen, bis der Druck in der Steuerkammer b_1 unter den Leitungsdruck sinkt. Dann geht der Steuerkolben nach links bis zum Anschlag an den Schieber s zurück und schließt dabei das Abstufungsventil v_a.

Wird der Leitungsdruck bei einer Schnellbremsung am Anfang des Zuges schnell und stark ermäßigt, so geht der Steuerkolben k sofort in seine äußerste Stellung links (Abb. 18). Hierbei wird der Raum t_1 zwischen dem Stoßkolben g und dem Ventil w über Kanal t_2, die Schieberhöhlung und Bohrung $ü$ nach der Beschleunigungskammer $Ü$ entlüftet. Infolgedessen wird der Stoßkolben g von dem auf seine Unterseite wirkenden Hilfsbehälterdruck angehoben, stößt das Ventil w auf und verbindet die Leitung über l_1, l_4, w, t_1, t_2, e_1 und $ü$ mit der Beschleunigungskammer. Der hierdurch in der Leitung erzeugte größere Druckabfall beschleunigt das Ansprechen der Ventile an den im Zug folgenden Wagen.

In dieser äußersten Stellung des Steuerkolbens ist das Abstufungsventil so weit geöffnet worden, daß die Verdickung seines in den Kanal c_1 reichenden stabförmigen Ansatzes diesen Kanal beinahe vollständig ausfüllt. Die Druckluft strömt deshalb nur ganz langsam in den Bremszylinder über. Wie aus Abb. 16 ersichtlich, teilt sich der im Bremszylinder vorhandene Druck auch dem Raum über dem Kolbenventil q mit, welcher in der Schnellbremsstellung eine direkte Verbindung zwischen dem Hilfsluftbehälter und dem Bremszylinder über die Bohrung b_4 im Schieberspiegel, Schieberhöhlung e_4, den Kanal i und Ventil z beherrscht. Sobald der Druck im Bremszylinder so weit gestiegen ist, daß er den Druck der Feder r zu überwinden vermag, wird der Kolben nach unten gedrückt und der unmittelbare Weg zwischen Hilfsluftbehälter und Bremszylinder geöffnet. An den vorderen Wagen des Zuges soll nach der Beschreibung von Schleifer die Bremswirkung auf diese Weise zuerst zurückgehalten und erst nach einer gewissen Zeit schnell gesteigert werden. An den weiter von der Lokomotive entfernten Wagen dagegen, an denen der Steuerkolben sich langsamer in Bremsstellung bewegt und in der Betriebsbremsstellung verweilt, findet keine Drosselung durch die Verstärkung des Abstufungsventils statt. An diesen Wagen soll der Bremsdruck deshalb gleich schneller ansteigen und bald die Höhe erreichen, die genügt, um das Kolbenventil q abwärts zu bewegen. Der höchste Bremsdruck würde dadurch in den von der Lokomotive weiter entfernteren Zugteilen schneller erreicht als im vorderen Zugteil. Die Einrichtung soll bezwecken, den Zug bei Schnellbremsungen zu strecken und Auflaufstöße zu vermeiden. Es scheint aber doch, daß dabei die Wirkung der Übertragungskammer nicht berücksichtigt ist, die die Steuerkolben auch an den entfernter liegenden Steuerventilen schnell in die Endstellung bringen wird, so daß der Anstieg des Bremsdrucks bei Schnellbremsungen im ganzen Zug gedrosselt wird.

Die Schleifer-Bremse wurde bei den Wagen der Direktion Altona und Saarbrücken der Preußischen Staatsbahn in größerem Umfang eingeführt, wurde indes in den letzten Jahren wieder ausgebaut.

e) Das Steuerventil der Knorr-Schnellbremse.

Die dritte Abart der Westinghouse-Schnellbremse, die größere Verbreitung gefunden hat, ist die Knorr-Schnellbremse. Bei ihr wird die Schnellwirkung insofern in ähnlicher Weise erzielt wie bei jener, als die Leitungsluft bei Schnellbremsungen in den Bremszylinder übergeleitet wird. Dies geschieht indes nicht wie bei dem Westinghouse-Ventil durch Vermittlung eines besonderen, vom Steuerventil beeinflußten Stoßkolbenventils, sondern die Verbindung zwischen der Leitung und dem Bremszylinder wird direkt durch den Hauptsteuerschieber hergestellt. Hierdurch war eine wesentliche Vereinfachung des ganzen Steuerventils möglich.

In der Lösestellung des Steuerventils (Abb. 21) tritt die Leitungsluft durch den Stutzen L in das Ventil ein und gelangt durch Kanal l_1, den Umstellhahn U und Kanal l_2 in die Kolbenkammer l_3 und von dort durch die Füllnut n_1 und die Empfindlichkeitsnut n_2 in den Hilfsluftbehälter. Gleichzeitig wird auch der Kanal l_5 über l_4 und das Rückschlagventil v gefüllt. Der Druck teilt sich über die Öffnung l_6 im Schieberspiegel und die Bohrung i im Grundschieber (Abb. 21a) dem Raum unter dem Belastungskolben f_1 mit, der im Verein mit der nur geringen Druck ausübenden Spiralfeder f_2 den Grundschieber s an den Schieberspiegel anpreßt. Diese Einrichtung hat gegenüber der bei den anderen Bauarten zum Andrücken des Schiebers verwandten Blattfeder den Vorteil, daß der Schieber trotz geringeren Anpressungsdruckes im regelmäßigen Betrieb auch beim ersten Auffüllen des Hilfsluftbehälters sich nicht von seiner Laufbahn abhebt.

Der bei *C* angeschlossene Bremszylinder ist über Kanal c_3, Bohrung c_1 im Schieberspiegel, die Schieberhöhlung e_1 und Bohrung *o* entlüftet.

Wird bei einer Betriebsbremsung der Leitungsdruck langsam ermäßigt, so überschleift der Steuerkolben *k* die Füllnut, hebt das Abstufungsventil v_a an und nimmt nach Durchlaufen des zwischen Kolbenendscheibe und Grundschieber vorgesehenen Spiels diesen so weit mit, daß der Schieberkanal b_3 mit der Bohrung c_1 im Schieberspiegel in Verbindung kommt. Die Druckluft des Hilfsluftbehälters strömt dann durch die

Abb. 21. Abb. 24. Abb. 25.

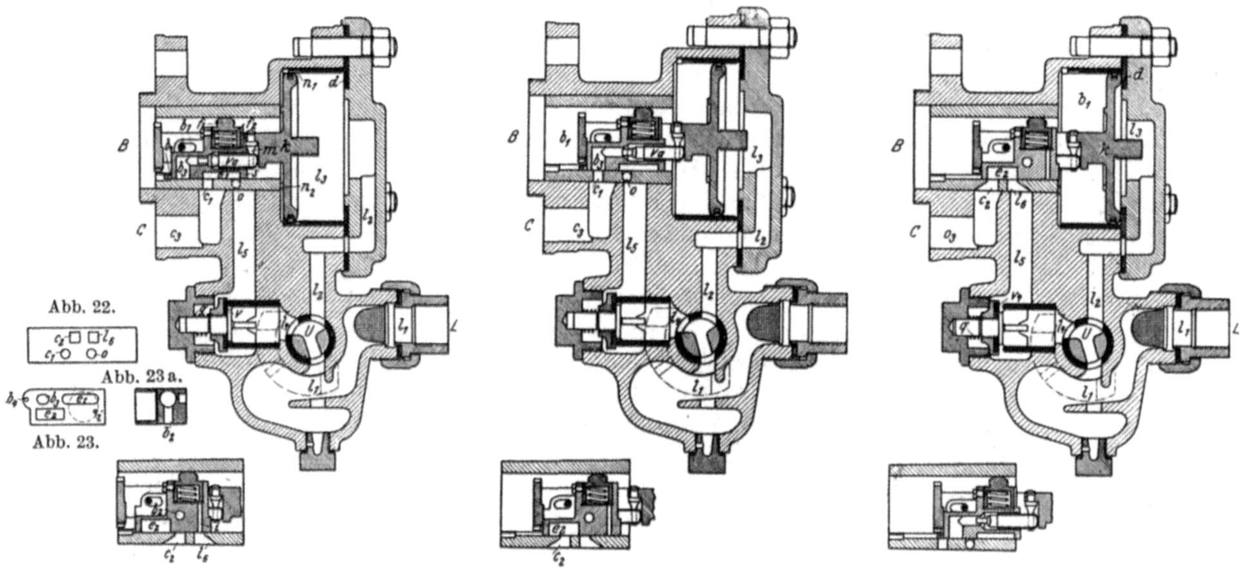

Abb. 22. Abb. 23a. Abb. 23.

Abb. 21a. Abb. 24a. Abb. 25a.

Abb. 21—25. Schnellbremsventil von Knorr.

Seitenbohrung b_2 des Schiebers am Abstufungsventil v_a vorbei, durch Schieberkanal b_3 und Bohrung c_1 im Schieberspiegel zum Bremszylinder. Je nachdem der Druck in der Leitung abnimmt, stellt sich der Schieber so ein, daß der Druck im Hilfsluftbehälter in demselben Maße sinkt. Die äußerste Betriebsbremsstellung, in der die Bohrung c_1 voll geöffnet ist, ist aus Abb. 24 und 24a zu ersehen. Als weitere Eigentümlichkeit ist bei dem Knorr-Ventil zu bemerken, daß bei ihm eine besondere Einrichtung (Graduierfeder) zum Festhalten des Steuerkolbens in Betriebsbremsstellung nicht vorhanden ist, ohne daß bei Betriebsbremsungen ein Überschlagen des Steuerkolbens in Schnellbremsstellung befürchtet werden muß. Einmal wird die Bewegung des Steuerkolbens wie bei den anderen Ventilbauarten infolge raschen Sinkens des Hilfsbehälterdruckes stark verzögert. Außerdem aber wird die Schieberhöhlung e_2, die sich in der Lösestellung allmählich mit Druckluft gefüllt hatte, beim Übergang des Schiebers in Betriebsbremsstellung plötzlich über die Bohrung c_2 (Abb. 24a) in den Bremszylinder entleert. Die damit verbundene stärkere Belastung des Schiebers *s* wirkt so stark, daß dieser mindestens ebenso zuverlässig in der Betriebsbremsstellung festgehalten wird, als wenn ein federnder Anschlag vorhanden wäre.

Sobald der Druck in der Steuerkammer b_1 unter den der Leitung sinkt, geht der Steuerkolben nach links zurück, drückt das Abstufungsventil v_a auf seinen Sitz, wird aber an der weiteren Bewegung durch die Reibung des Schiebers gehindert.

Wird zum Zweck einer Schnellbremsung der Leitungsdruck schnell vermindert, so geht der Steuerkolben sofort ganz nach rechts (Abb. 25 und 25a) und legt sich dichtend gegen die Lederscheibe *d*. Hierbei wird die Leitung über l_1 und l_4, das Rückschlagventil *v*, Kanal l_5, Bohrung l_6 und Schieberhöhlung e_2 direkt mit dem Bremszylinder verbunden, so daß die Leitungsluft in den Zylinder strömt, bis in diesem der Druck gleich dem der Leitung wird. Ein Zurückströmen der Bremszylinderluft nach der Leitung wird durch das Ventil *v* verhindert. Der Hilfsluftbehälter ist in dieser Schieberstellung nur durch die kleine Bohrung b_4 (Abb. 23) in einem Lappen des Schiebers und die Bohrung c_1 im Schieberspiegel mit dem Bremszylinder verbunden. Zum Füllen des Bremszylinders dient deshalb bei Schnellbremsung zuerst hauptsächlich die Leitungsluft. Die Hilfsbehälterluft erhöht dann den Druck zu dem Höchstwert, der infolge der Mitwirkung der Leitungsluft um etwa ½ Atm. über dem bei einer vollen Betriebsbremsung erreichbaren Höchstwert liegt.

Abgesehen von der größeren Einfachheit der Konstruktion, ist als besonderer Vorteil der direkten Verbindung der Bremsleitung mit dem Bremszylinder die Tatsache anzusehen, daß die Schnellwirkung auch dann noch eintritt, wenn vorher schon eine Betriebsbremsung eingeleitet war. Es ist dies darauf zurückzuführen, daß die Überströmung von Leitungsluft erst bei einem Bremszylinderdruck unterbrochen wird, der nur um den Druck der schwachen Feder *q* auf dem Ventil *v* den Leitungsdruck übersteigt.

Die Knorr-Schnellbremse wurde 1903 bei der Preußischen Staatsbahn eingeführt und in den folgenden Jahren bis zur Einführung der KunzeKnorr-Bremse in steigendem Maße angewandt.

III. Das Zusammenarbeiten der 4 Bauarten der Einkammerbremse.

Wie bereits erwähnt, arbeiten die 4 Bauarten der Einkammer-Druckluftbremse in einigen Betrieben in beliebiger Weise gemischt zusammen, und zwar die Westinghouse- und die New Yorker Bremse in Nord-Amerika und in Rußland, die Westinghouse-, die Schleifer- und die Knorr-Bremse bei der Preußischen Staatsbahn bzw. der Deutschen Reichsbahn, ohne daß sich Schwierigkeiten ergeben. Daß dies möglich war, ist darauf zurückzuführen, daß ihre Wirkungsweise in der Hauptsache dieselbe ist. In erster Linie beruht diese auf der Verwendung von verhältnismäßig geringen Druckunterschieden zwischen Leitung und Hilfsluftbehälter zum Umsteuern der Steuerventile. Die hierfür erforderliche große Beweglichkeit des Steuerkolbens ist dadurch möglich, daß seine Dichtigkeit nur vorübergehend beansprucht wird und in allen Ruhestellungen, in der Lösestellung, in der Bremsstellung und in der Bremsabschlußstellung, auf beiden Seiten des Kolbens Druckgleichheit herrscht. Es beeinträchtigt die Wirkung in keiner Weise, wenn der Leitungsdruck bei gelöster Bremse infolge einer ungewollten oder gewollten Veränderung des normalen Leitungsdruckes von dem normalen Leitungsdruck abweicht. Auch hat es keinen Einfluß, wenn etwa durch Undichtigkeiten in der Leitung oder den Bremseinrichtungen der Leitungsdruck am Zugende von dem an der Lokomotive herrschenden abweicht. Der Druck im Hilfsluftbehälter stellt sich in allen Teilen des Zuges genau nach dem des benachbarten Leitungsteils ein, so daß sich jede gewollte Druckermäßigung an der Lokomotive bei allen Steuerventilen des Zuges geltend macht.

Weitere Voraussetzungen für das anstandslose Zusammenarbeiten der 4 Bauarten waren gleicher Bremsdruck bei gleicher Ermäßigung des Leitungsdruckes, gleiche Empfindlichkeit bzw. Unempfindlichkeit und gleiches Bremsdruckdiagramm, Bedingungen, die durch entsprechende Bemessung der Räume vom Hilfsbehälter und Bremszylinder, entsprechende Empfindlichkeitsnuten oder Bohrungen in den Steuerventilen und gleiche Abmessungen der Verbindungskanäle zwischen Hilfsluftbehälter und Bremszylinder erreicht werden konnten.

Bei einer ersten Form der Steuerventile von Knorr, welche bei der Preußischen Staatsbahn zur Einführung kam, wurde der Hilfsluftbehälter nicht über eine Nut um den Steuerkolben herum aufgefüllt, sondern über das Rückschlagventil v (Abb. 21) und eine im Grundschieber s vorgesehene Bohrung, die in der Lösestellung des Steuerventils den Kanal l_5 mit dem Schieberraum b_1 verband. Durch diese Anordnung war es bei größerer Empfindlichkeit des Ventils möglich, den Hilfsluftbehälter wesentlich schneller aufzufüllen. Trotzdem hierin zunächst ein Vorteil des Knorr-Ventils zu erblicken war, mußte dieser wieder aufgegeben werden. Die ungleiche Empfindlichkeit und die abweichende Art der Auffüllung des Hilfsluftbehälters ergaben bei der Mischung von Westinghouse- und Knorr-Bremsen in demselben Zuge Schwierigkeiten, die sogar zu Betriebsstörungen führten. Die schon in großer Zahl dem Betriebe übergebenen Knorr-Steuerventile wurden deshalb durch Anbringung der Füllnut n_1 so geändert, daß sie genau wie die Westinghouse-Ventile arbeiteten.

B. Die Entwicklung der Güterzugbremse.

Die Schnellwirkung der beschriebenen Steuerventile ermöglichte ein einwandfreies Bremsen von Zügen, die bis zu etwa 50 Achsen stark waren. Dies reichte für eine lange Zeit vollständig aus und ermöglichte eine ungeheure Entwicklung des Personen- und Schnellzugverkehrs.

Dagegen waren die Druckluftschnellbremsen in dieser Form für Güterzüge vollkommen unverwendbar. In den Vereinigten Staaten von Nordamerika hat man zwar die Personenzugbremse einfach an den Güterwagen angebaut. Das war dort nicht ideal, aber doch möglich, da in den Vereinigten Staaten zu gleicher Zeit die außerordentlich starken selbsttätigen Kupplungen eingeführt wurden. In Europa aber zeigten die in dieser Richtung gemachten Versuche sofort die Unmöglichkeit, die Personenzugbremse bei Güterzügen anzuwenden. Die Züge wurden beim Bremsen einfach auseinandergerissen. Dies ist die Folge der in Europa angewandten durchgehenden Zugstange, die mit Rücksicht auf die Zugkraft der Lokomotive eine lose Kupplung der Wagen verlangte.

Diese Zugstange hat zwischen den beiden Zughaken keine federnde Unterbrechung. Der Wagenkörper ist vielmehr durch Federn mit ihr verbunden. Sind die Kupplungen alle straff gespannt, so muß die Lokomotive beim Anziehen sämtliche Wagen des Zuges zugleich beschleunigen. Das ist bei den kurzen Personen- und Schnellzügen möglich. Bei langen Güterzügen reicht indes die Anzugskraft der Lokomotive nicht aus. Deshalb muß bei diesen in den Kupplungen ein Spiel vorgesehen werden, das bei gespannter Kupplung bis zu 10 cm zwischen den Puffern beträgt, bei zusammengedrückten Wagen dagegen einen entsprechenden Durchhang der Kupplung ergibt. Hierdurch ist es möglich, daß die Lokomotive die Wagen, vom Zuganfang beginnend, nacheinander in Bewegung setzt. Wenn bei einem solchen Zuge eine Bremsung von der Lokomotive aus eingeleitet wird, so wird zunächst die Geschwindigkeit der ersten Wagen verringert, die folgenden Wagen fahren auf diesen auf und pressen die Pufferfedern zusammen, so daß ein Teil ihrer lebendigen Kraft in den Federn aufgespeichert wird. Ist nun unter Zusammenpressung aller Pufferfedern die Bremswirkung durch den ganzen Zug gelangt, so wird die in den Pufferfedern aufgespeicherte Arbeit frei und schleudert die Wagen mit einer Kraft auseinander, der die Kupplungsglieder unter Umständen nicht gewachsen sind. Dieser Rückstoß setzt eine Zeit nach der Einleitung der Bremsung ein, deren Länge sich nach der Länge des Zuges und nach der Fahrgeschwindigkeit richtet. Bei hoher Fahrgeschwindigkeit kommt er schwächer zum Ausdruck, weil der Unterschied der Geschwindigkeiten zwischen den Wagen nicht so groß wird. Bei geringer Fahrgeschwindigkeit steht der lange Zug, bevor die Bremswirkung bis zu seinem Schluß durchdringt. Bei der Fahrgeschwindigkeit von 20—30 km in der Stunde dagegen wirkt sich der Rückstoß voll aus und verursacht Kupplungsbrüche.

Die Anwendung der Druckluftbremse bei Güterzügen mußte deshalb zunächst aufgegeben werden und wurde erst wieder erneut ins Auge gefaßt, als der Güterverkehr dringend größere Fahrgeschwindigkeiten für die Güterzüge erforderte. Für größere Geschwindigkeiten wäre eine starke Vermehrung der Zahl der Bremser notwendig geworden.

Bei der Entwicklung einer Güterzugbremse für europäische Verhältnisse sind drei Gesichtspunkte in Betracht zu ziehen, die für die Verwendbarkeit einer derartigen Bremse maßgebend sind.

Betrachtet man die Bremsdruckschaulinien einer Schnellbremsung (Abb. 26 und 27), die sich am ersten und letzten Wagen eines 200 Achsen starken Zuges mit Westinghouse- und Knorr-Schnellbremse ergeben würden, so erkennt man, daß am letzten Wagen die Bremse erst anzuziehen beginnt, wenn der Bremsdruck am ersten Wagen schon seinen Höchstwert erreicht hat. Die hinteren Wagen eines lose gekuppelten Güterzuges laufen bei einer solchen Bremsung auf die vorderen auf. Die Reaktion der Pufferfedern treibt die Wagen wieder auseinander, und der Zug zerreißt.

Die erste Forderung ist daher die, die Zeit, die der zur Umsteuerung der Steuerventile nötige Druckabfall braucht, um an das Ende des Zuges zu gelangen, möglichst kurz zu machen oder mit anderen Worten die *Durchschlagsgeschwindigkeit*, die Geschwindigkeit, mit der die Bremswirkung zum Zugschluß gelangt, möglichst zu beschleunigen.

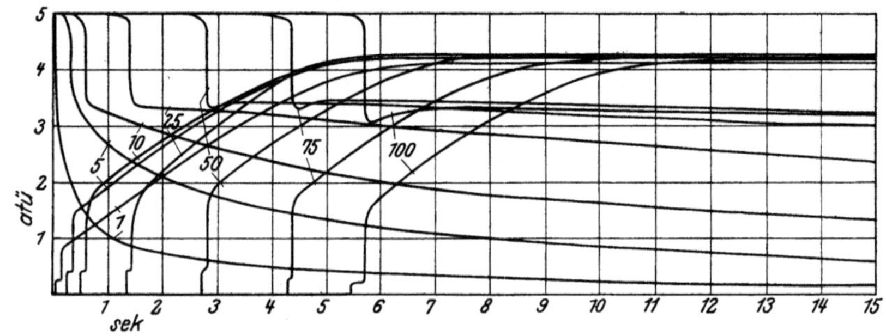

Abb. 26. Schaulinien für Leitungsdruck und Bremsdruck bei einer Schnellbremsung an einem Zuge von 100 Wagen mit Westinghouse-Schnellbremsventilen.

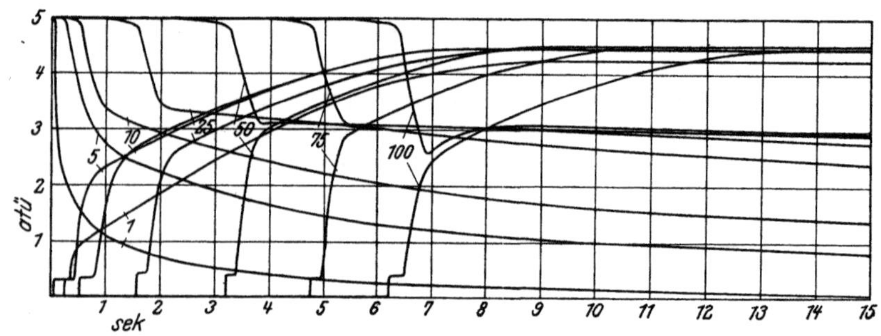

Abb. 27. Schaulinien für Leitungsdruck und Bremsdruck bei einer Schnellbremsung an einem Zuge von 100 Wagen mit Knorr-Schnellbremsventilen.

Da die Verwirklichung dieser Forderung sehr enge Grenzen hat und die Zeit, die zwischen dem Beginn des Bremsdruckanstiegs am ersten und letzten Wagen liegt, nicht unter ein Mindestmaß gebracht werden kann, muß die *Bremsdruckschaulinie*, d. h. die Art, wie sich der Druck in den Bremszylindern entwickelt, so gestaltet werden, daß die Druckzeitkurven des ersten und letzten Wagens sich möglichst nahe kommen.

Die dritte Eigenschaft einer brauchbaren Güterzugbremse muß eine gute *Regulierfähigkeit* sein. Bei den im vorhergehenden Abschnitt beschriebenen Steuerventilen kann der Bremsdruck zwar stufenweise erhöht werden, das stufenweise Lösen ist aber nicht möglich, da bei einer Erhöhung des Leitungsdruckes die Steuerkolben in Lösestellung gehen und späterhin keine Kraft entsteht, die sie in eine Stellung bringt, in der sie das Lösen unterbrechen. Für das Befahren langer Gefälle mit langen Güterzügen ist aber die stufenweise Lösbarkeit der Bremse unerläßlich.

Zwar sind die Mittel, welche diese drei Eigenschaften beeinflussen, zum Teil die gleichen oder stehen in Wechselbeziehung zueinander. So beeinflussen die Mittel zur Erhöhung der Durchschlagsgeschwindigkeit zum Teil auch die Form der Bremsdruckschaulinie. Trotzdem lassen sie sich nach den angegebenen drei Richtungen genau verfolgen, und sie mögen deshalb im nachstehenden getrennt behandelt werden.

I. Die Durchschlagsgeschwindigkeit.

Die Steuerkolben in den Steuerventilen der Einkammerbremse werden durch den Druckunterschied bewegt, der beim Auslassen von Druckluft aus der Leitung zwischen Leitung und Steuerbehälter entsteht.

Die Zeit, die vergeht, bis sich der Steuerkolben in Bewegung setzt, ist also einerseits abhängig von der Art, wie sich Druckabfälle in der Rohrleitung fortpflanzen, andererseits von der Empfindlichkeit des Steuerventils.

a) Der Druckabfall in der Leitung.

Versuche mit reinen Rohrleitungen[1]) haben gezeigt, daß die Fortpflanzungsgeschwindigkeit von Druckabfällen von dem Anfangsdruck und dem Leitungsdurchmesser abhängig ist und mit diesen beiden Größen wächst.

Der Anfang einer Bewegung, die sich in einer luftgefüllten Rohrleitung entwickelt, pflanzt sich mit konstanter Geschwindigkeit fort.

Im übrigen pflanzen sich Druckabfälle von bestimmter Größe bei unbegrenzter Rohrlänge mit ständig sinkender Geschwindigkeit fort.

Als Durchmesser der Bremsleitung wurde bei der Westinghouse-Schnellbremse 1¼″ gewählt. Das hierfür erforderliche Rohr ist sehr stark und läßt sich schwer biegen. Praktische Versuche ergaben, daß bei den als festliegend angenommenen Führerbrems-

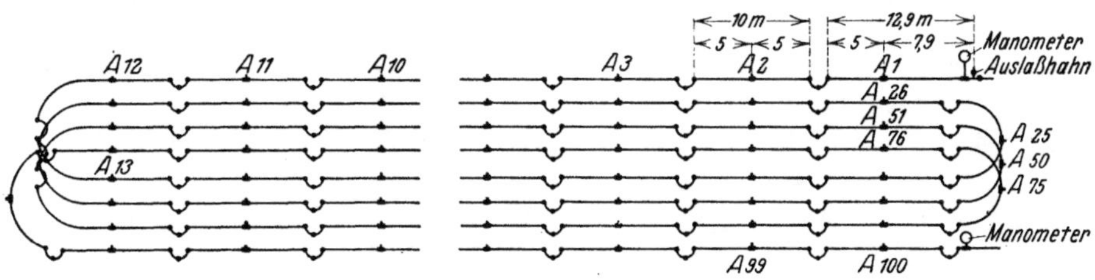

Abb. 28. Versuchsanordung.

ventilen der Einkammerbremse der Vorteil in der Durchschlagsgeschwindigkeit bei diesem Durchmesser gegenüber einem Durchmesser von 1″ nicht groß ist, und man wählte deshalb bei der Einführung der Güterzugbremse diesen Durchmesser und benutzt ihn heute für alle Wagengattungen. Auch die oben zitierte Abhandlung bestätigt, daß der Nutzen des größeren Leitungsdurchmessers gegenüber dem Durchmesser von 1″ nicht groß genug ist, um die Vorteile des kleineren Durchmessers aufzuwiegen.

Unvermeidliche Widerstände werden außerdem in einer Bremsleitung durch Schlauchkupplungen und Kupplungshähne gebildet, die zur Verbindung der Bremsen der in einem Zuge vereinigten Wagen bzw. zum Abschluß der Bremsleitung am Zugende dienen.

Die nachfolgend gebrachten Kurven sollen einen Überblick darüber geben, wie sich die Verdünnungsbewegung in einer Bremsleitung entwickelt, und welche Einflüsse dafür maßgebend sind.

Die Versuchsanordnung, an der diese Kurven gewonnen wurden, ist in Abb. 28 gezeigt. Sie stellt die Rohrleitung eines Zuges dar, bestehend aus 1 Lokomotive und 100 zweiachsigen Wagen (den Tender zu diesen gerechnet). Die Leitung vom Führerstand bis zum Anschluß an die Bremse des Tenders mißt 7,9 m, die Rohrleitung jedes Wagens 10 m, die Verbindung zwischen den Wagen, bestehend aus den gebräuchlichen Schlauchkupplungen einschließlich der beiden Kupplungshähne, 156 cm. Gemäß der jetzigen Anordnung der Bremsleitung an Güterwagen wurden die Leitungen ganz ohne

---

[1]) F. Hildebrand, Über unstationäre Strömungsvorgänge in langen Rohrleitungen und ihre Beziehungen zu den Steuervorgängen der indirekten Luftbremsen, Diss. Berlin 1927.

Krümmungen verlegt. Die Bogen an den Enden hatten einen derart großen Krümmungsradius, daß ihr Reibungswiderstand praktisch der gleiche war wie bei den geraden Abschnitten.

Die gesamte Bremsleitung von rund 1160 m Länge wurde in dem zur Verfügung stehenden Raum so verlegt, daß beim Führerstand nicht nur der erste und letzte, sondern auch der 25., 50. und 75. Wagen unmittelbar beobachtet werden konnte. Zur Verbindung der Leitung mit der freien Luft wurde ein einfacher Hahn mit dem vollen Durchgangsquerschnitt der Leitung benutzt. Der Hebel des Hahns war mit einem elektrischen Kontakt versehen, durch den der an die Leitung angeschlossene Druckschreibapparat eingerückt wurde. Bei den Versuchen mit geringem Auslaßquerschnitt wurde dem unveränderten Hahn eine Drosselscheibe mit entsprechender Bohrung vorgeschaltet.

Zur Aufnahme der Druckschaulinien diente ein doppeltes Schreibmanometer, wie es bei den Abnahmeprüfungen der Steuerventile von der Knorr-Bremse A.-G. und den Werkstätten der Reichsbahn angewandt wird.

Abb. 29. Doppeltes Schreibmanometer.

Abb. 29 zeigt den Apparat. Zwei schreibende Zeiger eines Doppelröhren-Manometers zeichnen den Druck auf eine Trommel auf, die durch ein Uhrwerk angetrieben wird. Die Übertragung der Bewegung von dem Uhrwerk auf die Trommel erfolgt durch eine kleine, feinzähnige Klauenkupplung, die von einem Elektromagneten eingerückt wird, sobald dessen Stromkreis durch einen an dem Führerventil oder Hahn angebrachten Kontakt geschlossen wird.

Dadurch, daß die Trommel beim Beginn des Meßvorganges erst beschleunigt werden muß, entsteht eine kleine Ungenauigkeit im Beginn der aufgezeichneten Drucklinie. Diese Ungenauigkeit kann bei Messungen von Zeiten, die kleiner als 1 Sek. sind, bis 10% betragen. Für längere Meßzeiten verkleinert sich der Fehler stark, da er nur am Anfang auftritt. Im weiteren Verlauf der Trommelumdrehung ist die Bewegung sehr gleichförmig, da mit dem Uhrwerk ein sogenannter Sirenenregler verbunden ist.

Für die Bedürfnisse der vorliegenden Abhandlung, bei der es in erster Linie darauf ankam, die mit einem Apparat aufgenommenen Kurven miteinander zu vergleichen, reichte die Genauigkeit des einfachen Meßapparates aus.

Abb. 30 zeigt die Druck- und Zeitkurven, wie sie an den verschiedenen Meßstellen A der Versuchsleitung aufgenommen sind. Der Anfangsdruck ist der normale Leitungsdruck von 5 Atm. Der Hahn wurde sofort ganz geöffnet. Der Druckabfall in der Leitung entspricht also demjenigen bei Schnellbremsungen.

Der Beginn des Druckabfalls eilt mit gleichbleibender Geschwindigkeit durch den ganzen Zug. Da er am Ende der 1152,34 m langen Leitung in 3,525 Sek. ankommt, beträgt seine Durchschlagsgeschwindigkeit 327 m in der Sekunde. Diese Geschwindigheit ist also nicht ganz so groß wie die bei reinen Rohrleitungen festgestellte Fortpflanzungsgeschwindigkeit, da die eingeschalteten Kupplungen und Kupplungshähne einen Widerstand bilden, der den Anfang des Druckabfalls verzögert.

Der Verlauf des Druckabfalls ist dagegen an den verschiedenen Stellen des Zuges sehr verschieden. An der ersten Gruppe von 10 Wagen sinkt der Druck schnell, gegen Zugende aber immer langsamer. Der Druckabfall am 100. Wagen läuft dem des 75. Wagens beinahe parallel, und die Druckunterschiede sind verhältnismäßig gering.

In Abb. 31 ist aus Abb. 30 die Verteilung des Druckes in der Leitung zu verschiedenen Zeiten eingetragen. Sie zeigt das Druckgefälle, welches sich am Ende der 1., 2., 3., 4.,5, und 10. Sek. in der Bremsleitung einstellt. Bei Öffnen des Hahns am Anfang der Leitung sinkt der Druck unmittelbar bei diesem sofort auf Null. Der Beginn des Druckabfalls eilt mit gleichbleibender Geschwindigkeit zum Leitungsende, die Höhe des Druckes nimmt um so langsamer ab, je weiter der betreffende Leitungsquerschnitt von dem Leitungsanfang entfernt ist. Nach Verlauf einer Sekunde ist der Beginn des Druckabfalls bis zum 31. Wagen gelangt. Von diesem bis zum Zuganfang fällt die Druckkurve steil ab. Ganz anders ist das Bild nach Verlauf von 4 Sek., wenn der Beginn des Druckabfalls den letzten Wagen erreicht hat. Infolge der von hinten nach vorn strömenden Druckluft wird der Druckabfall im vorderen Teil der Leitung verlangsamt. Am Leitungsende dagegen strömt keine Druckluft mehr von hinten zu. Infolgedessen sinkt der Druck im hinteren Zugteil beinahe gleichmäßig.

Abb. 32 zeigt den Druckabfall an den einzelnen Leitungsstellen von einem Anfangsdruck von 7 Atm., Abb. 33 den Druckabfall von 3 Atm. aus. Während der Beginn des Druckabfalls mit der gleichen Geschwindigkeit durch die Leitung eilt, zeigt die Stärke des Druckabfalls große Unterschiede. Wo etwa die Möglichkeit besteht, einen größeren als den normalen Leitungsdruck von 5 Atm. zu wählen, bringt dies also für die Durchschlagsgeschwindigkeit erhebliche Vorteile. Bei den in Europa angewandten Bremssystemen muß der Leitungsdruck von 5 Atm. beibehalten werden, da eine höhere Belastung der Schlauchkupplungen sich mit Rücksicht auf die Unterhaltung nicht als vorteilhaft erwiesen hat.

Der Einfluß, den der Austrittsquerschnitt der Luft am Leitungsanfang auf den Druckabfall hat, ist aus Abb. 34 zu erkennen. Zwar bleibt auch bei der Austrittsöffnung von nur 5 mm Durchmesser die Durchschlagsgeschwindigkeit des Abfallbeginns die gleiche. Die Stärke des Druckabfalls dagegen wird besonders beim Leitungsanfang stark vermindert. Man wird deshalb für Schnellbremsungen den Auslaßquerschnitt im Führerventil immer so groß wie irgend möglich zu wählen haben.

Die Diagramme der Abb. 35 zeigen die Abhängigkeit der Druckabfall-Fortpflanzungsgeschwindigkeiten von der Zuglänge. Je länger der Zug ist, um so länger braucht ein bestimmter Druckabfall, um zu einer bestimmten Stelle der Leitung zu gelangen.

Die Durchschlagsgeschwindigkeiten, die sich für die einfache, möglichst gerade verlegte Rohrleitung von 1″ Durchmesser ergeben, sind bei dem normalen Leitungsdruck von 5 Atm. unveränderlich.

Welchen Einfluß auf diese die an die Rohrleitung bei A angeschlossenen Bremseinrichtungen ausüben, ist aus den Diagrammen der Abb. 36 und 37 ersichtlich.

Zur Verbindung der Steuerventile mit der Leitung sind Abzweigleitungen erforderlich. An den Wagenenden werden häufig die Leitungen mit Doppelkupplungen versehen, um bei Wagenübergängen das Kuppeln zu erleichtern. Endlich werden auch die Notbremseinrichtungen oft im Wageninnern untergebracht und durch längere Zweigleitungen mit der durchgehenden Bremsleitung verbunden. Diese Abzweige vergrößern den Inhalt der Bremsleitung und verzögern die Fortpflanzung des Druckabfalls er-

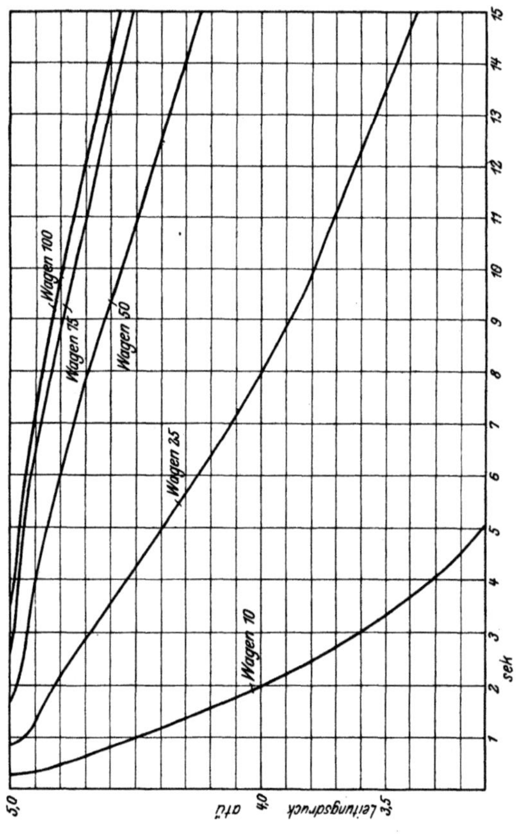

Abb. 30. Ausströmungsvorgang durch den vollen Hahnquerschnitt einer Leitung von 100 Wagen bei 5 Atm. Anfangsdruck.

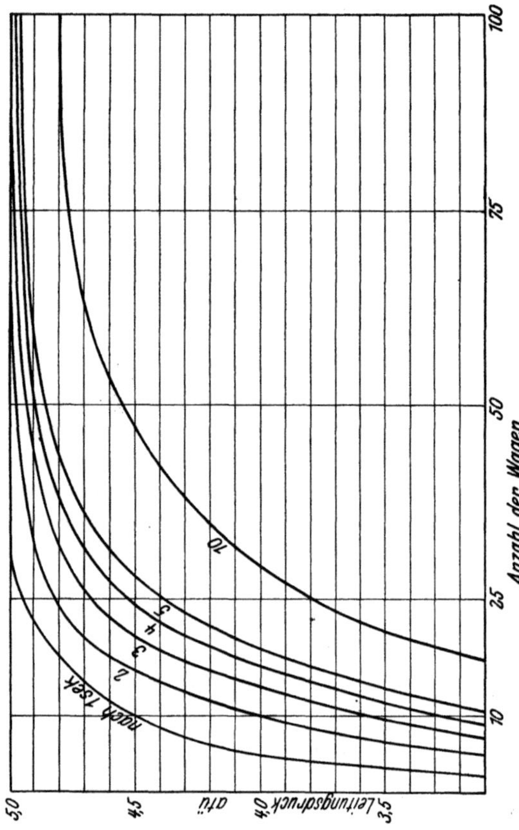

Abb. 31. Verteilung des Drucks zu verschiedenen Zeiten bei dem in Abb. 30 dargestellten Vorgang.

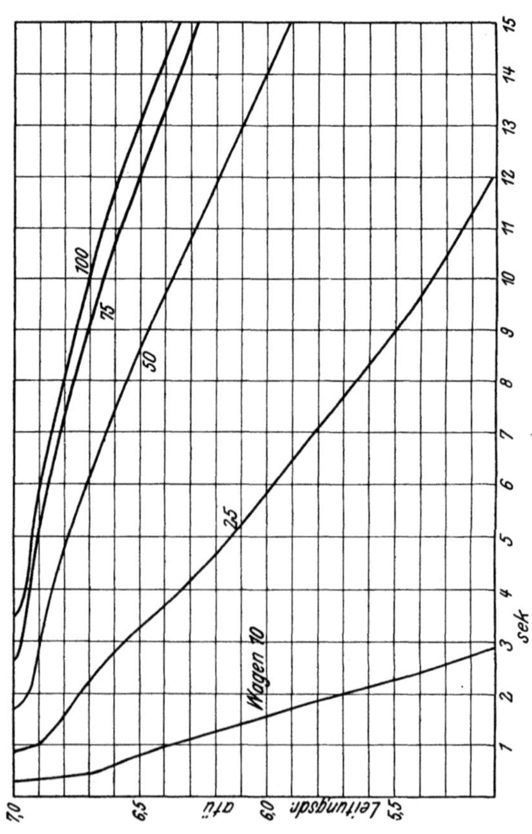

Abb 32. Ausströmung durch den vollen Hahnquerschnitt bei einem Anfangsdruck von 7 Atm.

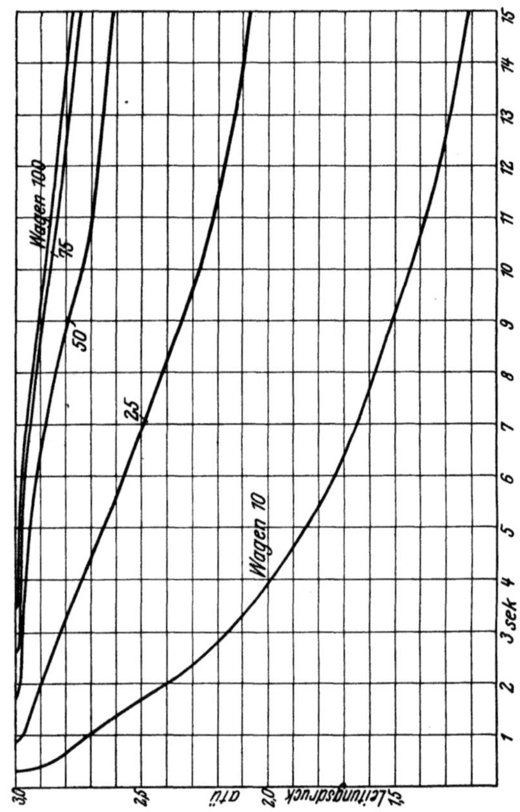

Abb. 33. Ausströmung durch den vollen Hahnquerschnitt bei einem Anfangsdruck von 3 Atm.

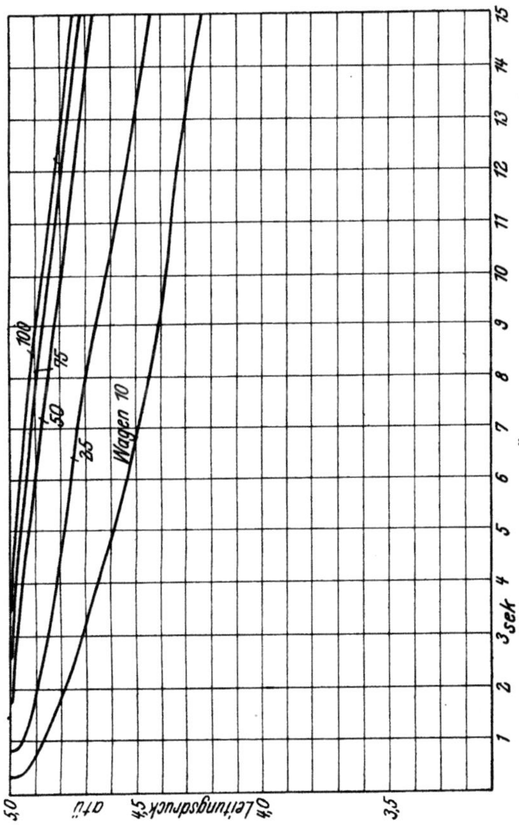

Abb. 34. Ausströmung durch eine Öffnung von 5 mm Durchmesser bei einem Anfangsdruck von 5 Atm.

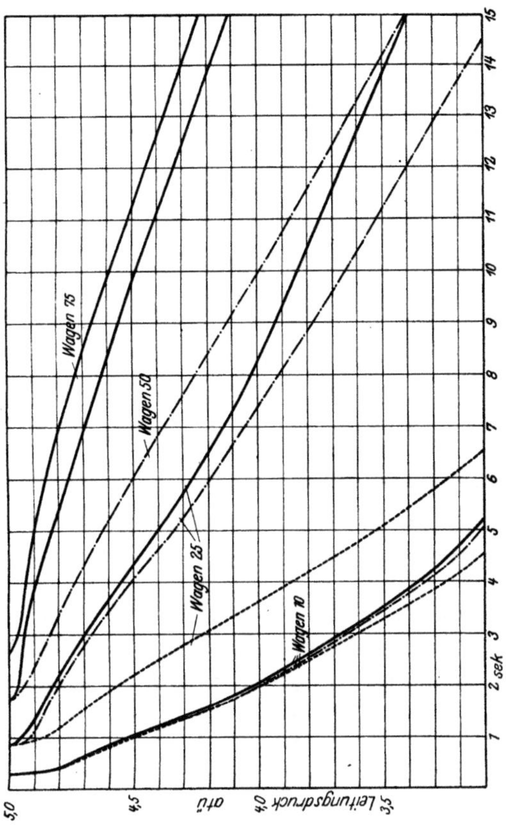

Abb. 35. Ausströmung durch den vollen Hahnquerschnitt bei verschiedenen Zuglängen. — Die durchgezogenen Linien gelten für einen Zug von 75 Wagen, die strichpunktierten für einen von 50 und die gestrichelten für einen von 25 Wagen.

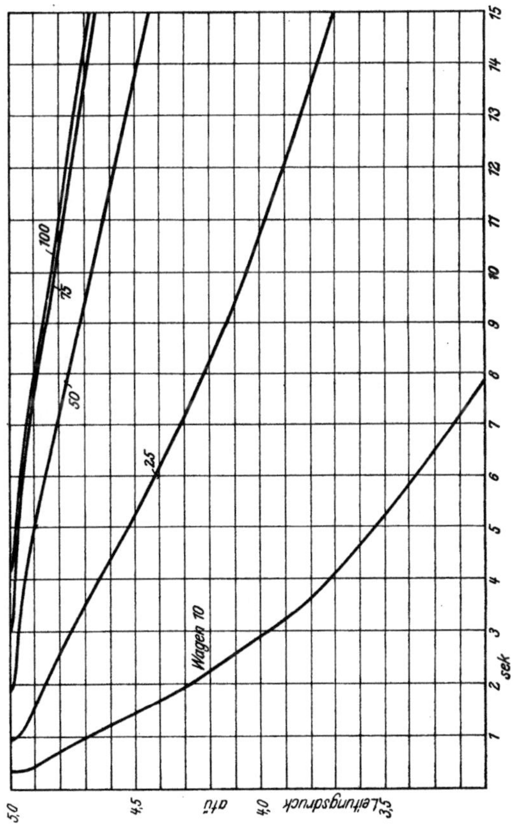

Abb. 36. Ausströmung aus einer Leitung mit Abzweigungen von 2 m Länge durch den vollen Hahnquerschnitt.

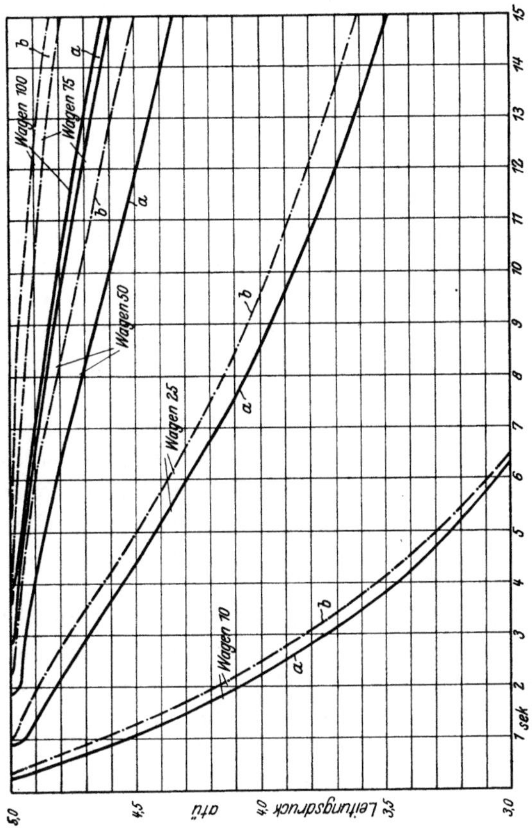

Abb. 37. Ausströmung aus einer Leitung mit angeschlossenen Steuerventilen.

heblich, und zwar bezieht sich dies nicht nur auf dessen Größe, sondern — allerdings in erheblich geringerem Maße — auch auf den Beginn. Abb. 36 zeigt den Druckabfall in der Leitung, wenn an jedem Wagen bei A eine Zweigleitung von 2 m Länge angeschlossen ist, bei vollem Leitungsauslaß. Der Beginn des Druckabfalls trifft am letzten Wagen nach 4,2 Sek. ein. Der Druckabfall um $^2/_{10}$ Atm. wird dabei am letzten Wagen um mehr als eine Sekunde verzögert. Es ist deshalb zu empfehlen, Abzweige möglichst zu vermeiden und die unbedingt notwendigen so kurz wie möglich zu halten.

Einen weiteren Anlaß zur Verzögerung der Durchschlagsgeschwindigkeit bilden die Rückwirkungen der Steuerventile auf die Bewegung in der Leitung.

Vor Anfang der Bewegung des Steuerkolbens fließt aus dem Hilfsluftbehälter durch die Füllnut Luft in die Leitung nach, sobald der Druck in dieser zu sinken beginnt. Fängt ein Steuerkolben an sich zu bewegen, so drängt er ein der Bewegung entsprechendes Luftvolumen in die Leitung.

Abb. 37 zeigt den Einfluß dieser Vorgänge auf den Druckabfall in der Leitung, wenn an jedem Wagen ein Steuerventil angeschlossen ist. Die Kurven a geben den Druckabfall in der Leitung bei ausgeschalteten, die Kurven b bei eingeschalteten Ventilen. Die Ventile sind Westinghouse-Schnellbremsventile in Betriebsbremsstellung, also mit ausgeschalteter Schnellbremseinrichtung. Der Leitungsauslaß erfolgte durch den vollen Leitungsquerschnitt.

Die Zeit bis zum Beginn des Druckabfalls erscheint nach dem am letzten Wagen aufgenommenen Diagramm auf 5,3 Sekunden verlängert. Die Kurve setzt allerdings so flach an, daß ihr Anfangspunkt sehr schwer festzustellen ist. Auf jeden Fall wird aber die Stärke des Druckabfalls, auf die es in der Hauptsache ankommt, durch die Rückwirkung der Steuerventile gegen das Zugende sehr merkbar verringert.

Die Füllnut oder Füllbohrung des Steuerventils, durch die die Druckluft aus dem Hilfsluftbehälter in die Leitung zurücktreten kann, erfüllt bei den normalen Einkammerbremsen eigentlich zwei sich entgegenstehende Aufgaben. Einmal wird über sie der Hilfsluftbehälter mit Druckluft versorgt — zu diesem Zweck müßte sie möglichst groß sein. Andererseits soll sie nicht größer sein, als für die gewollte Unempfindlichkeit des Steuerkolbens erforderlich ist. In Wirklichkeit ist für die Größe der Füllnut der letzte Punkt maßgebend. Die lange Füllzeit nimmt man in Kauf, und wenn diese in besonderen Fällen verkürzt werden muß, dann ist die Möglichkeit gegeben, die Leitungsluft über einen zweiten Weg, in den ein Rückschlagventil eingeschaltet ist, zum Hilfsluftbehälter zu führen, der das Füllen beschleunigt, aber keine Druckluft in die Leitung zurückströmen läßt.

Das vom Steuerkolben verdrängte Luftvolumen ist durch Durchmesser und Hub des Steuerkolbens bestimmt. Mit dem Durchmesser des Steuerkolbens wächst die Kraft, die durch ihn ausgeübt werden kann, bzw. mit größer werdendem Durchmesser nimmt der Luftdruckunterschied ab, der einen gegebenen Widerstand überwinden kann. Da aber gleichzeitig das Luftvolumen wächst, kann mit der Vergrößerung des Steuerkolbens über ein gewisses Maß in der Richtung der Durchschlagsgeschwindigkeit nichts gewonnen werden.

Der Hub des Steuerkolbens wird durch die Zahl und Größe der durch die Steuerschieber zu verbindenden oder zu trennenden Öffnungen bestimmt. Man soll diese also möglichst beschränken.

Die nachstehende Aufstellung (S. 27) gibt eine vergleichende Übersicht über die beim Bremsvorgang von den Steuerkolben der in Deutschland gebräuchlichen Einkammerbremsen verdrängten Luftmenge.

Das größere Luftvolumen, welches der Steuerkolben des Steuerventils der Knorr-Schnellbremse gegenüber dem der Westinghouse-Bremse verdrängt, bildet zweifellos eine wesentliche Ursache für die längeren Durchschlagszeiten der ersten, wie sie aus den Druckschaulinien der Abb. 26 und 27 zu entnehmen sind.

		Abmessungen des Kolbens			Verdrängte Luftmenge in Liter	
		Durchmesser in mm	Hub			
			mm bei Betriebsbremsung	mm bei Schnellbremsung	bei Betriebsbremsung	bei Schnellbremsung
1	Einfaches Lokomotiv-Steuerventil. . . . . (siehe Abb. 5, 6, jedoch ohne Schnellbremsstellung)	76,2	23,9	23,9	0,109	0,109
2	Schnellwirkendes Steuerventil von Westinghouse . . . (siehe Abb. 7—11)	88,85	16,61	27,04	0,103	0,168
3	Schnellwirkendes Steuerventil von Knorr . . . . . . (siehe Abb. 21—25)	100	20,75	30	0,163	0,236

b) Die Empfindlichkeit der Steuerventile.

1. Die Empfindlichkeit bei Betriebsbremsungen.

Vom Standpunkt der Durchschlagsgeschwindigkeit aus müßte man die Empfindlichkeit der Steuerventile so groß wie irgend möglich machen. Ein störungsfreier Betrieb wäre aber mit solchen Ventilen nicht möglich.

Da die Leitung nie ganz dicht ist, finden immer Luftbewegungen in ihr statt. Die Luft strömt aus undichten Stellen aus, so daß der Druck sinkt. Das Führerventil füllt die Leitung dann wieder auf. Ebenso entstehen beim Füllen der Leitung immer Schwingungen der Luft, die überempfindliche Ventile dazu bringen würden, in Bremsstellung zu gehen, und die dadurch ungewollte Bremsungen verursachen würden. Von einem brauchbaren Steuerventil wird also verlangt, daß es erst bei Druckverminderungen von bestimmter Größe anspricht.

Andererseits hat natürlich jedes Steuerorgan an und für sich eine gewisse Unempfindlichkeit, da es ja nicht möglich ist, reibungslose Steuerkolben und Schieber herzustellen. Diese Unempfindlichkeit vergrößert sich, wenn das Ventil länger im Betrieb ist, durch unvermeidliche Verschmutzung.

Die Deutsche Reichsbahn hat den Unempfindlichkeitsgrad für Steuerventile gegen unbeabsichtigte Bremsungen durch eine Bohrung von 0,8 mm Durchmesser festgelegt, die in einem Prüfhahn an der Leitung des Steuerventilprüfstandes vorgesehen ist. Wenn der Hahn geöffnet wird, darf das Steuerventil nicht ansprechen. Der dabei in der Leitung eintretende Druckabfall beträgt ungefähr 0,1 Atm. in 15 Sek. Er ist im Vergleich zu den für Bremsungen in Betracht kommenden Druckabfällen sehr gering. Die Art, wie die Bedingung der Reichsbahn gestellt ist, beruht auf dem Umstand, daß bei den meist gebräuchlichen Ventilen die Empfindlichkeit durch die Überströmöffnung von der Leitung in den Hilfsluftbehälter beeinflußt wird. Wenn aus der Füllnut die Luft in so starkem Maße in die Leitung zurückströmt, daß der zum Umsteuern des Ventils nötige Druckunterschied nicht zustande kommt, dann kann eine Bremsung nicht eintreten. Ein gewisser Widerstand des Ventils durch Reibung ist also immer Voraussetzung für die Unempfindlichkeit.

Der tatsächlich vorhandene Bewegungswiderstand des Steuerorgans ist naturgemäß meistens größer als der durch die Unempfindlichkeitsforderung bedingte. Dieser ist ein Mindestwert. Die Faktoren, die den Widerstand bedingen, wie Spannung der Steuerkolbenringe und Schieberreibung, lassen sich nicht so genau beherrschen.

Die Deutsche Reichsbahn setzte deshalb noch einen Höchstwert der Unempfindlichkeit fest. Dieser wird durch die Entleerung des Behälters, der am Prüfstand die Leitung darstellt, durch eine Bohrung von 2 mm Durchmesser bestimmt entsprechend einem

Druckabfall in der Leitung von 0,1 Atm./Sek. Bei diesem Druckabfall muß das Steuerventil in spätestens 5 Sek. eine Bremsung einleiten. Dieses Maß wurde auf Grund längerer Beobachtungen im Betrieb festgelegt. Es berücksichtigt einen Unterhaltungszustand der Bremsen, wie er bei der Reichsbahn nach Einführung einer regelmäßigen Revision der Bremse und ohne die Instandhaltungskosten zu sehr zu belasten, eingehalten werden kann.

Dieses Maß legt natürlich auch den kleinsten Leitungsdruckabfall fest, der bei Betriebsbremsungen zur Anwendung kommen darf. Denn angenommen, die Ventile eines Zuges oder einige von ihnen wären gerade eben noch so empfindlich, daß sie bei dem Druckabfall von 0,1 in 1 Sek. ansprechen, dann würden sie bei einer Betriebsbremsung mit etwas geringerem Druckabfall nicht mehr arbeiten, die zugehörigen Hilfsluftbehälter würden entleert und damit die Bremsen unwirksam werden. Für die Betriebsbremsungen muß deshalb ein wesentlich größerer Druckabfall gewählt werden. Es ist dabei zu berücksichtigen, daß die Empfindlichkeitsprobe bei 2 mm Düse beim Prüfen am Prüfstand die weitere Verwendbarkeit des Ventils im Betriebe feststellt, bei denjenigen Ventilen aber, die, aus dem Betriebe kommend, dieser Probe nicht mehr genügen, muß natürlich angenommen werden, daß sie eine ganze Weile noch in diesem Zustand im Betriebe arbeiten mußten.

Beim Westinghouse-Führerventil findet bei Betriebsbremsungen am Anfang der Leitung ein Druckabfall von 0,3 Atm. in der Sekunde, bei dem von Knorr ein Druckabfall von 0,4 Atm./Sek. statt. Nach dem Zugende wird dieser Druckabfall natürlich immer schwächer und dies um so mehr, je mehr Bremsapparate an die Leitung angeschaltet sind. Die für die Betriebsbremsungen im Führerbremsventil vorgesehene Öffnung begrenzt deshalb — sofern nicht besondere Einrichtungen vorgesehen sind — die Zuglänge. Am Ende des Zuges, wo der Leitungsdruck am langsamsten abfällt, muß der Druckabfall bei einer Betriebsbremsung mehr als 0,1 Atm./Sek. betragen, da sonst die weniger empfindlichen Ventile nicht mehr ansprechen.

Über die Art, wie bei den verschiedenen Ventilen die Unempfindlichkeit verursacht wird und wie sie auf die Steuervorgänge im Ventil wirkt, geben am besten die an den einzelnen Ventilen beobachteten Vorgänge Aufschluß. In den Abb. 38—42 sind die Vorgänge wiedergegeben, die sich in verschiedenen Ventilbauarten bei einem Leitungsdruckabfall von 0,2 Atm. in 6 Sek. abspielen. Der Druckabfall entspricht, wie aus Abb. 37 hervorgeht, ungefähr dem am Ende eines 100 Wagen starken Zuges, bei dem alle Steuerventile bis auf das letzte abgeschaltet sind. Die Kurven *l* zeigen den Druckverlauf in der Leitung, *b* den im Steuer- bzw. Hilfsluftbehälter und *c* den im Bremszylinder. Die Kurven *k* stellen den Weg des Steuerkolbens im Lauf der Zeit dar. Der Inhalt des Hilfsluftbehälters beträgt 25 l, der des auf 150 mm Hub eingestellten Bremszylinders 4,86 l.

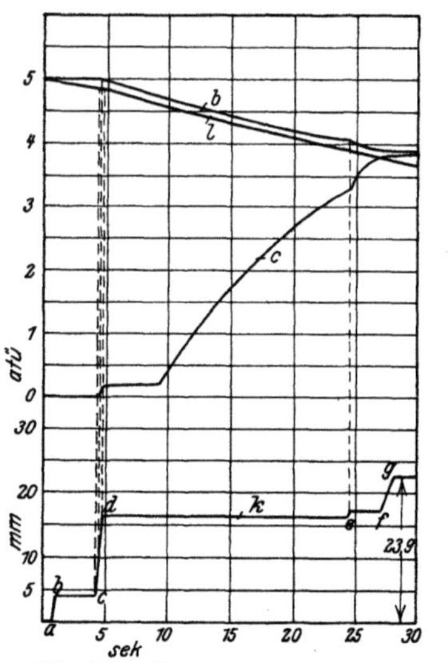

Abb. 38. Bremsvorgang an einem einfachen Steuerventil.

Abb. 38 zeigt die Vorgänge in einem einfachen Steuerventil, wie es für die Lokomotivbremse im Brauch ist. Es entspricht, abgesehen von einer Verschiedenheit des Hubes, der in Abb. 5 dargestellten Bauart.

Es bedarf zunächst nur eines sehr geringen Druckabfalls von ca. 0,05 Atm. in der Leitung, um den Steuerkolben mit dem Abstufungsschieber von *a* nach *b* in Bewegung zu setzen. Die Füllnut wird geschlossen, so daß keine Luft mehr aus dem Hilfsbehälter in die Leitung nachströmen kann. In *b* stößt der Kolben am Grundschieber an und wird an diesem festgehalten, bis der Leitungsdruck um ca. 0,2 Atm. gesunken ist. In diesem Augenblick überwindet der Unterschied zwischen dem bis dahin — abgesehen von einer kleinen Abströmung durch die Füllnut — unverändert gebliebenen Druck des Hilfsbehälters und dem Leitungsdruck die Reibung des Grundschiebers und bewegt diesen von c nach d. Dabei schiebt der Steuerkolben die von ihm verdrängte Luftmenge in die Leitung und verzögert damit den Abfall des Leitungsdruckes, bis die Bewegung beendet ist. Während der Bewegung des Schiebers öffnet dieser die Verbindung zwischen dem Hilfsluftbehälter und dem Bremszylinder. Der Druck im Hilfszylinder sinkt, der im Bremszylinder steigt zunächst schnell auf ca. 0,18 Atm., da der Raum klein ist. Bei diesem Druck wird die Spannung der im Bremszylinder vorhandenen Rückdruckfeder überwunden. Der Druck steigt unter Vorschub des Bremszylinderkolbens, der wachsenden Federspannung entsprechend, nur langsam weiter, weil die in den Bremszylinder einströmende Druckluft zunächst den vom Kolben freigelegten Raum aufzufüllen hat. Erst wenn der Kolben sein Hubende erreicht hat, steigt der Druck schneller an. Der Steuerkolben hat dabei den Schieber nur so weit verschoben, daß der Druck im Hilfsluftbehälter parallel mit dem der Leitung sinkt. Die kurze Verzögerung in dem Druckabfall der Leitung durch den Steuerkolbenvorschub hat den Steuerkolben zur Ruhe kommen lassen, und er bewegt sich erst bei e weiter, nachdem infolge abnehmender Überströmung vom Hilfsluftbehälter zum Bremszylinder der Leitungsdruck beträchtlicher unter den Hilfsbehälterdruck gesunken ist. In dem Augenblick, in dem die Abnahme des Hilfsbehälterdrucks durch nahenden Druckausgleich sich verlangsamt, geht der Steuerkolben von f nach g in seine Endstellung und legt die Öffnung zum Bremszylinder ganz frei, so daß der letzte Druckausgleich schnell erfolgt.

Nicht wesentlich anders ist die Art, wie sich das Westinghouse-Schnellbremsventil nach den Abb. 7—11 verhält (Abb. 39). Der größere Kolben bringt zwar einerseits mehr Reibung, andererseits ist seine umsteuernde Kraft entsprechend seinem Flächeninhalt größer. Dieser Einfluß überwiegt, so daß die Druckdifferenz zwischen den beiden von den Kolben getrennten Räumen nur sehr gering zu sein braucht, um den Kolben mit dem Abstufungsventil zu bewegen. Die größere Empfindlichkeit drückt sich darin besonders aus, daß der Steuerkolben beim Beginn der Bremsung zunächst nach d in eine Stellung geht, in der der Druckabfall im Hilfsluftbehälter denjenigen in der Leitung übertrifft, dann von e nach f in die Stellung zurückgeht, in der das Abstufungsventil abgeschlossen ist, und dann zwischen dieser Stellung und einer Stellung g, in der das Abstufungsventil nur wenig geöffnet ist, hin und her pendelt. Erst im weiteren Verlauf, wenn die Überströmung in den Bremszylinder mehr abnimmt, wird das Abstufungsventil bei d' wieder ganz geöffnet und bei i auch der Schieber nach m in die volle Betriebsstellung mitgenommen, in der der Steuerkolben an die Graduierstange anstößt. Nach vollem Druckausgleich und bei weiterem Fallen des Leitungsdrucks geht der Steuerkolben schließlich unter allmählichem Zusammendrücken der Graduierfeder in die Schnellbremsstellung o.

Wieder etwas anders, wenn auch der Unterschied nicht groß ist, ist die Steuerkolbenbewegung bei dem Steuerventil der Knorr-Schnellbremse (Abb. 40). Entsprechend dem großen Kolben und dessen größerem Hub sind die Bewegungen schneller. Dafür wird andererseits die Beeinflussung des Leitungsdrucks durch die Kolbenbewegungen wesentlich merkbarer. Die durch die Empfindlichkeitsnut bestimmte Unempfindlichkeit im Anfang ist genau die gleiche wie bei den vorigen Ventilen. Der Kolben bewegt sich nach einem geringen Druckabfall in der Leitung schnell nach b, bis er an den Schieber anstößt. Entsprechend dem größeren Kolbendurchmesser ist der Stillstand b—c kürzer als bei dem Westinghouse Ventil. In der weiteren Bewegung wird der Kolben nochmals bei d aufgehalten, und zwar geschieht dies in dem Augenblick, in dem die Muschel e_2 des Schiebers (Abb. 24a) mit dem Kanal c_2 in Verbindung kommt, der Schieber also stärker belastet wird. Der Kolben geht dann noch weiter nach e, wo er durch starke Druckverminderung im Hilfsluftbehälter festgehalten wird und von wo aus er in Stellung f zurückkehrt, um das Abstufungsventil zu schließen. Er pendelt dann weiter wie beim Westinghouse-Ventil zwischen einer mäßigen Öffnung des Abstufungsventils und dem Abschluß desselben hin und her und verursacht so eine stufenweise Erhöhung des Bremsdrucks, bis er schließlich bei *g* das Ventil wieder weiter öffnet und bei *i* auch den Schieber bis in die Schnellbremsstellung *m* mitnimmt.

Beim Schleifer-Ventil bringt die Dichtung des Steuerkolbens durch eine Ledermanschette ein anderes Bild der Empfindlichkeitsverhältnisse mit sich (Abb. 41). Eine Überströmung aus dem Hilfsbehälter in die Leitung findet hier nicht statt, da die innere Manschette als Rückschlagventil wirkt. Zu Anfang ist die Kolbenreibung sehr gering, da eine Druckdifferenz, die die innere Manschette an die Wand drückt und so die Reibung erzeugt, noch nicht vorhanden ist. Daher setzt der Steuerkolben sich sehr bald in Bewegung. Nach 4 mm Hub stößt der Mitnehmer an den Schieber. Dieser bietet dadurch, daß ein großer Teil seiner Unterseite mit der Außenluft in Verbindung steht, einen ziemlich großen Widerstand. Außerdem wird mit größerer Druckdifferenz die den Kolben

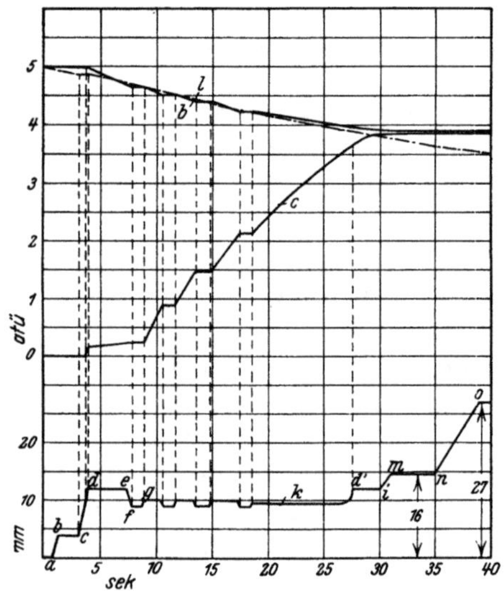

Abb. 39. Bremsvorgang an einem Westinghouse-Schnellbremsventil.

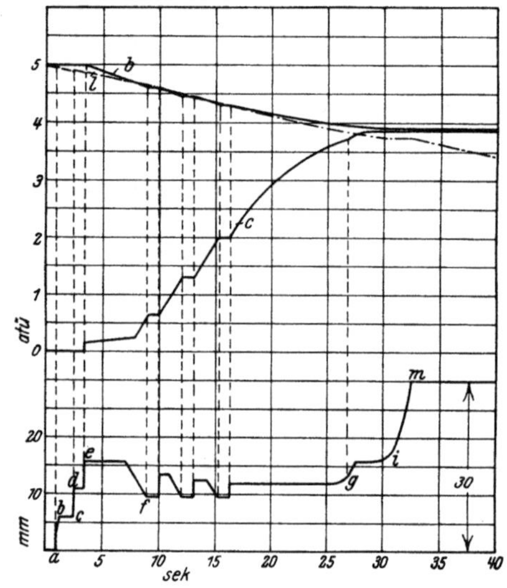

Abb. 40. Bremsvorgang an einem Knorr-Schnellbremsventil.

hemmende Reibungskraft größer. Daher wird die spätere Kolbenbewegung schleichend. Der Steuerkolben pendelt nicht wie bei den Schnellbremsventilen von Westinghouse oder Knorr (Abb. 39 und 40), sondern bleibt in seiner Stellung, die dem Verhältnis des Leitungsdruckabfalls zu der Abströmung aus dem Hilfsluftbehälter in den Bremszylinder entspricht, stehen. Gegen Ende des Anstiegs der Bremsdruckschaulinie öffnet sich das Ventil *q* (Abb. 16) und legt die direkte Verbindung zwischen Hilfsluftbehälter und Bremszylinder frei. Später, bei Druckausgleich zwischen Hilfsbehälter und Bremszylinder und andauerndem Leitungsdruckabfall, geht der Steuerkolben in seine Schnellbremsstellung und verbindet die Leitung mit der Übertragungskammer, wodurch ein schneller, starker Druckabfall in der Leitung hervorgerufen wird.

Die Abb. 42 endlich zeigt das Verhalten des bei der Kunze Knorr-Güterzugbremse verwandten Steuerventils (siehe Abb. 198). Gegenüber den vorher behandelten Ventilen hat dieses einen Abstufungsschieber, der natürlich eine wesentlich größere Reibung besitzt als das Abstufungsventil der Westinghouse- oder Knorr-Schnellbremse. Infolgedessen wird der Steuerkolben etwas länger in der Ruhestellung festgehalten, und sein Hub bis zum Anstoßen an den Grundschieber ist schleichender. Erst in dem Augenblick, in dem (im Punkt *p* in Abb. 42) der Grundschieber die Leitung mit der Übertragungskammer in Verbindung bringt, schnellt der Steuerkolben infolge des dabei eintretenden Druckabfalls in der Leitung in seine Endstellung.

Aus dem Vergleich der Diagramme kann man folgende Schlüsse ziehen:

1. Um das Steuerventil besonders empfindlich zu machen, erscheint es zunächst richtig, dem Steuerkolben einen möglichst großen Durchmesser zu geben und andererseits den Schieber möglichst klein zu machen. Die letzte Maßnahme ist sicher richtig. Mit der Vergrößerung des Kolbendurchmessers dagegen wachsen einmal die Schwierigkeiten für dessen gute Dichtung, und außerdem wächst das Hubvolumen und dessen sehr schädliche Wirkung auf den Leitungsdruckabfall. Die Vergrößerung des Kolbens vom alten einfachen Steuerventil mit 75 mm Durchmesser auf den Durchmesser von 88 mm des Westinghouse-Schnellbremsventils hat zweifellos eine weit bessere Beweglichkeit des Steuersystems zur Folge gehabt. Auch die Vergrößerung auf den Durchmesser von 100 mm des Knorr-Schnellbremsventils würde noch überwiegend günstig wirken, wenn nicht die wesentlich größeren Hübe den Abfall des Leitungsdrucks stark beeinflussen würden.

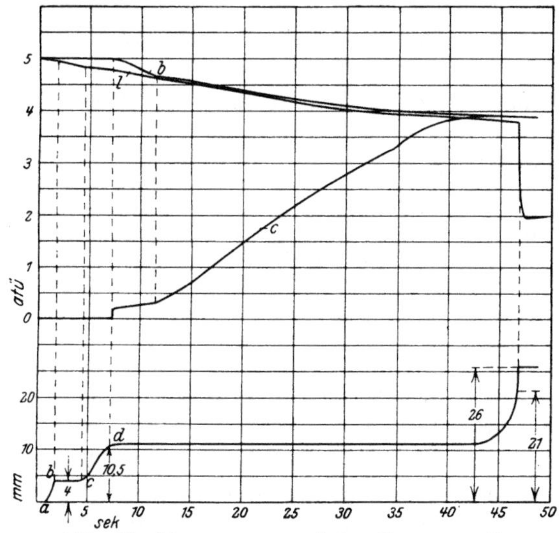

Abb. 41. Bremsvorgang beim Steuerventil von Schleifer.

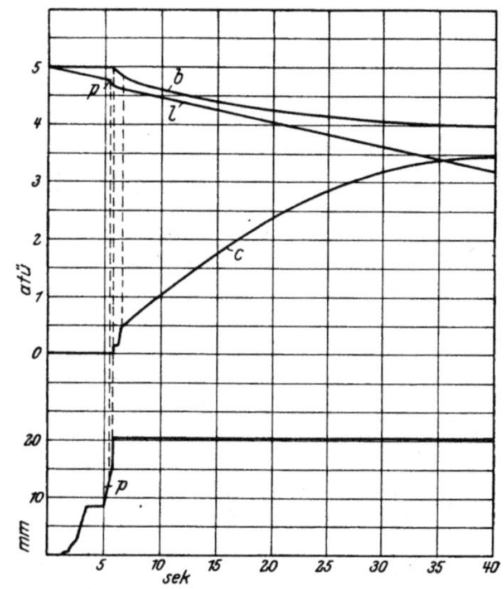

Abb. 42. Bremsvorgang beim Kunze Knorr-Güterzugsteuerventil.

2. Die Verwendung eines Abstufungsventils ist günstiger als die eines Abstufungsschiebers, weil der ersten Bewegung des Kolbens, durch den das Überschleifen der Füllnut erfolgt, geringer Widerstand entgegensteht.

3. Steuerventile nach Art des Schleiferventils, die keine Empfindlichkeitsnut oder Bohrung besitzen, können in langen Zügen kaum anstandslos arbeiten, da bei solchen immer mit größeren Undichtigkeiten gerechnet werden muß. Wenn sich der Hilfsluftbehälter nicht rückwärts mit der Leitung ausgleichen kann, müssen ungewollte Selbstbremsungen entstehen. Diese Erfahrung wurde ja auch mit dem ersten Knorr-Schnellbremsventil gemacht, das keine Füllnut besaß, und bei dem die Luft des Hilfsluftbehälters durch ein Rückschlagventil an der Rückströmung verhindert wurde. In dieser Beziehung unterscheidet sich das Schleifer-Ventil nur durch die aus Ledermanschetten bestehende Dichtung des Steuerkolbens, welche durch ihre Bremswirkung den Mangel nicht so fühlbar machte.

Die Gleichmäßigkeit in der Empfindlichkeit der Steuerventile eines längeren Zuges spielt für stoßlose Betriebsbremsungen eine wichtige Rolle. Wie man aus den Kurven der Abb. 31 entnehmen kann, geht der Druckabfall bei geringem Leitungsauslaß bei langen Zügen am hinteren Teil des Zuges beinahe gleichzeitig vor sich.

Ist die Empfindlichkeit der Steuerventile eines langen Zuges sehr verschieden und sind die empfindlicheren Ventile am Zugende, so können die Bremsen am Zugende früher ansprechen als die der vorherfahrenden Wagengruppe. Sind aber umgekehrt die unempfindlichsten Steuerventile am Zugende, dann können sie den Eintritt der Bremswirkung am Zugende sehr verzögern und große Auflaufstöße verursachen.

Sind die Steuerventile eines Zuges bezüglich der Empfindlichkeit ziemlich gleich, so übt die Verlängerung des Zuges über ein gewisses Maß hinaus auf den stoßlosen Verlauf von Betriebsbremsungen geringeren Einfluß aus, weil dem beinahe gleichzeitigen Druckabfall in der Leitung entsprechend auch die Steuerventile nur mit geringen Zeitunterschieden in Tätigkeit treten.

2. Die Empfindlichkeit der Steuerventile bei Schnellbremsungen.

Die bisherigen Betrachtungen über die Empfindlichkeit der Steuerventile bezogen sich auf deren erstes Ansprechen bei langsamen Druckverminderungen in der Leitung, wie sie bei Betriebsbremsungen auftreten. Für Schnellbremsungen kommt eine andere Art von Empfindlichkeit in Betracht.

Bei der Beschreibung der verschiedenen Ventilbauarten sind schon Organe für Schnellbremsungen erwähnt worden, deren Bedeutung im folgenden betrachtet werden soll.

Bei einer Schnellbremsung wird der Leitungsquerschnitt am Anfang des Zuges ganz geöffnet, und der Leitungsdruck fällt am Ende eines 100 Wagen starken Zuges nach der in Abb. 37 dargestellten Kurve. Bei kürzeren Zügen ist der Druckabfall entsprechend stärker.

Abb. 43 zeigt die Leitungsdruckabfall- und Bremsdruckdiagramme, wie sie sich an einem Zuge von 25 Wagen bei Verwendung von Steuerventilen ohne Schnellwirkung bei einer Schnellbremsung ergeben.

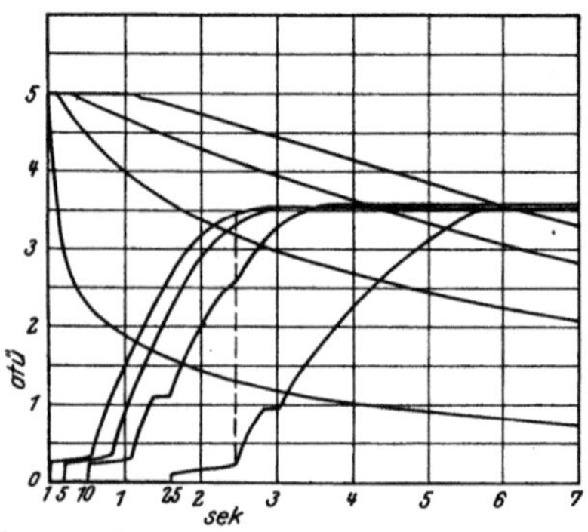

Abb. 43. Schnellbremsung an einem Zuge von 25 Wagen mit Steuerventilen ohne Schnellbremsorgane.

Trotz des großen Ausströmungsquerschnitts am Anfang des Zuges wird der Leitungsdruckabfall schon am 10. Wagen so schwach, daß er von dem Abfall des Hilfsbehälterdrucks überholt wird. Der Steuerkolben geht infolgedessen zunächst in Bremsabschlußstellung und erhöht in der Folge den Bremsdruck stufenweise bis zum Höchstdruck. Wenn am letzten Wagen die Bremsklötze eben zum Anliegen kommen (nach etwa 2,4 Sek.), ist am ersten schon der volle Bremsdruck vorhanden. Eine stoßlose Bremsung ist dabei nicht möglich.

Die Schnellbremsorgane sollen nun die Fortpflanzung des Druckabfalls, der zum Umsteuern der Schnellbremsventile notwendig ist, beschleunigen und eine solche Luftmenge aus der Leitung abzapfen, daß die Steuerventile in der äußersten Bremsstellung bleiben, der Druckabfall in der Leitung also dem Druckabfall im Hilfsluftbehälter voreilt.

Bei den oben beschriebenen Schnellbremsventilen von Westinghouse, Knorr, New York Air Brake und Schleifer wurde für die Schnellbremsung eine zweite Stellung des Steuerkolbens, die Schnellbremsstellung, geschaffen, in der die Leitung mit dem Bremszylinder, der Außenluft oder einem Behälter verbunden wird.

Bei den normalen Betriebsbremsungen darf der Steuerkolben nicht über die Betriebsbremsstellung hinaus in die Schnellbremsstellung gehen. Es darf keine unerwünschte Schnellbremsung eintreten, die zu starken Stößen im Zuge führen kann. Der Druckabfall in der Leitung darf deshalb bei keinem Steuerventil, insbesondere am Anfang des Zuges, größer sein als der Druckabfall, den der Hilfsbehälterdruck durch die Überströmung der Druckluft des Hilfsbehälters in den Bremszylinder in der Betriebsbremsstellung des Steuerventils erleidet.

Dies setzt voraus, daß die Führerbremsventile, durch die die in einem Zuge vereinigten Bremsapparate betätigt werden, in der Stellung für Betriebsbremsungen am Anfang des

Zuges keinen Leitungsdruckabfall verursachen, der eine der Steuerventil-Bauarten in die Schnellbremsstellung überführen kann.

Der Leitungsdruckabfall bei Betriebsbremsungen beträgt bei dem Führerventil von Westinghouse ca. 0,3 Atm. in der Sekunde, bei dem Führerventil von Knorr ca. 0,4 Atm. in der Sekunde. Bei diesem Druckabfall dürfen die Steuerventile darnach nicht über die Betriebsbremsstellung hinausgehen. Der Druckabfall, der das Ventil in die Schnellbremsstellung bringt, muß jedoch wesentlich größer sein, damit ein Überschlagen auch dann nicht erfolgt, wenn sich die Empfindlichkeit des Steuerventils durch andere Einflüsse um ein gewisses Maß verändert.

So kann z. B. die die Empfindlichkeit bestimmende Ausflußgeschwindigkeit der Druckluft aus dem Hilfsluftbehälter, die einerseits durch die Größe des Bremszylinders, andererseits durch den Durchlaß im Steuerventil festgelegt ist, eine Verzögerung erleiden, wenn der Kolben des Bremszylinders schwer geht und dadurch der Abfluß der Druckluft aufgehalten wird.

Die Reibung des Steuerschiebers kann durch Unreinlichkeiten wesentlich vergrößert sein. Der Steuerkolben, durch den Schieber aufgehalten, folgt dann nicht gleich der Druckabnahme in der Leitung und erst, wenn sich ein größerer Druckunterschied gebildet hat, wird die ruhende Reibung überwunden. Die dadurch auftretende ruckweise Bewegung kann so heftig sein, daß die Mittel, die zum Festhalten des Schiebers in der Betriebsbremsstellung vorgesehen sind, nicht mehr ausreichen und der Steuerkolben in die Schnellbremsstellung überschlägt.

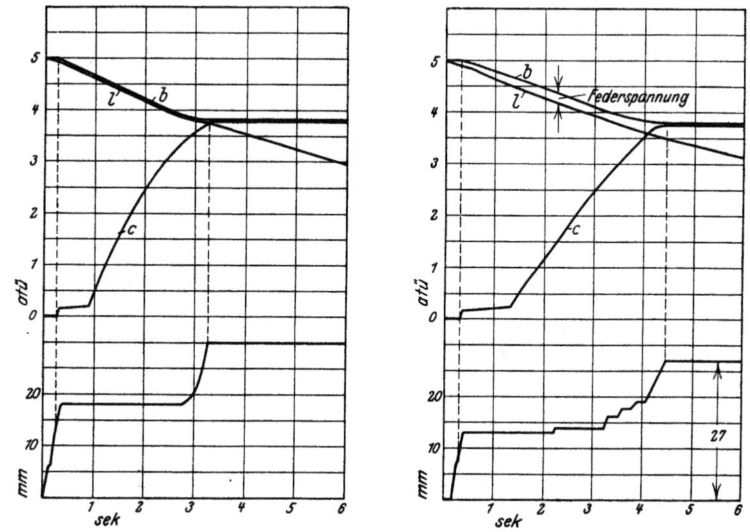

Knorr. Westinghouse.

Abb. 44. Bremsvorgänge an Schnellbremsventilen von Knorr und Westinghouse bei einem Leitungsdruckabfall von 0,4 Atm. in 1 Sek.

Mit Rücksicht auf solche Möglichkeiten muß eine gewisse Spanne zwischen dem für Betriebsbremsungen und dem für Schnellbremsungen geltenden Druckabfall vorgesehen sein, die aber nicht so groß bemessen werden darf, daß die Durchschlagszeit bei Schnellbremsungen sehr darunter leidet.

Andererseits soll die Bewegung des Steuerkolbens energisch erfolgen, wenn der kritische Leitungsdruckabfall überschritten wird.

Die Abb. 44, 45, 46 zeigen das Verhalten der Steuerventile von Westinghouse und Knorr bei den Leitungsdruckabfällen von 0,4, 0,6 und 1,4 Atm. in 1 Sek.

Bei einem Druckabfall von 0,4 Atm. in 1 Sek. tritt bei beiden Ventilen bis zum Druckausgleich kein Überschlagen ein.

Bei dem Knorr-Ventil ist der Querschnitt für die Betriebsbremsung etwas größer. Der Druckabfall im Hilfsluftbehälter stellt sich beinahe genau nach dem in der Leitung ein. Der Übertrittsquerschnitt ist dabei noch nicht voll geöffnet.

Bei dem Westinghouse-Ventil ist der vorhandene Querschnitt voll geöffnet, und der Steuerkolben liegt mit dem zwischen Leitung und Hilfsluftbehälter herrschenden Druckunterschied an der Graduierstange an.

Bei einem Druckabfall von 0,6 Atm. in 1 Sek. tritt am Steuerventil von Knorr ein Überschlagen erst im letzten Augenblick ein, wenn der Druck im Hilfsluftbehälter nur noch langsam fallen kann. Das Westinghouse-Ventil dagegen überschlägt schon bei 1½ Atm. im Bremszylinder. Das Knorr-Ventil hat den Durchflußquerschnitt für die Betriebsbremsung ganz geöffnet. Die durch Entlüftung der Muschel e_2 (Abb. 24a) vergrößerte Reibung hält den Schieber gegen den sich einstellenden Überdruck genügend fest.

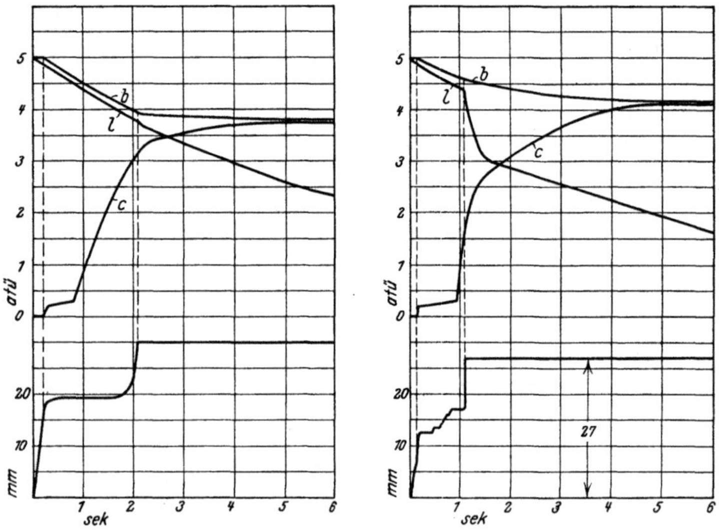

Knorr. Westinghouse.

Abb. 45. Bremsvorgänge an Schnellbremsventilen von Knorr und Westinghouse bei einem Leitungsdruckabfall von 0,6 Atm. in der Sekunde.

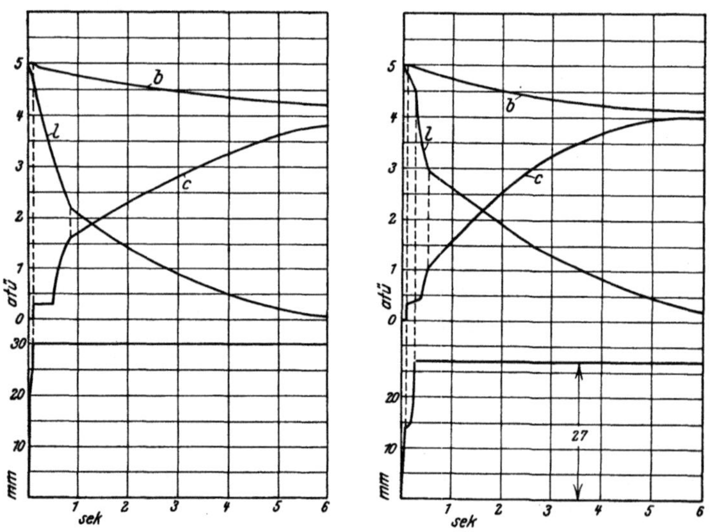

Knorr. Westinghouse.

Abb. 46. Bremsvorgänge an Schnellbremsventilen von Knorr und Westinghouse bei einem Leitungsdruckabfall von 1,4 Atm. in der Sekunde.

Beim Druckabfall von 1,4 Atm. in 1 Sek. geht der Steuerkolben am Knorr-Ventil beinahe unmittelbar in die äußerste Stellung. Die Bewegung des Steuerkolbens am Westinghouse-Ventil dagegen wird durch die Graduierfeder merklich verzögert.

In bezug auf die Empfindlichkeit erscheinen die Verhältnisse am Knorr-Ventil wesentlich günstiger. Gegen das Überschlagen ist größte Sicherheit vorhanden, und trotzdem geht der Steuerkolben schneller in die Schnellbremsstellung. Indes wird dieser Vorteil aufgehoben durch das wesentlich größere Hubvolumen beim Knorr-Ventil, welches den sehr wichtigen Anfangs-Druckabfall in der Leitung verzögert, und durch die Drosselung des Luftauslasses im Steuerventil selbst. Man erkennt diese Wirkung an den in den Abb. 26 und 27 gegebenen Druckschaulinien, besonders aber in der nachstehenden Tabelle über die an einem Zuge aus 100 Wagen mit beiden Ventilen angestellten Versuche.

Die Anlage, die den Versuchen zugrunde lag, ist die gleiche, wie sie in Abb. 28 dargestellt ist. An den in der Mitte der Leitungsstücke zwischen 2 Kupplungen vorgesehenen T-Stücken waren unter Verwendung eines Abzweigrohres von 1″ Durchmesser und 0,6 m Länge 8zöllige Westinghouse-Schnellbremsapparate angeschlossen. Der Hub des Bremskolbens war auf 150 mm begrenzt. Bei der letzten Versuchsspalte waren die Westinghouse-Steuerventile an den sonst gleich bleibenden Apparaten durch Knorr-Schnellbremsventile ersetzt.

Unter I sind die Versuche an einem aus 100 Wagen bestehenden Zuge zusammengestellt, unter II diejenigen mit einem aus 50 Wagen und unter III diejenigen mit einem aus 25 Wagen bestehenden Zuge.

Bei allen drei Zugzusammensetzungen wurde zunächst ein Versuch mit abgestellten Bremsapparaten gemacht (erste senkrechte Reihengruppe), um durch Vergleich den Einfluß der Leitung und der Kupplungen und Abzweigungen auf die Durchschlagsgeschwindigkeit berücksichtigen zu können.

Dann wurden die Westinghouse-Ventile auf Personenzug gestellt (zweite senkrechte Reihengruppe) und zwar zunächst bei Einschaltung aller Ventile, dann bei Einschaltung

Tabelle 1.

Durchschlagsgeschwindigkeit bei Schnellbremsventilen Bauart Westinghouse und Knorr.

I. Der Zug besteht aus 100 Wagen von je 11,56 m Leitungslänge einschließlich Kupplungen (siehe Abb. 28), Länge der Abzweigleitungen zu den Steuerventilen 0,6 m[1]).

Wagen Nr.	Alle Ventile auf Leitung gestellt		Westinghouse-Ventile Alle Ventile auf Personenzug gestellt					Westinghouse-Ventile					Knorr-Ventile				
								Alle Ventile auf Schnellwirkung gestellt									
	Zl	*Dl*	*Zl*	*Dl*	*Zb*	*La*	*Db*	*Zl*	*Dl*	*Zb*	*La*	*Db*	*Zl*	*Dl*	*Zb*	*La*	*Db*
25	0,92	310	0,96	297	2,00	0,1	142	0,95	300	1,34	0,09	212	0,96	297	1,57	0,17	182
50	1,85	310	2,37	242	7,04	0,125	82	2,35	245	2,72	0,085	211	2,53	227	3,18	0,125	180
75	2,85	303	3,67	236	13,1	0,16	66	3,69	234	4,24	0,1	204	3,88	223	4,75	0,125	182
100	3,85	300	5,35	215	14,7	0,15	78	5,32	217	5,48	0,05	210	5,48	210	6,21	0,125	185
			Abwechselnd ein Ventil auf Personenzug, das nächste auf Leitung gestellt					Abwechselnd ein Ventil auf Schnellwirkung, das nächste auf Leitung gestellt									
25			0,9	315	1,75	0,1	157	0,92	310	1,325	0,09	215	1,0	285	1,61 *	0,125	177
49			1,85	300	5,62	0,14	100	1,85	304	3,0	0,16	188	2,0	280	4,675 *	0,15	120
75			3,19	270	11,8	0,18	73	3,0	288	4,4	0,125	196	3,425	252	11,34 *	0,18	76
99			4,125	256	12,66	0,175	90	4,0	285	7,433 * (5,8)	0,125	153 (197)	4,56	250	12,5 *	0,175	91
			Abwechselnd ein Ventil auf Personenzug, die zwei nächsten auf Leitung gestellt					Abwechselnd ein Ventil auf Schnellwirkung, die zwei nächsten auf Leitung gestellt									
25			0,93	306	1,7	0,1	168	0,93	296	1,45 *	0,1	197	0,96	297	1,76 *	0,13	162
49			1,9	296	5,28	0,12	107	1,93	292	4,324 *	0,1	130	2,00	282	5,47 *	0,14	103
76			3,0	292	10,32	0,17	85	3,0	292	9,0 *	0,15	97	3,53	248	11,21 *	0,185	78
100			3,96	291	10,35	0,125	111	4,0	288	8,73 *	0,1	132	4,53	254	13,48 *	0,22	85

II. Der Zug besteht aus 50 Wagen.

Wagen Nr.	Alle Ventile auf Leitung gestellt		Alle Ventile auf Personenzug gestellt					Alle Ventile auf Schnellwirkung gestellt									
	Zl	*Dl*	*Zl*	*Dl*	*Zb*	*La*	*Db*	*Zl*	*Dl*	*Zb*	*La*	*Db*	*Zl*	*Dl*	*Zb*	*La*	*Db*
25	0,88	324	1,0	285	2,0	0,1	142	1,0	2,85	1,346	0,1	212	1,1	260	1,585	0,15	180
50	1,88	306	2 1	273	4 32	0 125	133	2 32	248	2 72	0,1	211	2,29	250	3,158	0,15	182
			Abwechselnd ein Ventil auf Personenzug, das nächste auf Leitung gestellt					Abwechselnd ein Ventil auf Schnellwirkung, das nächste auf Leitung gestellt									
25			0,96	297	1,78	0,1	160	0,93	307	1,35	0,1	211	1,0	285	1,6 *	0,125	178
49			1,90	297	3,58	0,125	157	1,96	287	2,7	0,125	208	2,0	282	3,42 *	0,125	165
			Abwechselnd ein Ventil auf Personenzug, die zwei nächsten auf Leitung gestellt					Abwechselnd ein Ventil auf Schnellwirkung, die zwei nächsten auf Leitung gestellt									
25			0,90	317	1,69	0,1	168	0,93	307	1,45 *	0,11	196	0,9	317	1,68 *	0,125	170
49			1,90	297	3,5	0,125	161	1,90	296	2,9 *	0,1	194	2,0	282	3,58 *	0,13	157

[1]) Bei den unter *Zb* mit einem Stern bezeichneten Versuchen sind die Schnellbremsventile nicht mehr in Schnellbremsstellung sondern nur in Betriebsbremsstellung gegangen. Bei den eingeklammerten Zahlen erfolgt manchmal ein Durchschlag.

Tabelle 1. (Fortsetzung). III. Der Zug besteht aus 25 Wagen.

Wagen Nr.	Alle Ventile auf Leitung gestellt		Alle Ventile auf Personenzug gestellt					Alle Ventile auf Schnellwirkung gestellt									
	Zl	*Dl*	*Zl*	*Dl*	*Zb*	*La*	*Db*	*Zl*	*Dl*	*Zb*	*La*	*Dl*	*Zl*	*Dl*	*Zb*	*La*	*Dl*
25	0,87	328	0,93	306	1,34	0,085	212	0,93	306	1,29	0,085	221	0,96	297	1,45	0,145	196
			Abwechselnd ein Ventil auf Personenzug, das nächste auf Leitung gestellt					Abwechselnd ein Ventil auf Schnellwirkung, das nächste auf Leitung gestellt									
25			0,95	300	1,21	0,085	235	0,96	297	1,24	0,085	230	0,96	297	1,34	0,1	212
			Abwechselnd ein Ventil auf Personenzug, die zwei nächsten auf Leitung gestellt					Abwechselnd ein Ventil auf Schnellwirkung, die zwei nächsten auf Leitung gestellt									
25			0,96	297	1,19	0,075	240	0,93	306	1,2	0,1	237	0,9	317	0,76 *	0,11	223

der Hälfte und dann des dritten Teils der Ventile unter gleichmäßiger Verteilung auf den Zug.

Darnach wurden in derselben Weise die Versuche mit den auf Schnellwirkung gestellten Westinghouse-Ventilen gemacht (dritte senkrechte Reihengruppe) und endlich dieselben Versuche mit den auf Schnellwirkung gestellten Knorr-Schnellbremsventilen (vierte senkrechte Reihengruppe). Die in der Tabelle gegebenen Daten sind alle durch Diagrammaufnahmen an den betreffenden Wagen bestimmt worden, und zwar mit derselben Aufnahmeeinrichtung, um die unvermeidlichen Abweichungen verschiedener Aufnahmevorrichtungen zu vermeiden. Das Zeichen Z bedeutet die Zeit und zwar mit dem Index l bis zum Beginn des Leitungsdruckabfalls und mit dem Index b bis zur Umsteuerung des Steuerventils. Das Zeichen D bedeutet die aus den Zeiten errechnete mittlere Durchschlagsgeschwindigkeit bis zu dem betreffenden Bremsapparat. Da die Zeit bis zum Ansprechen des Steuerventils auch durch seine Empfindlichkeit beeinflußt wird, wurde in der Spalte La noch der Leitungsdruckabfall in Atmosphären angegeben, bei welchem das Ventil angesprochen hatte.

Beim Vergleich der ersten mit der zweiten Reihengruppe erkennt man bei der Leitungsdurchschlagsgeschwindigkeit Dl zunächst den wesentlichen Einfluß des Hubvolumens des Steuerkolbens. Durch die Schnellbremseinrichtung, d. h. durch Abzapfen von Leitungsluft, wird diese Durchschlagsgeschwindigkeit kaum beeinflußt, denn die dritte Gruppe zeigt die gleichen Werte für Dl, dagegen sind die Durchschlagsgeschwindigkeiten Dl in der vierten Gruppe für die Knorr-Steuerventile entsprechend dem größeren Hubvolumen des Steuerkolbens ungünstiger.

Den Einfluß des Schnellbremsorgans erkennt man dagegen durch Vergleich der Werte Db der zweiten mit der dritten Gruppe. Die mittlere Durchschlagsgeschwindigkeit bis zum letzten Wagen des 100 Wagenzuges wird beim Westinghouse-Steuerventil von 78 auf 210, also auf beinahe das Dreifache gebracht. Man erkennt auch daran, daß die Steuerventile bei einem geringeren Druckabfall (La) in der Leitung ansprechen als bei Ausschaltung der Schnellbremswirkung, daß die Steilheit des Druckabfalls von ausschlaggebender Bedeutung ist. Die geringe Durchschlagsgeschwindigkeit Db bei den Knorr-Steuerventilen rührt, abgesehen von der geringeren Durchschlagsgeschwindigkeit Dl der Leitung, von dem weniger schroffen Leitungsdruckabfall her, wie er aus den Diagrammen zu entnehmen ist. Dieser Einfluß macht sich natürlich noch mehr geltend, wenn nicht alle Ventile eingeschaltet sind. Ist nur die Hälfte der Ventile eingeschaltet, so dringt die Schnellwirkung vom 100-Wagenzug bei den Knorr-Ventilen noch nicht bis zum 25. Wagen durch, während sie bei den Westinghouse-Ventilen noch am 75. Wagen vorhanden ist und erst am 100. Wagen unsicher wird.

Dieser Nachteil des Knorr-Ventils scheint unvermeidlich damit verbunden zu sein, daß bei ihm die Überleitung der Leitungsluft in den Bremszylinder durch den Hauptsteuerschieber selbst erfolgt. Denn einmal muß der Steuerkolben einen wesentlich größeren Hub bekommen, damit die Öffnung für den Leitungsauslaß überschliffen werden kann, und andererseits kann dieser, damit der Hub nicht übermäßig groß wird, nur beschränkte Abmessungen erhalten. Nur wo diese beiden Momente unwesentlich sind, stellt sich das Knorr-Ventil infolge seiner größeren Empfindlichkeit günstiger als das Westinghouse-Ventil, nämlich am Zuganfang. Die Schnellwirkung überschlägt z. B. bei Knorr-Ventilen am Zuganfang bis zu 4 Leitungswagen, bei Westinghouse-Ventilen dagegen nur 3 Leitungswagen. Am kurzen Zug aus 25 Wagen ist naturgemäß kaum ein Unterschied zwischen den beiden Ventilarten bezüglich der Durchschlagsgeschwindigkeit festzustellen, da bei dem kurzen Zug der Druckabfall in der Leitung an sich schon steiler ist. Erst bei längeren Zügen, wie sie bisher noch nicht gefahren wurden, kommt das Hubvolumen und der schroffere Luftauslaß mehr zur Geltung.

Andererseits hat das Knorr-Ventil vor dem Westinghouse-Ventil den Vorzug, daß es auch noch eine Schnellwirkung hervorruft, wenn vorher schon eine Betriebsbremsung gemacht war. Bei dem Westinghouse-Ventil (Abb. 9) verhindert schon ein verhältnis-

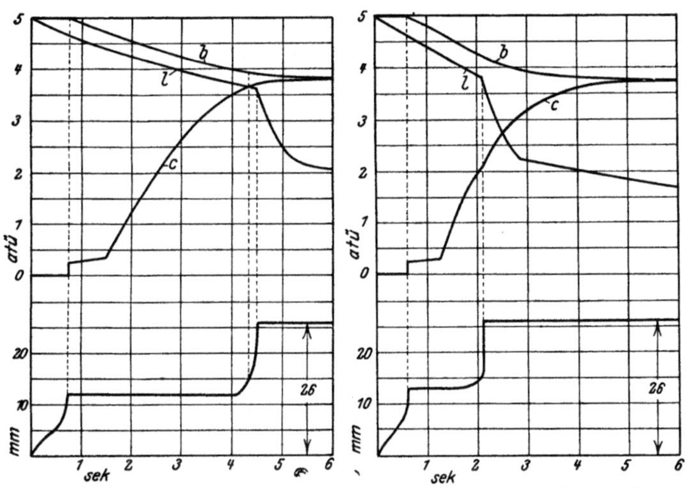

Abb. 47. Bremsvorgang am Steuerventil von Schleifer bei Leitungsdruckabfällen von 0,4 und 0,6 Atm. in der Sekunde.

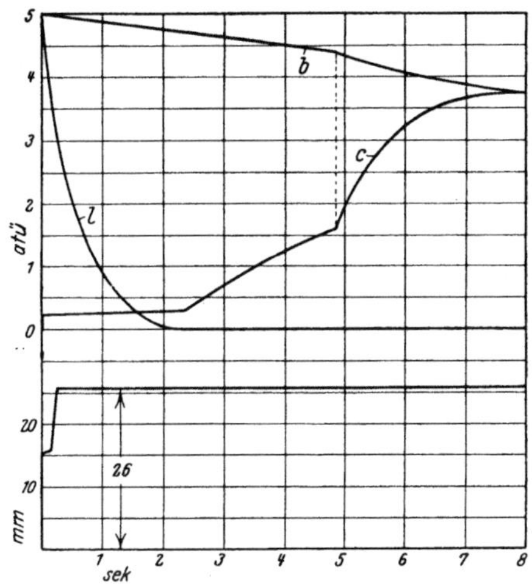

Abb. 48. Schnellbremsung beim Schleifer-Ventil.

mäßig geringer Druck im Bremszylinder, daß der Stoßkolben nach unten gedrückt wird und der Leitungsdruck das durch die Feder p schon stark vorbelastete Ventil v_r öffnet. Bei dem Knorr-Ventil (Abb. 25) dagegen kann der Leitungsdruck das durch die Feder q nur schwach belastete Rückschlagventil v_r auch noch öffnen, wenn der Bremszylinderdruck schon 2 Atm. erreicht hat.

In dieser Beziehung verhält sich das Schleifer-Ventil noch günstiger, da bei ihm die Abzapfung von Leitungsluft in eine Kammer erfolgt, also vom Bremszylinderdruck ganz unabhängig ist. Die Abb. 47 zeigt das Verhalten des Schleifer-Ventils bei dem Druckabfall von 0,4 und 0,6 Atm. in 1 Sek. Man sieht ohne weiteres, daß der Leitungsabfall in Schnellbremsstellung einsetzt, auch wenn der Bremszylinder schon den vollen Druck hat. Aus Abb. 48 sieht man, wie stark der Durchfluß der Hilfsbehälterluft zum Bremszylinder bei einer Schnellbremsung am Zuganfang zunächst gedrosselt wird.

3. Besondere Bremsbeschleuniger.

Als Nachteil bleibt bei allen mit dem Steuerventil verbundenen Beschleunigern, daß diese erst in Tätigkeit treten, nachdem der Steuerkolben den für die Betriebsbremsungen erforderlichen Hub gemacht und dabei eine verhältnismäßig große Luftmenge in die Leitung gedrückt hat. In dieser Beziehung wirken besondere Schnellbremsorgane, Beschleuniger, günstiger, die ohne Verbindung mit dem eigentlichen Steuerventil nur allein der Abzapfung von Leitungsluft bei Schnellbremsungen dienen. Die Empfindlichkeit dieser Ventile kann auch beträchtlich gesteigert werden, da das Verhältnis der Steuerkolbenfläche zum Bewegungswiderstand des Steuerorgans günstig gestaltet und der notwendige Grad der Unempfindlichkeit in engeren Grenzen gehalten werden kann.

α) Einen Vorläufer dieser Bremsbeschleuniger bildet das Auslaßventil, welches Schleifer im Jahre 1890 eine Zeitlang bei seiner Zweikammerbremse benutzt hat (Abb. 49). Der Stufenkolben k_1—k_2 scheidet in dem Gehäuse 3. Kammern l_2, A und l_4. Durch den Stutzen L gelangt die Druckluft der Bremsleitung in die Kammer l_2 und drückt den Stufenkolben nach unten, so daß die in ein Ventil q endigende hohle Kolbenstange die ins Freie führende Öffnung o abschließt. Eine schwache Feder f sorgt dafür, daß der Stufenkolben auch dann diese Lage einnimmt, wenn alle drei Kammern drucklos sind. Durch die hohle Kolbenstange gelangt die Leitungsluft unmittelbar auch in die Kammer l_4. Die Kammer A dagegen füllt sich über die als Rückschlagventil wirkenden Manschetten der Kolben k_1 und k_2 und die enge Düse n. Im Ruhezustand sind alle drei Räume mit Druckluft von der Spannung der Leitung gefüllt, und auf den Stufenkolben wirkt lediglich der Druck auf den Querschnitt des Ventils q mit der Spannung der Feder f nach unten.

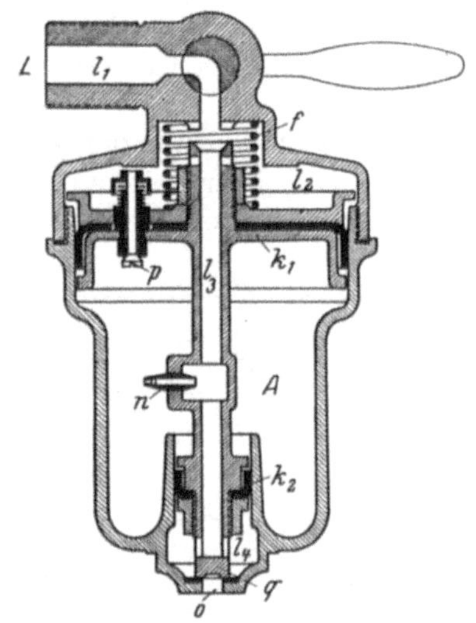

Abb. 49. Auslaßventil von Schleifer.

Wird zum Zweck einer Schnellbremsung der Leitungsdruck plötzlich stark ermäßigt, dann sinkt der Druck schnell auch in den Kammern l_2 und l_4, während er in der Kammer A noch erhalten bleibt. Wird dabei die Summe der nach oben wirkenden Kräfte größer als der auf das Ventil q nach unten wirkenden, so hebt sich der Stufenkolben und öffnet das Ventil q, so daß die Leitungsluft durch die hohle Kolbenstange und Öffnung o ins Freie strömt. Dabei wird indes auch das im Kolben k_1 eingebaute Ventil p aufgestoßen

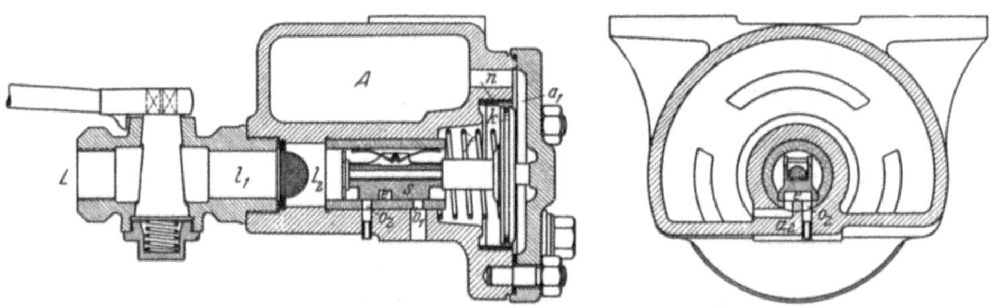

Abb. 50. Auslaßventil von Westinghouse.

und läßt die Druckluft der Kammer A ebenfalls ausströmen. Sobald der Druck in Kammer A annähernd auf den der Kammer l_2 gesunken ist, überwiegen wieder die von oben auf den Stufenkolben wirksamen Kräfte, dieser wird nach unten bewegt und schließt das Auslaßventil q.

Bei geringer Druckermäßigung in der Leitung, wie sie zum Zweck einer Betriebsbremsung vom Führer eingeleitet wird, gleicht sich der Druck der Kammer A über die Düse n schnell genug mit dem Leitungsdruck aus, so daß der Stufenkolben k_1—k_2 in Ruhe bleibt.

β) Auf demselben Prinzip beruht das von der Westinghouse-Gesellschaft bei den Versuchen mit der von ihr ausgebildeten Güterzugbremse benutzte Auslaßventil

(Abb. 50). Die beiden Ventile sind durch einen Flachschieber ersetzt, und der Beschleuniger soll nur bei Schnellbremsungen wirken.

Der Steuerkolben k, der bei seinen Bewegungen den Schieber s mitnimmt und dabei die ins Freie führenden Bohrungen o_1 und o_2 öffnet oder schließt, scheidet das Gehäuse in zwei Kammern l_2 und a_1. Aus der Hauptleitung, mit der das Übertragungsventil bei L verbunden ist, strömt Druckluft in Kammer l_2 ein und gelangt, da die Feder f den Kolben k in der gezeichneten Endstellung hält, durch die Nut n an dem Kolben vorbei in die Kammer a_1 und von dort in den Behälter A. Tritt nur eine allmähliche Druckverminderung in der Hauptleitung ein, wie sie für Betriebsbremsungen genügt, so bleibt der Kolben k in der gezeichneten Stellung, da die Nut n im Verhältnis zu dem geringen Luftinhalt des Behälters so groß bemessen ist, daß zwischen beiden Kammern l_2 und a_1 Druckausgleich stattfinden kann. Wenn dagegen bei Notbremsungen plötzlich ein starker Druckabfall in der Leitung eintritt, wird der Kolben von dem Luftdruck in der Kammer l_2 nach links getrieben, so daß die Aussparung am Schieber die Bohrung o_1 freigibt. Infolgedessen strömt Druckluft aus der Hauptleitung durch o_1 ins Freie. Gleichzeitig verbindet die Aussparung e im Schieber die beiden Kanäle a_2 und o_2, so daß auch aus dem Behälter A Druckluft ins Freie entweicht. Sobald der Druck in dem Behälter A und in der Kammer l_2 unter den Leitungsdruck gefallen ist, treibt dieser Leitungsdruck im Verein mit der Feder f den Kolben nebst Schieber s in die gezeichnete Stellung zurück und schließt damit die ins Freie führenden Kanäle o_1 und o_2 ab. Die Stärke des Druckabfalls in der Hauptleitung, die zur Übertragung der Schnellwirkung auf den nächsten Wagen dienen sollte, wurde durch geeignete Bemessung der Ausströmöffnungen o_1 und o_2 geregelt.

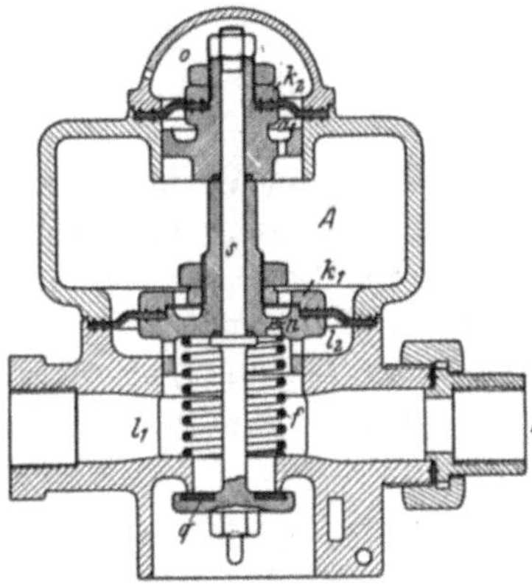

Abb. 51. Beschleuniger von Lipkowski.

γ) Abb. 51 zeigt einen durch die Druckschrift der Lipkowski-Gesellschaft vom Jahre 1911 bekannt gewordenen Beschleuniger, der ebenfalls unmittelbar mit der Leitung verbunden werden sollte. Das Leitungsluftauslaßventil q wird durch den in der Kammer A herrschenden, auf den Membrankolben k_2 wirkenden Leitungsdruck geschlossen gehalten. Die Feder f unterstützt diese Wirkung derart, daß das Ventil q auch geschlossen ist, wenn die Leitung drucklos ist. Durch die enge Bohrung n im Kolben k_1 wird die ca. 1 l fassende Kammer A ebenfalls mit Leitungsluft gefüllt. Auf der Kolbenstange s ist ein zweiter kleiner Membrankolben k_2 befestigt, der die Kammer A nach oben gegen die mit der Außenluft in Verbindung stehende Kammer o abschließt und die Wirkung des Kammerdruckes auf die Öffnung der beiden Membranflächen herabmindert. Die Fläche des kleinen Membrankolbens k_2 ist so bemessen, daß der auf sie nach oben wirkende Druck der Kammer A der Wirkung des Leitungsdruckes auf das Ventil q nach unten das Gleichgewicht hält. Im Ruhezustand sind danach die durch die Druckluft ausgeübten Kräfte im Gleichgewicht, und nur die verhältnismäßig schwache Feder f dichtet das Ventil q ab.

Bei Betriebsbremsungen gleicht sich der Druck der Kammer A über die Bohrung n aus, so daß der Beschleuniger in Ruhe bleibt. Bei Schnellbremsungen bildet sich in der Kammer A ein Überdruck, der das Kolbensystem nach unten bewegt und das Auslaßventil q öffnet.

Der Beschleuniger war ebenfalls wie der vorher beschriebene von Westinghouse auch für Verwendung an Leitungswagen gedacht, d. h. Wagen, die nur mit der durchgehenden Leitung ausgerüstet sind.

δ) Eine andere Beschleuniger-Bauart von Lipkowski aus dem Jahre 1918 zeigt Abb. 52. Dieses Ventil sollte nicht nur bei jeder Bremsung mitwirken, sondern auch eine Beschleunigung des Lösevorganges ermöglichen.

Der Steuerkolben *k* scheidet die mit der Leitung bei *L* verbundene Kammer l_2 von der Steuerkammer *A*, die durch eine Bohrung *n* im Kolben *k* mit Leitungsluft gefüllt wird. Im Ruhezustand nimmt der Kolben unter Wirkung der Feder r_1 die in der Abbildung dargestellte Lage ein, in welcher der Schieber *s* die beiden Kammern $Ü_1$ und $Ü_2$ über Kanäle $ü_1$ und $ü_2$ und die Höhlung e_1 mit dem zur Außenluft führenden Kanal *o* verbindet. Gleichzeitig wird ein bei *F* angeschlossener Füllbehälter durch die Quernut e_2 im Schieber mit der Kammer l_2 verbunden, so daß auch der Füllbehälter auf den Leitungsdruck aufgeladen wird. Bei Einleiten einer Bremsung drückt der Überdruck in Kammer *A* den Kolben *k* und den mit diesem verbundenen Schieber *s* in die äußerste Lage rechts, indem er die Feder r_2 zusammenpreßt. Hierbei werden die beiden Kanäle $ü_1$ und $ü_2$ vom Schieber freigelegt, so daß sich die beiden Kammern $Ü_1$ und $Ü_2$ mit Leitungsluft füllen. Sobald sich der Druck zwischen den Kammern l_2 und *A* über die Bohrung *n* im Kolben ausgeglichen hat, drückt die Feder *f* den Kolben *k* und Schieber *s* in eine Zwischenlage zurück, in der nur der Kanal $ü_2$ mit Kanal *o* in Verbindung steht, der Kanal $ü_1$ dagegen vom Schieber abgeschlossen ist. Infolgedessen wird nur die Kammer $Ü_2$ entlüftet, und bei weiteren Bremsstufen wirkt nur diese zur Beschleunigung der Luftwelle mit, während der Druck in der Kammer $Ü_1$ bestehen bleibt. Erst wenn beim Lösen der Kolben *k* durch den Überdruck der Leitung gegen die Steuerkammer *A* in die dargestellte Lage gebracht wird, wird auch die Kammer $Ü_1$ wieder entlüftet. Dieser Beschleuniger trägt also der Tatsache Rechnung, daß beim Einleiten einer Bremsung die erste Bremsstufe einen größeren Druckabfall in der Leitung erfordert und ein größeres Hubvolumen des Bremssteuerkolbens in die Leitung gedrängt wird als bei den weiteren Bremsstufen.

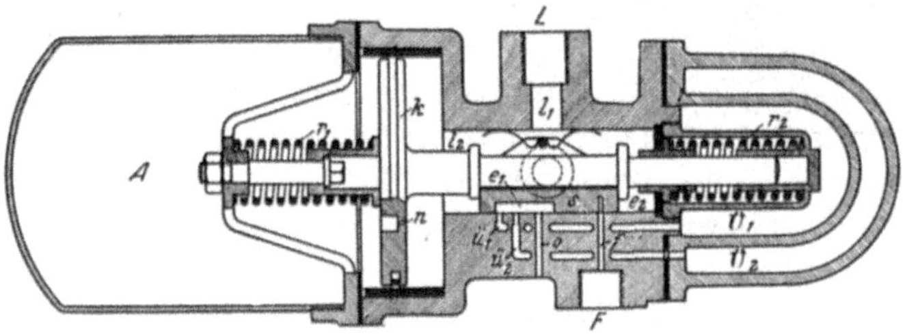

Abb. 52. Brems- und Lösebeschleuniger von Lipkowski.

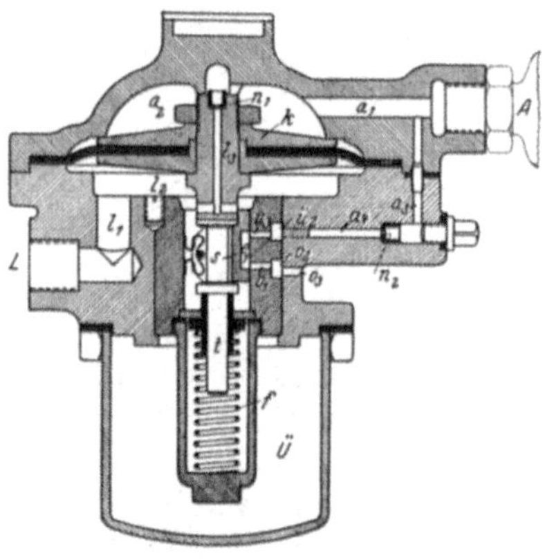

Abb. 53. Beschleuniger von Lipkowski.

Abb. 53a und b.

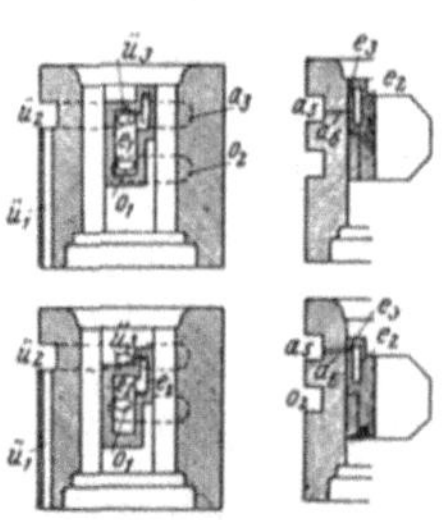

Abb. 54a und b.

Abb. 54. Schieberstellungen des Beschleunigers in Abb. 53.

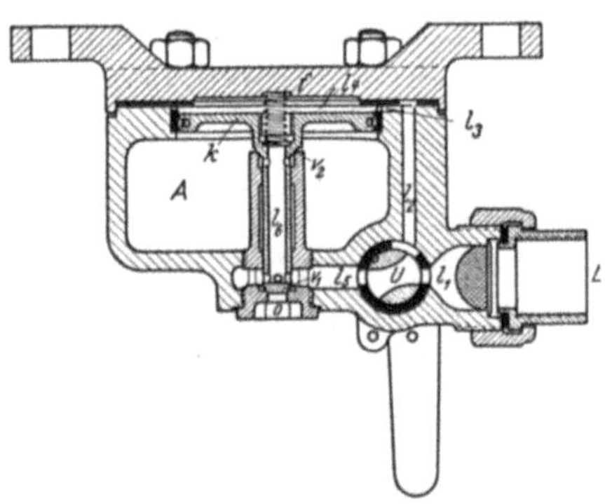

Abb. 55. Beschleuniger von Bozic.

Bei starker Erhöhung des Leitungsdruckes zum Zweck eines kräftigen Lösens wird der Kolben *k* gegen die Feder r_1 in seine äußerste linke Stellung gebracht, und der Schieber *s* legt den Kanal *f* frei. Infolgedessen strömt Druckluft aus dem Füllbehälter *F* in die Kammer l_2 und über *L* in die Leitung ein und beschleunigt die Auffüllung der Leitung und damit den Lösevorgang.

ε) In den Abb. 53 und 54 ist ein Beschleuniger von Lipkowski aus dem Jahre 1921 dargestellt. Dieser Beschleuniger soll jedesmal in Tätigkeit treten, wenn in der Hauptleitung eine Druckminderung verursacht wird, die so groß ist, daß eine Bremsung eintritt. Die erste Druckminderung wird durch den Beschleuniger wiederholt und zwar geschieht dies dadurch, daß durch ihn die Leitung mit einer Kammer in Verbindung gebracht wird.

Das dreiteilige Gehäuse des Beschleunigers enthält in den beiden oberen Teilen einen Membrankolben *k*, welcher den Innenraum in 2 Kammern l_2 und a_2 scheidet. Der unterste Teil des Beschleunigers wird durch die Übertragsungskammer *Ü* gebildet. Der Membrankolben *k* bewegt mit der Kolbenstange *t* den Schieber *s* und wird durch die Feder *f* in seiner obersten Lage gehalten, wenn in den beiden Kammern l_2 und a_2 der gleiche Druck herrscht. An die oberste Kammer a_2 ist ein Steuerbehälter mit einem Inhalt von ca. 5 l angeschlossen.

Die Druckluft tritt von der Bremsleitung bei *L* ein, strömt über Kanal l_1 in die Kammer l_2 unter dem Membrankolben und von dort über die Bohrung l_3 im Kolben *k*, die Düse n_1 und den Kanal a_1 in den Steuerbehälter *A*. Der Kolben *k* steht in der in Abb. 53 dargestellten Lage. Der Schieber *s* verbindet dabei durch die Muschel e_1 den von der Übertragungskammer nach oben führenden Kanal $ü_1$ (Abb. 53a) über die in der Büchse *b* vorgesehene Ausfräsung $ü_2$ und die Bohrung $ü_3$, die Bohrung o_1, die Ausfräsung o_2 und Öffnung o_3 mit der freien Luft. Die Kammer *Ü* ist also entlüftet. Wird der Druck in der Leitung so stark ermäßigt, daß sich der Druck der Steuerkammer *a* über die Düse n_1 nicht schnell genug ausgleichen kann, dann wird der Membrankolben *k* durch den in der Kammer a_2 entstehenden Überdruck nach unten gedrückt und verschiebt den Schieber *s* in die in Abb. 54a und b gezeigte Lage. In dieser legt er die Bohrung $ü_3$ frei, so daß die Leitungsluft über $ü_3$, $ü_2$ und $ü_1$ in die Übertragungskammer strömen kann. Gleichzeitig verbindet der Schieber durch die mit der Muschel e_1 verbundene Höhlung e_2 und Schieberbohrung e_3 den Steuerbehälter *A* über a_3, die Düse n_2, Kanal a_4, Ausfräsung a_5 und andererseits über o_1, o_2 und o_3 mit der freien Luft. Die Luft der Steuerkammer strömt also ins Freie aus und sobald der Druck in *A* und a_2 unter den in der Leitung und Kammer l_2 herrschenden verminderten Druck gesunken ist, geht der Kolben in seine oberste Lage zurück, die Übertragungskammer *Ü* wird entlüftet, und der Beschleuniger ist zu wiederholter Wirkung bereit.

ζ) Eine dem Schleifer-Ventil sehr ähnliche Bauart ist der Beschleuniger von Bozic (Abb. 55).

Die Leitungsluft tritt bei *L* ein und gelangt über l_1, l_2 und l_3 in die Kammer l_4 über den Kolben *k*. Dieser ist lose eingeschliffen, so daß die Druckluft an seinem Dichtungsring vorbei auch in die Steuerkammer *A* eindringt. Auf demselben Wege soll sich auch der Druck zwischen den beiden Kammern l_4 und *A* ausgleichen, wenn nur schwache Betriebsbremsungen beabsichtigt sind. Die Feder *f* sorgt dabei für die hierfür erforderliche Unempfindlichkeit des Kolbens. Bei einer stärkeren Bremsung wird der Kolben *k* durch den in der Kammer *A* entstehenden Überdruck gehoben, so daß das Ventil v_1, in welches die hohle Kolbenstange endigt, von seinem Sitz abgezogen wird. Infolgedessen strömt die Leitungsluft über l_5 und v_1 ins Freie. Gleichzeitig strömt auch die Luft der Kammer *A* über das am Kolben vorgesehene Ventil v_2 und die hohle Kolbenstange schnell ab, so daß die Feder *f* den Kolben *k* nach abwärts bewegt und die Ventile v_1 und v_2 wieder schließt.

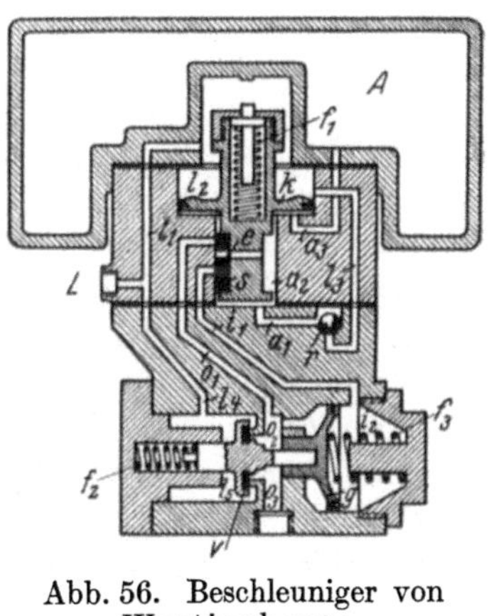

Abb. 56. Beschleuniger von Westinghouse.

η) Abb. 56 zeigt in schematischer Darstellung einen **Beschleuniger** (vent valve), wie er neuerdings von der **Westinghouse-Gesellschaft in Amerika** für Güterzüge verwandt wird. Er besteht aus dem eigentlichen Steuerventil und dem von der Westinghouse-Schnellbremse bekannten Stoßkolbenventil, welches die direkte Verbindung der Leitung mit der freien Luft vermittelt.

Die Druckluft tritt bei L von der Leitung her ein, strömt über l_1 in die Kammer l_2 und von dort über Kanal l_3, das Kugelventil r anhebend, über Kanal a_1 nach Kammer a_2 und über a_3 weiter zur Steuerkammer A. Außerdem gelangt Leitungsdruck über l_4 in die Kammer l_5, das Ventil v auf seinen Sitz pressend. Der Raum o_2 ist über o_3 mit der freien Luft verbunden, ebenso ist die Kammer i_2 über den nicht ganz dichten Stoßkolben g entlüftet.

Wird der Druck in der Leitung L langsam ermäßigt, wie dies bei Betriebsbremsungen der Fall ist, dann hebt der in der Steuerkammer und in Kammer a_2 entstehende Überdruck über den Leitungsdruck den Kolben k gegen die Wirkung der Feder f_1 langsam an, und der mit diesem verbundene Schieber s verbindet vermittels der Bohrung e Kammer a_2 und damit die Steuerkammer A über Kanal o_1, Raum o_2 und o_3 mit der freien Luft. Der Überdruck in der Steuerkammer wird hierdurch vernichtet, und der Steuerkolben k geht wieder unter dem Druck der Feder f_1 in seine Ruhelage zurück. Wird dagegen der Druck der Leitung plötzlich stark ermäßigt, so wird der Druckunterschied zwischen den Kammern a_2 und l_2 schnell so stark, daß der Steuerkolben k sofort in seine oberste Endlage getrieben wird. In dieser legt der Schieber s den Kanal i_1 frei. Die Druckluft der Steuerkammer A stürzt in den Raum i_2, treibt den Stoßkolben g nach links und öffnet gegen den auf ihm lastenden Leitungsdruck und den Druck der Feder f_2 das Ventil v. Die Leitungsluft kann infolgedessen über den Kanal l_4 das geöffnete Ventil v, Kammer o_2 und Öffnung o_3 unmittelbar ins Freie gelangen. Die leichte Feder f_3 dient dazu, die Wirkung des Leitungsdrucks auf das Ventil v teilweise aufzuheben und dadurch dem Stoßkolbenventil die erforderliche Empfindlichkeit zu verleihen.

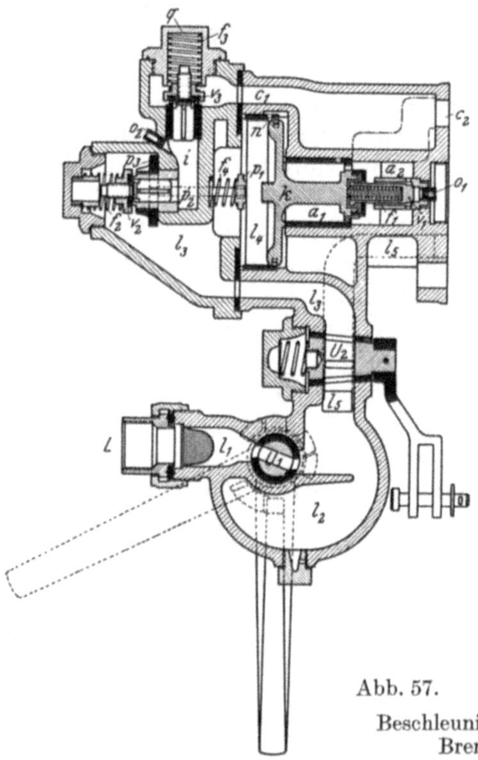

Abb. 57.

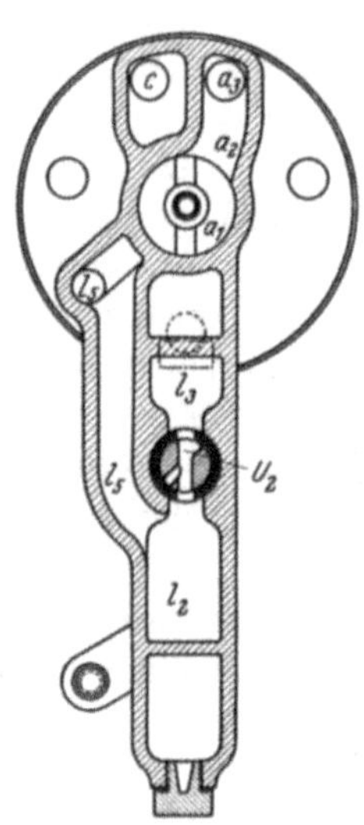

Abb. 58.

Beschleuniger für die Kunze Knorr-Bremse für Schnellzüge.

ϑ) Das in Abb. 57 und 58 dargestellte **Beschleunigungsventil** ist für die **Kunze Knorr-Bremse** für Schnellzüge ausgebildet worden, wurde aber durch das nachfolgende Ventil Abb. 59 und 60 ersetzt. Es hat diesem gegenüber den Vorteil, daß die aus den Ventilquerschnitten sich ergebenden Widerstände genau erfaßt werden können, während die Reibung eines Steuerschiebers sehr verschieden sein kann. Dagegen sind Ventile viel leichter Verschmutzungen ausgesetzt, die zu Undichtigkeiten führen, während ein Schieber hierzu weniger neigt.

Die Leitungsluft tritt bei L ein, und zwar nicht nur für den Beschleuniger, sondern auch für das dazugehörige Steuerventil. Der Hahn U_1 dient zum Abschalten des ganzen Bremsapparates, der Hahn U_2 dagegen nur zum Abschalten des Beschleunigers bzw. zur Drosselung des zu ihm führenden Querschnittes.

Der Weg zum Beschleuniger führt über l_1, l_2, durch den Hahn U_2 und über l_3 in die Kolbenkammer l_4. Von dort tritt die Leitungsluft über die Empfindlichkeits- bzw. Füllbohrung n in die Kammer a_1 und von dort über a_2 und a_3 in einen Steuerbehälter A. Der Auslaß der Kammerluft wird durch ein Ventil v_1 gesteuert, welches durch eine sich gegen den Steuerkolben k stützende Feder f_1 auf seinen Sitz gedrückt wird. In der Kolbenkammer l_4 gegenüber dem Kolben k befindet sich das durch Feder f_4 belastete Stoßstück p_1, welches durch zwei um den Kanal i herumführende Stangen p_2 mit dem Stoßring p_3 verbunden ist und die Öffnung des Ventils v_2 vermittelt. Der Kanal i führt über das Rückschlagventil v_3 und Kanal c_1 zum Bremszylinder.

Im Ruhezustand nehmen die Einzelteile die dargestellte Lage ein, nur daß der Steuerkolben nach vollständigem Druckausgleich zwischen den Kammern l_4 und a_1 von der Feder f_1 so weit nach links verschoben ist, daß der Bund des Ventils v_1 an der Überwurfmutter des Kolbens k anliegt.

Bei Betriebsbremsungen verschiebt der Überdruck in der Kammer a_1 den Steuerkolben k nach links und öffnet das Ventil v_1. Hierdurch tritt Druckluft aus der Steuerkammer A über a_3, a_2 und o_1 ins Freie aus. Sobald der Druck in der Kammer a_1 etwas unter den Leitungsdruck gesunken ist, bewegt sich der Kolben k nach rechts zurück und schließt das Ventil v_1. Das Maß für denjenigen Druckabfall in der Leitung, bei welchem der Beschleuniger noch nicht in Tätigkeit tritt, ist bestimmt einerseits durch die Größe der Bohrung o_1, andererseits durch den Querschnitt des Ventils v_2 und die Spannung der Federn f_2 und f_4. Kann sich in der Steuerkammer a_1 ein Überdruck bilden, der den auf dem Ventil v_2 lastenden Leitungsdruck und den Druck der Federn f_2 und f_4 überwindet, so wird das Ventil v_2 aufgestoßen. Die Leitungsluft strömt dann über l_1, l_2, l_3, v_2, i, das Rückschlagventil v_2 und Kanal c_1 in den Bremszylinder. Damit sich in dem Raum i unter dem Ventil v_2 kein Überdruck bilden kann, der die Empfindlichkeit des Beschleunigers in unbeabsichtigter Weise vergrößern würde, steht der Raum i durch eine feine Bohrung o_2 ständig mit der Außenluft in Verbindung.

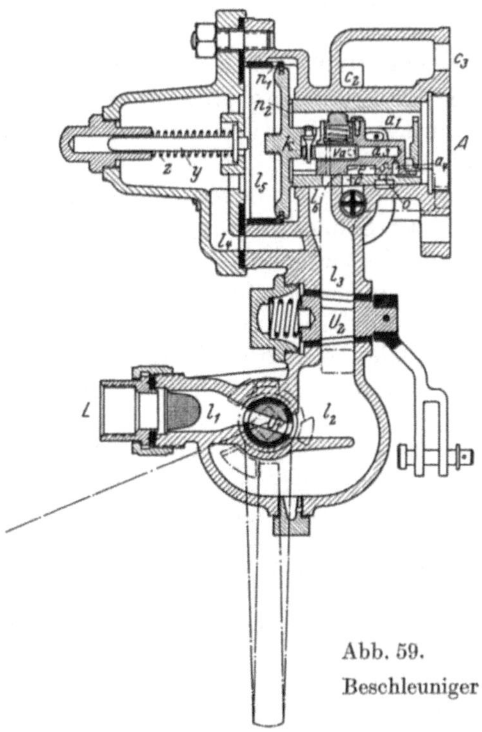

Abb. 59.

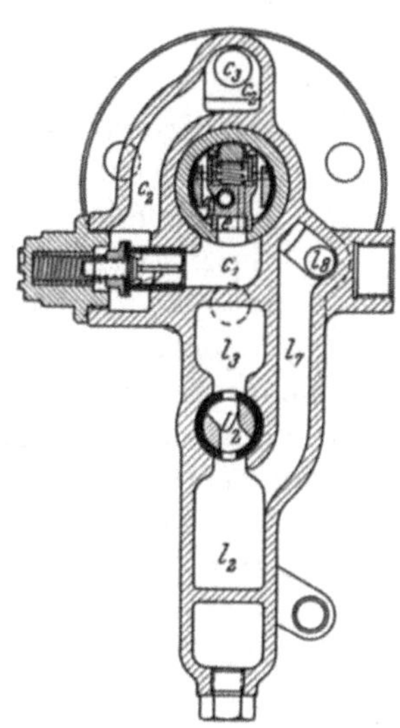

Abb. 60.

Beschleuniger für die Kunze Knorr-Bremse für Schnellzüge.

ι) Das jetzt bei der **Kunze Knorr-Bremse** sowohl für Schnellzüge als für Personenzüge benutzte **Beschleunigungsventil** Abb. 59 und 60 ist dem Steuerventil der Knorr-Schnellbremse ähnlich.

Die Leitungsluft tritt bei L ein und strömt über die Umstellhähne U_1 und U_2, die dieselbe Funktion haben wie die gleichen Hähne des vorigen Ventils in die Kammer l_5 und von dort über die Füllbohrung n_1 und die Empfindlichkeitsnut n_2 in die Kammer a_1 und den bei A angeschlossenen Steuerbehälter.

Bei Betriebsbremsungen verschiebt der in Kammer a_1 sich bildende Überdruck den Kolben k nach links. Dabei wird das Ventil v_a von seinem Sitz abgehoben, dann wird der Schieber s von dem Kolbenanschlag mitgenommen, und die Öffnung a_4 deckt sich schließlich mit der ins Freie führenden Öffnung o. Die Luft der Kammer a_1 bzw. des Behälters A entweicht dann durch die Seitenbohrung a_2 im Schieber s den Kanal a_3 und Bohrungen a_4 und o ins Freie.

Das Maß des Leitungsdruckabfalls, bei dem der Beschleuniger noch nicht in Wirksamkeit tritt, wird bestimmt einerseits durch die Größe der Bohrung a_4, andererseits durch die Schieberreibung und die Spannung der Feder z des Stoßbolzens y, gegen den sich der Kolben k anlegt. Ist die Druckveränderung in der Leitung größer, dann wird die Feder z zusammengedrückt, und der Schieber s verbindet durch seine Höhlung e den Leitungskanal l_6 mit dem Kanal c_1. Von diesem gelangt die Leitungsluft über das Rückschlagventil v und Kanal c_2 und c_3 in den Bremszylinder.

4. Beurteilung der Beschleuniger.

Um die Grundlagen für die Beurteilung der verschiedenen Arten von Beschleunigern zu schaffen, wurden mit Ventilen der in der Abb. 57 und 58 dargestellten Bauart eingehende Versuche gemacht.

An die Abzweigungen A der Versuchsanordnung Abb. 28 wurden nebeneinander je eine normale 8zöllige Westinghouse-Schnellbremsausrüstung und ein Beschleuniger nach Abb. 57 angeordnet. Von jedem T-Stück führte eine direkte 77 cm lange Leitung zum Beschleuniger, und von dieser war eine Leitung zu dem daneben angebrachten Westinghouse-Ventil abgezweigt, so daß die Länge vom T-Stück bis zu diesem 85 cm betrug. Bei den Westinghouse-Steuerventilen wurde die Schnellwirkung ausgeschaltet, so daß sie nur die Überströmung der Druckluft aus den Hilfsbehältern in die Bremszylinder vermittelten.

Die nachstehend gegebenen Druckschaulinien zeigen den Druck in der Leitung und im Bremszylinder an verschiedenen Stellen des Zuges bei vollem Leitungsauslaß. Bei denjenigen Versuchen, bei denen die Leitung nicht in den Bremszylinder entlüftet wurde, ergab sich ein sehr flaches Bremsdruckdiagramm, da beim Westinghouse-Steuerventil der Durchlaß für die Luft aus dem Hilfsluftbehälter zum Bremszylinder, wenn der Steuerkolben in Schnellbremsstellung steht, stark gedrosselt ist. Der besseren Übersichtlichkeit halber wurde dieses Bremsdruckdiagramm in den Abb. 62—65 und 67 durch das normale Betriebsbremsdiagramm ersetzt. Es handelt sich ja in dem vorliegenden Fall um einen Vergleich, bei welchem nur der Beginn der Bremsdruckschaulinien und nicht deren Verlauf eine Rolle spielt.

Die Versuche erstreckten sich auf folgende Abarten des Beschleunigers.

A. Zunächst wurde die Ausführung, wie sie in der Abb. 57 und 58 auf Seite 42 dargestellt ist, zugrunde gelegt. Beim Übergang des Beschleunigerkolbens in die Schnellbremsstellung wird bei dieser Ausführung die Steuerkammer a_1 hinter dem Kolben k durch eine enge Öffnung mit der freien Luft verbunden, bevor die Wirkung des Beschleunigers beginnt, d. h. die Leitung entlüftet wird. Der Beschleuniger wirkt also nur bei Schnellbremsungen.

Die Entlüftung der Leitung geschah

1. in den Bremszylinder, so wie dies bei dem Beschleuniger tatsächlich vorgesehen ist.

In der Tabelle 2 sind die sich dabei ergebenden Durchschlagszeiten und Geschwindigkeiten zusammengestellt, und zwar für Züge aus 100, 50 und 25 Wagen, so daß ein unmittelbarer Vergleich mit der Tabelle 1 für die Westinghouse-Schnellbremse möglich ist. Man erkennt bei diesem Vergleich ohne weiteres, daß die Durchschlagsgeschwindigkeit ungünstiger ist als bei den Westinghouse-Ventilen allein, und zwar ist auch die Durchschlagsgeschwindigkeit für den Beginn des Leitungsdruckabfalls *Dl* geringer. Es ist dies daraus zu erklären, daß die bei Umsteuerung der Ventile in

Tabelle 2.
Entlüftung der Kammer vor Öffnen des Leitungsauslasses in den Bremszylinder (wie Abb. 57).

Zuglänge	Wagen Nr.	jeder Wagen gebremst					Wagen Nr.	jeder zweite Wagen gebremst					Wagen Nr.	jeder dritte Wagen gebremst				
		Zl	*Dl*	*Zb*	*La*	*Db*		*Zl*	*Dl*	*Zb*	*La*	*Db*		*Zl*	*Dl*	*Zb*	*La*	*Db*
100 Wagen	25	1,0	285	1,39	0,1	205	25	0,95	301	1,31*	0,11	217	25	0,95	301	1,51*	0,13	189
	50	2,2	260	2,81	0,1	204	49	2,0	281·	3,38*	0,13	166	49	1,95	288	4,31*	0,1	130
	75	3,5	247	4,37	0,1	198	75	3,05	283	6,27*	0,1	138	76	3,15	277	9,69*	0,16	90
	100	4,8	240	5,78	0,1	199	99	4,2	272	7;43*	0,09	154	100	4,1	281	11,13*	0,17	103
50 Wagen	25	0,9	317	1,37	0,11	208	25	0,95	301	1,35	0,14	211	25	0,9	310	1,46*	0,11	195
	50	2,1	273	2,8	0,1	205	49	1,95	288	2,84	0,13	198	49	2,0	281	3,06*	0,12	184
25 Wagen	25	0,9	317	1,32	0,08	216	25	0,95	301	1,25	0,15	228	25	0,95	301	1,24	0,11	230

die Leitung eintretende Luftmenge um die durch den Beschleunigerkolben verdrängte Luftmenge größer ist. Die verzögernde Wirkung macht sich insbesondere dadurch geltend, daß schon bei gleichmäßiger Verringerung der gebremsten Wagen um 50 %, also Verdoppelung der zwischen den Bremsapparaten liegenden Leitungslänge, die Schnellwirkung bei dem 100-Wagenzug nicht mehr bis zum 50. Wagen durchschlägt. Die Durchschlagszeit *Zb* beträgt bei dem aus 100 gebremsten Wagen bestehenden Zug (Abb. 61) 5,78 Sek. gegen 5,48 Sek. bei der Westinghouse-Bremse.

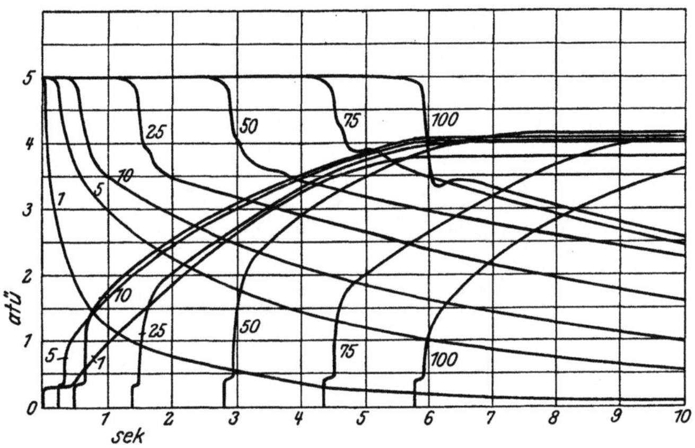

Abb. 61. Versuche mit Beschleunigern: A 1.

2. ins Freie. Der Verschluß *q* über dem Rückschlagventil wurde hierfür geöffnet und das Ventil v_3 entfernt.

Tabelle 3.
Entlüftung der Kammer vor Öffnen des Leitungsauslasses ins Freie.

Wagen Nr.	jeder Wagen gebremst					Wagen Nr.	jeder zweite Wagen gebremst					Wagen Nr.	jeder dritte Wagen gebremst				
	Zl	*Dl*	*Zb*	*La*	*Db*		*Zl*	*Dl*	*Zb*	*La*	*Db*		*Zl*	*Dl*	*Zb*	*La*	*Db*
25	0,9	317	1,33	0,1	215	25	0,9	317	1,22	0,1	234	25	0,9	317	1,27	0,08	225
50	1,9	302	2,64	0,1	217	49	1,9	296	2,58	0,12	218	49	1,9	296	2,99	0,11	188
75	3,3	262	4,1	0,1	211	75	3,2	270	4,01	0,11	215	76	3,35	261	5,12	0,11	171
100	4,8	240	5,42	0,07	213	99	4,1	278	5,29	0,11	215	100	4,0	288	6,28	0,1	187

Die Tabelle 3 zeigt die dabei sich ergebenden Durchschlagszeiten und -Geschwindigkeiten des 100-Wagenzuges. Die Durchschlagszeit bei voll gebremstem Zug (Abb. 62) ist auf 5,42 Sek. abgekürzt, und die Schnellwirkung schlägt auch dann noch durch, wenn die Leitungslänge zwischen den Bremswagen durch Ausschalten von ⅔ der Apparate auf das Dreifache verlängert wird.

3. in eine Kammer von 2,7 l Inhalt. Hierfür wurde bei dem Verschluß *q* ein kleiner Behälter mit entsprechendem Inhalt angeschlossen. Die Größe dieser Kammer war entsprechend dem Leitungsinhalt so gewählt, daß sich durch den Ausgleich des Leitungs-

[1]) Bei den unter *Zb* mit einem Stern bezeichneten Versuchen sind die Beschleunigerkolben nicht mehr in Schnellbremsstellung, sondern in Betriebsbremsstellung gegangen.

Tabelle 4.
Entlüftung der Kammer vor Öffnen des Leitungsauslasses in einen Behälter von 2,7 l Inhalt.

Wagen Nr.	jeder Wagen gebremst					Wagen Nr.	jeder zweite Wagen gebremst				
	Zl	*Dl*	*Zb*	*La*	*Db*		*Zl*	*Dl*	*Zb*	*La*	*Db*
25	0,9	317	1,3	0,11	219	25	0,9	317	1,25	0,12	228
50	2,2	261	2,64	0,11	217	49	1,9	296	2,54	0,12	221
75	3,4	254	4,16	0,07	207	75	3,3	262	4,01	0,09	215
100	4,3	268	5,54	0,09	208	99	4,33	263	5,42	0,12	211

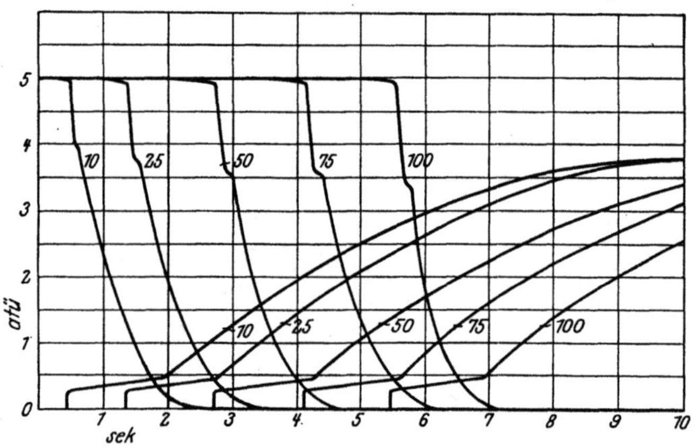

Abb. 62. Versuche mit Beschleunigern: A 2.

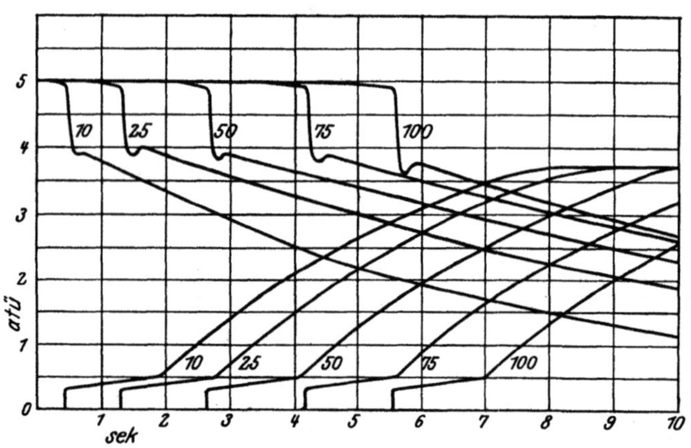

Abb. 63. Versuche mit Beschleunigern: A 3.

drucks von 5 Atm. mit den Behältern ein Druck von ca. 4 Atm., also ein Druckabfall von ca. 1 Atm. ergab (Abb. 63). Hierbei sind die Durchschlagszeiten und Geschwindigkeiten beinahe die gleichen wie bei der Entlüftung der Leitung ins Freie.

Die Tabelle 4 zeigt die betreffenden Versuchsergebnisse. Auch bei doppelt so langer Leitung zwischen den Bremsapparaten ist der Behälter von 2,7 l noch groß genug, um einen schnellen Druckabfall in der Leitung herbeizuführen und damit das Durchschlagen der Schnellwirkung zu sichern.

B. Bei einer zweiten Versuchsreihe wurde der Hub des Steuerkolbens bis zum Öffnen des Leitungsauslasses von 8 mm auf 3 mm verkürzt und der Anschlag an das die Kammer entlüftende Ventil so weit verschoben, daß diese erst nach Öffnen des Leitungsauslasses durch eine enge Bohrung entlüftet wurde. Die Wirkung des Beschleunigers begann dabei sofort nach kurzer Bewegung des Steuerkolbens.

Hierbei wurde

a) die Unempfindlichkeit des Beschleunigers nur so groß gemacht, wie sie bei jedem Steuerventil auch für Betriebsbremsungen verlangt wird (siehe Seite 27).

Die Entlüftung der Leitung geschah

1. ins Freie.

Die sich nach den Abb. 64 und Tabelle 5 ergebende wesentliche Verkürzung der Durchschlagszeiten ist einmal darauf zurückzuführen, daß der Hub der Beschleunigerkolben und damit die in die Leitung verdrängte Luftmenge von 0,059 l auf 0,022 l verringert wurde und andererseits auf die weit größere Empfindlichkeit des Beschleunigers, da die Steuerkammer keine Luft mehr abgibt, bevor die Beschleunigsungswirkung eintritt. Die Durchschlagsgeschwindigkeit wird bei der energischen Abführung der Leitungs-

Tabelle 5.
Entlüftung der Kammer erst nach Öffnen des Leitungsauslasses durch enge Öffnung, so daß das Stoßventil geöffnet bleibt. Leitungsluft ins Freie.

Wagen Nr.	jeder Wagen gebremst					Wagen Nr.	jeder zweite Wagen gebremst					Wagen Nr.	jeder dritte Wagen gebremst				
	Zl	*Dl*	*Zb*	*La*	*Db*		*Zl*	*Dl*	*Zb*	*La*	*Db*		*Zl*	*Dl*	*Zb*	*La*	*Db*
25	0,9	317	1,19	0,11	240	25	0,9	317	1,16	0,13	246	25	0,9	317	1,18	0,14	242
50	1,9	302	2,38	0,08	241	49	1,9	296	2,31	0,12	243	49	1,9	296	2,29	0,12	245
75	3,1	279	3,59	0,1	241	75	3,0	288	3,45	0,08	250	76	2,9	302	3,56	0,08	246
100	4,2	275	4,8	0,08	240	99	4,1	278	4,62	0,13	245	100	3,9	296	4,56	0,08	253

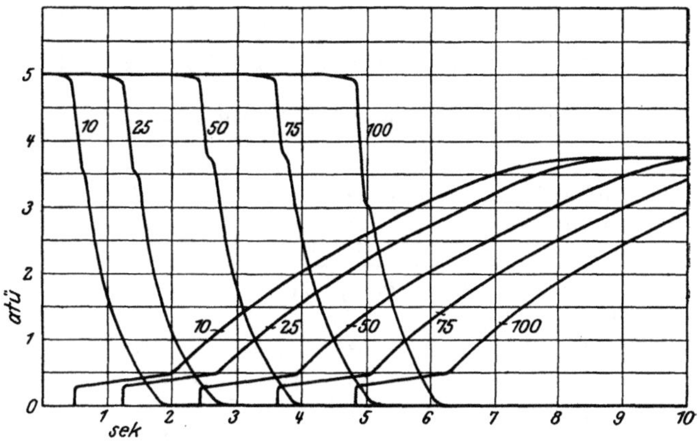

Abb. 64. Versuche mit Beschleunigern: B a 1.

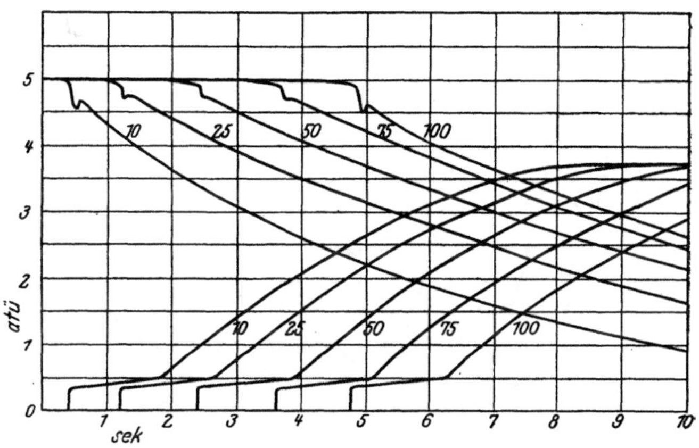

Abb. 65. Versuche mit Beschleunigern: B a 2.

luft auch bei Abschalten von ⅔ der Apparate, also Verlängerung der Leitungslänge zwischen den Apparaten auf das Dreifache, nicht verringert. Im Gegenteil macht sich dabei noch die Verringerung des in die Leitung gedrängten Luftquantums günstig bemerkbar.

2. in eine Kammer von 0,4 l Inhalt, entsprechend einem Leitungsdruckabfall von ca. 0,3 Atm. (Abb. 65 und Tabelle 6).

Bemerkenswerterweise zeigen sich bei dieser Versuchsreihe, wenn alle Apparate eingeschaltet sind, ganz genau dieselben Durchschlagszeiten und -Geschwindigkeiten, wie wenn die Leitungsluft direkt ins Freie abgelassen wird. Der schroffe Druckabfall von 0,3 Atm. bewirkt also vollständig dasselbe wie ein weit größerer Druckabfall.

Werden dagegen Apparate abgeschaltet, die Leitungen zwischen den Apparaten also verlängert, so nimmt die Bremsdurchschlagszeit stark zu, trotzdem die Leitungsdurchschlagszeit dieselbe bleibt oder sogar kürzer wird. Es rührt dies daher, daß das Verhältnis zwischen dem zu entlüftenden Leitungsabschnitt und der gleichbleibenden Kammer von 0,4 l bei Verlängerung der ersteren ungünstiger wird und sich der Druckabfall infolgedessen verflacht.

Tabelle 6.
Wie in Tabelle 5, jedoch Leitungsluft in eine Kammer von 0,4 l Inhalt.

Wagen Nr.	jeder Wagen gebremst					Wagen Nr.	jeder zweite Wagen gebremst					Wagen Nr.	jeder dritte Wagen gebremst				
	Zl	*Dl*	*Zb*	*La*	*Db*		*Zl*	*Dl*	*Zb*	*La*	*Db*		*Zl*	*Dl*	*Zb*	*La*	*Db*
25	0,9	317	1,19	0,11	240	25	0,9	317	1,18	0,13	242	25	0,9	317	1,19	0,13	240
50	1,9	302	2,39	0,08	240	49	1,9	297	2,34	0,12	241	49	1,9	297	3,09	0,13	182
75	2,9	298	3,6	0,05	240	75	2,9	298	3,98	0,1	215	76	2,9	302	5,52	0,12	159
100	4,2	275	4,76	0,05	242	99	4,3	259	5,44	0,11	205	100	4,1	281	6,58	0,1	175

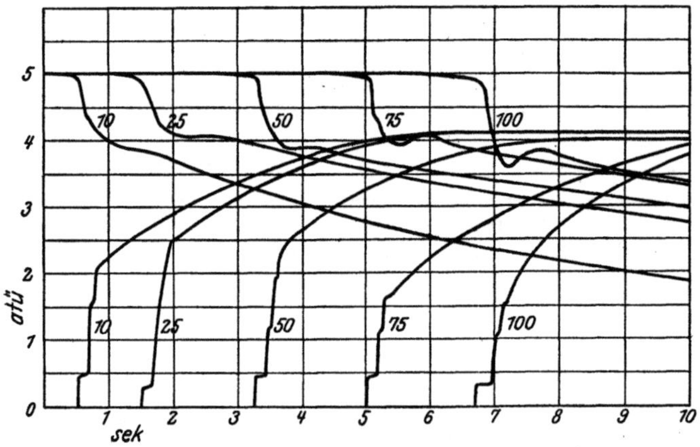

Abb. 66. Versuche mit Beschleunigern: B b 1.

Tabelle 7.
Unempfindlichkeitsbohrung von 4 mm ∅ im Beschleunigerkolben. Leitungsluft in den Bremszylinder.

Wagen Nr.	jeder Wagen gebremst				
	Zl	*Dl*	*Zb*	*La*	*Db*
25	1,0	285	1,47	0,12	194
50	2,4	239	3,26	0,09	176
75	4,3	203	5,02	0,1	174
100	5,6	205	6,69	0,08	172

b) Die Unempfindlichkeit wurde durch eine Bohrung im Beschleunigerkolben von 4 mm Durchmesser so vergrößert, daß der Beschleuniger bei normalen Betriebsbremsungen nicht ansprach.

Die Entlüftung der Leitung geschah dabei

1. nach dem Bremszylinder.

Wie Abb. 66 und Tabelle 7 zeigen, wird die Durchschlagszeit für den Leitungsdruckabfall durch die Luftmenge, welche durch die 4-mm-Bohrung im Beschleunigerkolben von der Kammer in die Leitung übertritt, wesentlich verlängert. Diese Verlängerung macht sich natürlich auch bei den Bremsdurchschlagszeiten geltend, und zwar in einem Maße, daß die Schnellwirkung schon bei Verlängerung der Leitungslänge zwischen den Apparaten auf das Doppelte nicht mehr durchschlägt.

2. ins Freie.

Wie Abb. 67 und Tabelle 8 zeigen, wird zwar die Durchschlagszeit durch den schroffen Druckabfall der Leitungsluft etwas verkürzt, aber auch hierbei schlägt die Schnellwirkung nicht mehr über die doppelte Leitungslänge durch.

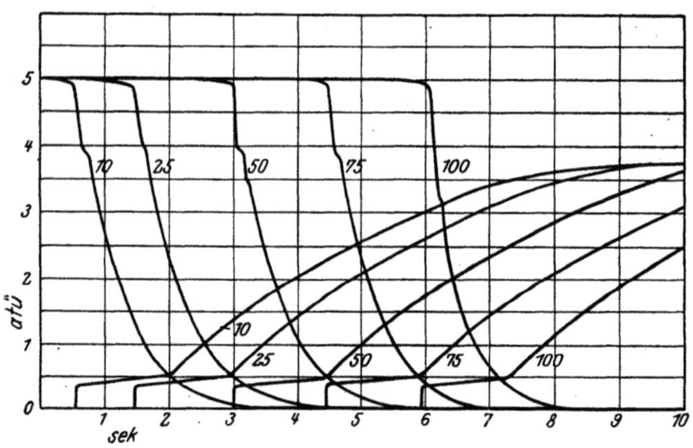

Abb. 67. Versuche mit Beschleunigern: B b 2.

Tabelle 8.
Unempfindlichkeitsbohrung wie in Tabelle 7. Leitungsluft ins Freie.

Wagen Nr.	jeder Wagen gebremst				
	Zl	*Dl*	*Zb*	*La*	*Db*
25	1,0	285	1,38	0,13	207
50	2,3	249	2,89	0,09	199
75	3,7	234	4,4	0,1	197
100	5,5	209	5,9	0,05	195

C. Die Ausführung war die gleiche wie bei B, jedoch wurde die Steuerkammer verkleinert und der Entlüftungsquerschnitt für diese vergrößert. Dieser Versuch galt der Frage, ob es möglich ist einen Beschleuniger so zu gestalten, daß er, nachdem er eine bestimmte Luftmenge ins Freie gelassen hat, die Verbindung der Leitung mit der Außenluft wieder abschließt.

Hierbei wurde

a) die Mindestunempfindlichkeit nach B a) angewandt;

b) die Unempfindlichkeit durch eine Bohrung von 2 mm Durchmesser in dem Steuerkolben so erhöht, daß der Beschleuniger bei schwachen und vorsichtigen Betriebsbremsungen nicht ansprach.

In beiden Fällen geschah die Entlüftung der Leitung ins Freie.

Die Ergebnisse dieser beiden Versuche waren vollkommen negativ.

Von einer Zuglänge von 6 Wagen ab schloß der Leitungsauslaß nicht mehr endgültig. Er schloß am ersten Wagen nach einem Leitungsauslaß zunächst ab, um dann aber infolge der Abströmung im hinteren Zugteil wieder zu öffnen. Der Vorgang wiederholte sich bis zur vollständigen Entleerung der Leitung. Bei den Wagen im hinteren Zugteil öffnete sich der Leitungsauslaß einmal, um sich nicht wieder zu schließen.

Bei einem Zug von weniger als 6 Wagen schloß sich der Leitungsauslaß nach einem Druckabfall von ca. 2 Atm. endgültig.

Beim Vergleich der in den Abb. 61—67 dargestellten Schaulinien ist zunächst festzustellen, daß gegenüber der Entlüftung der Leitung ins Freie die Durchschlagsgeschwindigkeit nur dann geringer ist, wenn die Leitung in den Bremszylinder entlüftet wird, aber nicht, wenn sie mit einer Kammer verbunden wird, daß dagegen das Maß des Druckabfalls in der Leitung keinen Einfluß auf die Durchschlagszeit hat, sofern es nur zum Umschalten des Steuerkolbens genügt. Dies rührt offenbar daher, daß die Leitungsluft beim Einströmen in den Bremszylinder Widerstände findet, die den schroffen Druckabfall verzögern, und daß für das Ansprechen der Steuerventile nur das mehr oder weniger scharfe Einsetzen des Druckabfalls in der Leitung ausschlaggebend ist.

Zur Beurteilung der Verwendbarkeit der verschiedenen Anordnungen für den Bremsbetrieb mögen diese in 2 Gruppen gesondert werden. Die erste Gruppe umfaßt die Beschleuniger, die auch bei geringem Druckabfall in der Leitung (also bei Betriebsbremsungen) ansprechen und nur die für den praktischen Betrieb unerläßliche Unempfindlichkeit besitzen. Unter die zweite Gruppe fallen die Beschleuniger, die so unempfindlich sind, daß sie bei Betriebsbremsungen nicht wirken.

a) Beschleuniger, die auch bei Betriebsbremsungen ansprechen.

1. Wird bei einem solchen die Leitungsluft ins Freie ausgelassen, dann erreicht man zwar große Durchschlagsgeschwindigkeit (Abb. 64), der Beschleuniger ist aber für den Betrieb unbrauchbar, da er nur Vollbremsungen gibt, Betriebsbremsungen dagegen ausschließt. Bei einer Empfindlichkeit, die ein Ansprechen des Beschleunigers auch bei der schwächsten Betriebsbremsung ergibt, darf nur so viel Druckluft durch den Beschleuniger aus der Leitung ausgelassen werden, daß bei der geringsten Bremsstufe im Bremszylinder höchstens ein Druck von einer halben Atmosphäre eintritt.

Es scheint theoretisch möglich, einen Beschleuniger so zu bauen, daß er den Auslaß ins Freie nur ganz kurz öffnet, diesen aber so schnell wieder abschließt, daß der Druckabfall in der Leitung eine halbe Atmosphäre nicht übersteigt. Der Beschleuniger von Bozic (Abb. 55) war ursprünglich so gedacht. Die damit angestellten Versuche haben indes gezeigt, daß auch bei empfindlichster Einstellung der Druckabfall in der Leitung so groß ist, daß kleine Betriebsbremsstufen nicht erreichbar sind. Die oben unter C) angegebenen Versuche haben dies bestätigt.

2. Ein sicheres Mittel, die Höhe der ersten Bremsstufe auf das für den Betrieb verlangte Maß zu beschränken, ist dadurch gegeben, daß man die Leitungsluft nicht ins Freie, sondern in eine Kammer strömen läßt, deren Inhalt nicht viel größer ist als das vom Steuerkolben verdrängte Hubvolumen. Wie aus den Schaulinien Abb. 65 ersichtlich, ist dabei eine Durchschlagsgeschwindigkeit zu erzielen, die der bei Auspuff ins Freie erreichbaren höchsten Durchschlagsgeschwindigkeit nichts nachgibt.

Geringer ist naturgemäß der Erfolg, wenn die Verbindung der Leitung mit der Kammer nicht durch einen gesonderten Beschleuniger, sondern durch das Bremssteuerventil vermittelt wird. Diese Betätigungsart ermöglicht aber wesentlich größere Einfachheit, und sie ist angewandt bei dem Güterzug-Steuerventil der Westinghouse-Bremse und bei der Kunze Knorr-Bremse.

Bremsbeschleuniger der ersten Art sind die in den Abb. 52 und 53 gezeigten Ventile von Lipkowski.

Die große Durchschlagsgeschwindigkeit von 240 m/Sek. ist nur erreichbar, wenn die Größe der Kammer der größten zwischen zwei Ventilen eingeschalteten Leitungslänge entspricht. Ist der Abstand durch zwischengeschaltete Leitungswagen vergrößert, so sinkt zwar nicht die Durchschlagsgeschwindigkeit für den Beginn des Druckabfalls in der Leitung, aber diejenige für den Eintritt der Bremsung. Die Kammern dienen dann dazu, die von den Steuerkolben verdrängte Luftmenge aufzunehmen und damit eine Verzögerung des Druckabfalls in der Leitung zu verhindern.

3. Bei der Knorr-Güterzugbremse ist die dritte Möglichkeit zur Anwendung gekommen, den Leitungsdruckabfall auch bei Betriebsbremsungen dadurch zu beschleunigen, daß die Leitungsluft in den Bremszylinder eingeführt wird. Die Begrenzung des Druckabfalls wird bei dieser Bauart durch das später zu behandelnde Mindestdruckventil bewirkt, das den Weg von der Leitung zum Bremszylinder abschließt, sobald in diesem ein Druck von ca. ½ Atm. erreicht ist. Wie bereits oben erwähnt, wirken die der Leitungsluft in diesem Falle entgegentretenden Widerstände verzögernd auf den Druckabfall in der Leitung, und diese Wirkung wird durch die gleichzeitig denselben Weg benutzende Druckluft aus dem Hilfsluftbehälter verstärkt.

Gleichwohl hat sich dieses Verfahren im praktischen Betrieb durchaus bewährt und ermöglichte eine gute Ausnutzung der Druckluft. Sie wurde bei der Kunze Knorr-Bremse nur deshalb nicht angewandt, weil bei dieser ein starker Druckabfall in dem Totraum des Zweikammerzylinders erforderlich war, der durch die Verwendung der Leitungsluft im Bremszylinder gestört wurde.

b) Beschleuniger, die so unempfindlich sind, daß sie bei Betriebsbremsungen nicht mitwirken.

Diese Unempfindlichkeit wird bei der einen Untergruppe dadurch erreicht, daß

1. der Steuerkolben so durchbohrt ist, daß sich der Druck der Steuerkammer bei Betriebsbremsungen schnell genug mit dem Druck der Leitung ausgleichen kann. Ausführungen dieser Art sind die Beschleuniger von Westinghouse (Abb. 50) und Lipkowski (Abb. 51).

Wie der Versuch (Abb. 66 und 67) zeigt, ist bei dieser Beschleunigerart die Durchschlagsgeschwindigkeit verhältnismäßig ungünstig, weil ein großer Teil der Steuerkammerdruckluft in die Leitung entweicht und dort den Druckabfall verlangsamt. Vermindert werden kann dieser Nachteil nur dadurch, daß die Empfindlichkeit durch Verkleinerung der Kolbenbohrung vergrößert wird. Dabei wird aber die Gefahr des Überschlagens bei Betriebsbremsungen so vergrößert, daß diese nur mit größter Vorsicht ausgeführt werden können und die Bremswege bei Betriebsbremsungen erheblich verlängert werden. Wie nachteilig dies für den Betrieb ist, kann man am besten bei den mit der selbsttätigen Vakuumbremse versehenen Betrieben erkennen, an der der Beschleuniger zur Erzielung einer großen Durchschlagsgeschwindigkeit bei Schnellbremsungen sehr empfindlich eingestellt ist. Bei diesen Betrieben wird für das Einfahren in Stationen viel mehr Zeit gebraucht als bei den Betrieben mit Druckluftbremsen.

Ein anderes Mittel ist die Verkleinerung der Steuerkammer, also der Luftmenge, welche in die Leitung entweicht. Hierbei wird aber die genaue Wirkung des Beschleunigers insofern unsicher gemacht, als die Undichtigkeit des Steuerkolbens, die bei jedem Kolben ein anderes Maß hat und durch Abnutzung wächst, zur Wirkung der Bohrung im Kolben hinzutritt. Ganz unsicher wird die Wirkung natürlich dann, wenn man überhaupt nur die Undichtigkeit des Kolbens als Unempfindlichkeitsmaß anwendet (siehe Abb. 55, Beschleuniger von Bozic).

2. Viel besser sind die Beschleuniger, bei denen die Kammerluft bei Betriebsbremsungen durch ein besonders durch den Beschleunigerkolben gesteuertes Ventil ins Freie ausgelassen wird.

Hierher gehören das in Abb. 56 gezeigte vent valve von Westinghouse und die beiden Beschleuniger der Kunze Knorr-Bremse (Abb. 57 und Abb. 59).

Der amerikanische Beschleuniger erreicht dadurch, daß er die Leitungsluft direkt ins Freie strömen läßt und dazu den großen Querschnitt freigibt, den die Verwendung des Stoßkolbenventils bietet, zweifellos eine größere Durchschlagsgeschwindigkeit. Der Beschleuniger der Kunze Knorr-Bremse andererseits ermöglicht die Verwendung der Leitungsluft zur Steigerung des Bremsdrucks bei Schnellbremsungen.

Durch die in Abb. 68 und 69 dargestellte Beschleunigerbauart lassen sich die Vorzüge der beiden Bauarten vereinigen.

Mit dem Schieberbeschleuniger der Kunze Knorr-Bremse ist das Westinghouse-Stoßkolbenventil verbunden, so daß die Schieberfläche und der Schieberhub und damit das schädliche Hubvolumen des Beschleunigers wesentlich kleiner sein können. Die Leitungsluft strömt durch das Stoßkolbenventil aber nicht ins Freie, sondern in eine Kammer *Ü* von ca. 0,4 l Inhalt und von dort über ein Rückschlagventil in den Bremszylinder. Die Kammer ist durch eine bei $\ddot{u}_3$ eingeschraubte Düse ständig mit der Außenluft verbunden. Bei einer Schnellbremsung stürzt die Leitungsluft zunächst in die leere Kammer und man erreicht dabei dieselbe Beschleunigung, als wenn die Leitungsluft ins Freie überströmt. Von der Kammer gelangt dann die Leitungsluft weiter über das Rückschlagventil auch in den Bremszylinder und bewirkt eine starke Beschleunigung des Leerhubs des Bremskolbens und eine Steigerung des Enddrucks im Bremszylinder. Diese Wirkung wird durch die geringe Luftmenge, die durch die Kammer aufgenommen wird und durch die feine Öffnung *o* allmählich ins Freie entweicht, nicht beeinträchtigt.

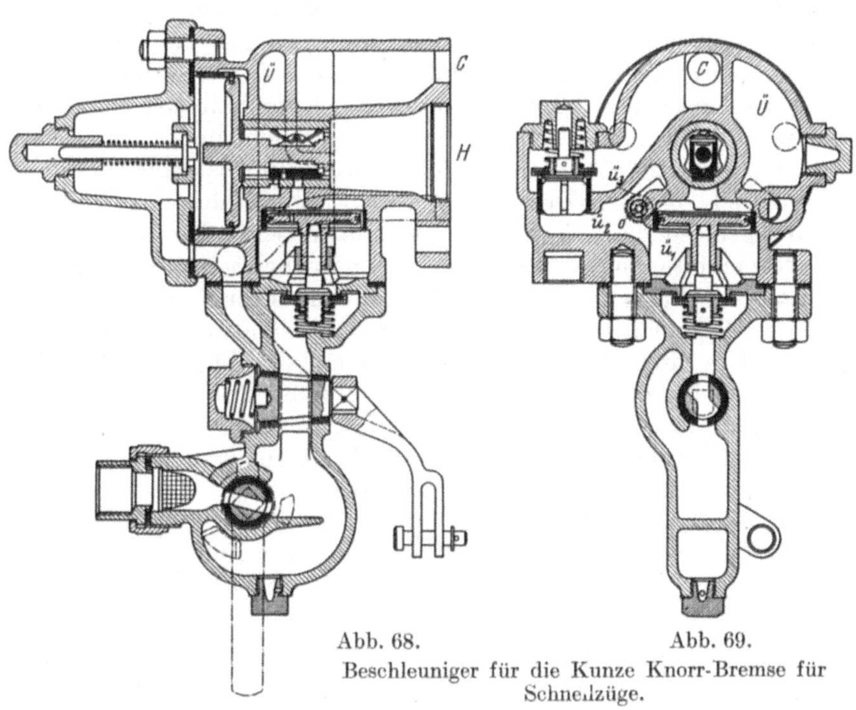

Abb. 68. Abb. 69.
Beschleuniger für die Kunze Knorr-Bremse für Schnellzüge.

Die Wirkung dieses Beschleunigers wird auch bei vorangegangenen Betriebsbremsungen voll erhalten, da die Kammer bei einer solchen leer bleibt und demnach bei einer darauffolgenden Schnellbremsung den für deren Fortpflanzung erforderlichen Druckabfall in der Leitung ermöglicht.

Natürlich kann auch bei diesen Beschleunigern nicht die Durchschlagsgeschwindigkeit erreicht werden, wie sie bei den unter a) aufgeführten Arten möglich ist. Abgesehen davon, daß die mit Absicht vergrößerte Unempfindlichkeit der Steuerung den Übergang des Steuerkolbens in die Schnellbremsstellung verzögert, wirkt auch der unvermeidlich größere Steuerkolbenhub ungünstig, indem er ein größeres Hubvolumen in die Leitung verdrängt.

Selbst wenn man die Durchschlagsgeschwindigkeit von ca. 240—250 m/sek für Schnellbremsungen erreichen könnte, wie sie nach Abb. 64 nur bei größter Empfindlichkeit des Beschleunigers möglich ist, so würde bei langen Zügen die Zeit bis zum Ansprechen des Bremsapparates am letzten Wagen zu groß sein, als daß man ein steil ansteigendes Diagramm verwenden könnte. Insbesondere bei den in Europa gebräuchlichen Wagenkupplungen würden Auflaufstöße entstehen, die eine Zerstörung des Zuges zur Folge hätten. Wie die außerdem angestellten Versuche mit einzelnen Gruppen von Leitungswagen gezeigt haben, schlägt die Schnellwirkung über diese Gruppen nicht mehr durch, sobald sie aus mehr als 3 Wagen bestehen. Die Steuerventile gehen dann an den hinter den Leitungsgruppen folgenden Wagen nur noch in Betriebsbremsstellung, weil der Leitungsdruckabfall durch die lange Leitung stark vermindert ist.

Man kann deshalb Beschleuniger, die nur in einer Schnellbremsstellung wirksam sind, bei langsamem Leitungsauslaß dagegen in Ruhe bleiben, nur bei solchen Zügen gebrauchen, die nicht mehr als ca. 250 m lang sind, also aus ca. 25 zweiachsigen Wagen bestehen oder einer entsprechenden Anzahl Mehrachser, die alle mit Bremsen versehen und die außerdem straff gekuppelt sind, also nur bei Personen- und Schnellzügen.

Bei Güterzügen dagegen muß man auf solche Schnellbremsungen verzichten. Für diese ist eine einzige Bremsstellung das vorteilhafteste, mit der die Überleitung einer begrenzten Luftmenge in eine Kammer verbunden ist.

Eine derartige Abzapfung von Leitungsluft ist nicht nur bei Schnellbremsungen erforderlich, um den Druckabfall vom Führerbremsventil schneller bis zum Zugschluß zu bringen, sondern sie ist noch viel unentbehrlicher für Betriebsbremsungen.

Betrachtet man den Abfall des Leitungsdruckes in einem langen Zuge bei gedrosseltem Auslaß am Führerventil (Abb. 34), wie er Betriebsbremsungen entspricht, und vergegenwärtigt man sich, daß an jedem angeschlossenen Steuerventil zunächst vor dem Ansprechen eine gewisse Luftmenge durch die Füllnut in die Leitung entweicht und dann beim Ansprechen ein dem Hubvolumen des Steuerkolbens entsprechendes Luftquantum in die Leitung getrieben wird, so kann man ohne weiteres verstehen, daß die Steuerventile im hinteren Zugteil überhaupt nicht mehr in die Bremsstellung gehen würden, wenn man nicht für eine entsprechende Abführung von Leitungsluft sorgte. Der Druckabfall in der Leitung ist dort so gering, daß die Größe der Füllnut genügt, um einen Ausgleich zwischen Hilfsluftbehälter und Leitung herbeizuführen, d. h. die Hilfsluftbehälter entleeren sich in die Leitung, und die Steuerventile bleiben in Lösestellung stehen.

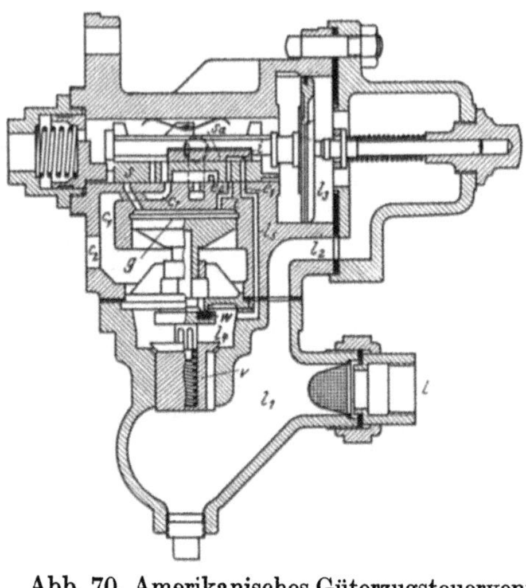

Abb. 70. Amerikanisches Güterzugsteuerventil von Westinghouse.

Auch bei den in Amerika eingeführten Güterzugbremsen war man zu einer entsprechenden Maßnahme genötigt. Da dort alle Güterwagen mit Bremsen versehen, Gruppen von Leitungswagen in den Zügen deshalb ausgeschlossen sind, konnte man zwar für die Schnellbremsungen mit Rücksicht auf die starke automatische Kupplung die bei der Personenzugbremse übliche Schnellbremsstellung im Steuerventil beibehalten, bei der Leitungsluft in den Bremszylinder übergeleitet wird. Für die Betriebsbremsungen mußte man dagegen eine Änderung insofern einführen, als auch bei diesen eine geringe Abzapfung von Leitungsluft erforderlich wurde.

Abb. 70 zeigt das amerikanische Güterzugsteuerventil Bauart Westinghouse in Betriebsbremsstellung. Die Bauart entspricht im allgemeinen dem in Abb. 7 gezeigten Personenzugsteuerventil, nur daß an Stelle des Abstufungsventils ein kleiner Schieber getreten ist. Dieser verbindet in der Betriebsbremsstellung zusammen mit dem Grundschieber den Raum l_4 zwischen den beiden

Ventilen v und w des Beschleunigers über l_5, e_1, i, e_2 mit dem Raum über dem mit Spiel eingepaßten Stoßkolben g. Eine beschränkte Menge Leitungsluft entweicht infolgedessen in den Bremszylinder.

Die Notwendigkeit, auch für die Betriebsbremsungen an den einzelnen Steuerventilen eine begrenzte Menge von Leitungsluft abzuführen, schließt die Verwendung von Beschleunigern, die nur bei Schnellbremsungen arbeiten, bei langen Güterzügen aus, selbst wenn diese, um die Schnellwirkung sicher zum Zugende zu führen, auch an den Leitungswagen angebracht werden, die im übrigen keine Bremsapparate besitzen.

Auch wurde die Verlängerung der Personen- und Schnellzüge bei der Kunze Knorr-Bremse nur dadurch möglich, daß neben dem nur bei Schnellbremsungen wirkenden Beschleuniger eine Überleitung von Leitungsluft in eine Kammer auch bei Betriebsbremsungen verwirklicht wurde. Diese Kombination ergab sich zunächst aus der Aufgabe, die Personen- und Schnellzugbremse auch für Güterzüge verwendbar zu machen. Die Vereinigung der für die Güterzugbremse notwendigen Übertragungskammer mit dem für die Schnellzugbremse unentbehrlichen Schnellbremsorgan verursachte insofern Schwierigkeiten, als die Wirkung der Übertragungskammer im Leitungsdruckabfall einen Sprung erzeugte, der den Beschleuniger zum Überschlagen auch bei Betriebsbremsungen reizte. Diese Schwierigkeit wurde überwunden, und es zeigte sich bei den Versuchsfahrten die Möglichkeit, infolge Mitwirkung der Kammer bei Betriebsbremsungen die Länge der Schnell- und Personenzüge auf 60 bzw. 90 Achsen zu vergrößern.

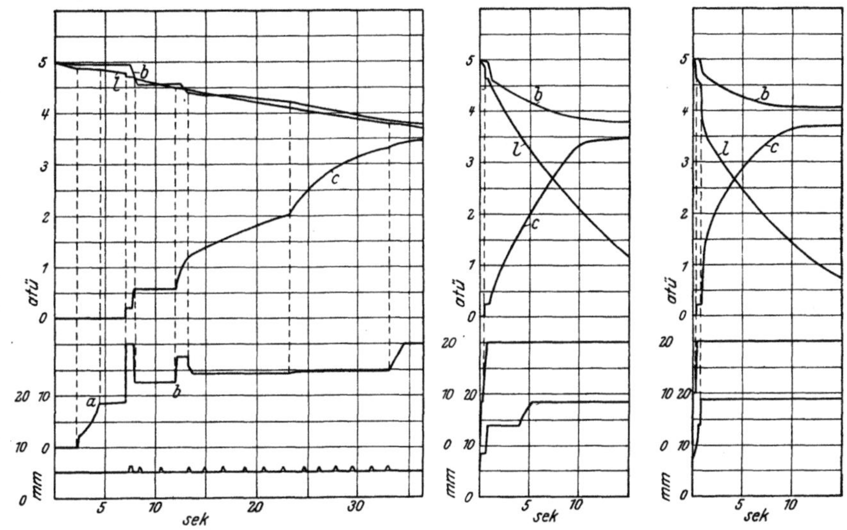

Abb. 71. Abb. 72. Abb. 73.

Abb. 71—73. Bremsvorgänge an der Kunze Knorr-Bremse für Personenzüge mit dem Beschleuniger nach Abb. 57. — Von den im unteren Teil der Schaubilder eingetragenen Kolbenwegkurven ist die obere die des Steuerventilkolbens, die untere die des Beschleunigerkolbens.

Das Verhalten der Kammer und des Beschleunigers ist aus den Druck- und Steuerkolben-Hub-Schaulinien der Kunze Knorr-Bremse für Personenzüge zu ersehen. Abb. 71 bis 73 zeigen die Schaulinien des KKP-Steuerventils mit dem Stoßventil-Beschleuniger nach Abb. 57. Beim Druckabfall von 0,2 Atm. in 6 Sek. (Abb. 71) ist zunächst zu bemerken, daß der Beschleunigerkolben durch die Feder f_1 schon vorher um 5 mm verschoben wird, so daß die Bohrung n verdeckt ist. Bei einem Druckabfall in der Leitung von ca. 0,12 Atm. fängt der Steuerkolben an, sich zu bewegen und bewegt sich langsam nach a, indem er bei diesem Hub sichtbar den Druckabfall in der Leitung verzögert. Die Reibung des großen Grundschiebers hält die Bewegung auf, bis bei einer Druckverminderung von ca. 0,2 Atm. in der Leitung der Grundschieber mitgenommen und durch die Wirkung der Übertragungskammer bis zu seinem Hubende gebracht wird. Dabei wird auch der Beschleunigerkolben bewegt und öffnet das kleine Ventil, wodurch sich der Druck der Steuerkammer des Beschleunigers mit dem der Leitung ausgleicht. Die Überströmung von

Druckluft aus der Kammer B des Zweikammerzylinders (siehe Abb. 216) in den Einkammerzylinder verursacht eine Abnahme des Druckes auch in dem Raum A unter den Leitungsdruck, so daß der Steuerkolben den Abstufungsschieber in Abschlußstellung zurückbringt. Das kleine Ventil v_1 des Beschleunigers öffnet sich dabei und bis zum Schluß des Bremsorgans wiederholt, um den Druck in der Steuerkammer des Beschleunigers immer wieder mit dem sinkenden Leitungsdruck auszugleichen. Bei b öffnet der Abstufungsschieber wieder den Weg von B nach C, um diesen je nach dem Druckunterschied zwischen A und der Leitung zu drosseln und wieder mehr zu öffnen.

Beim Druckabfall von 0,4 Atm. in 1 Sek. (Abb. 72) in der Leitung öffnet sich das Ventil v_1 des Beschleunigers ganz, so daß sich der Ausgleich zwischen der Steuerkammer und der Leitung schnell vollzieht. Das große Stoßventil wird erst geöffnet, nachdem der Druck im Bremszylinder bereits eine Höhe erreicht hat, die mit Rücksicht auf die Federbelastung des Rückschlagventils v_3 eine Überströmung von Leitungsluft zum Bremszylinder verhindert.

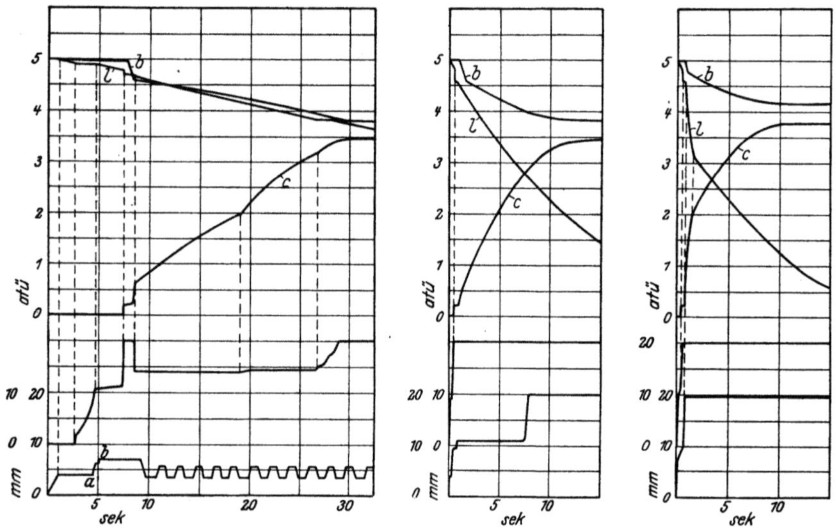

Abb. 74. Abb. 75. Abb. 76.

Abb. 74—76. Bremsvorgänge an der Kunze Knorr-Bremse für Personenzüge mit dem Beschleuniger nach Abb. 59.

Beim Druckabfall von 0,6 Atm. in 1 Sek. (Abb. 73) dagegen erkennt man zwar auch noch die voraufeilende Wirkung der Übertragungskammer, der Beschleuniger tritt aber auch voll in Wirkung. Bei Schnellbremsungen, bei denen der Druckabfall in der Leitung natürlich viel größer ist, fällt die Wirkung des Beschleunigers praktisch mit derjenigen der Übertragungskammer zusammen.

Der Schieberbeschleuniger (Abb. 59) arbeitet in etwas anderer Weise. Auch die Diagramme des bei beiden Ausführungen gleichen Steuerventils erscheinen etwas verschieden. Diese Verschiedenheit ist indes nur eine scheinbare und beruht darauf, daß sich der Steuerschieber im zweiten Falle zufällig bei der Rückbewegung gerade so eingestellt hat, daß die Druckabnahme im Raum A derjenigen in der Leitung annähernd parallel läuft.

Bei der Druckabnahme von 0,2 Atm. in 6 Sek. (Abb. 74) in der Leitung öffnet der Beschleunigerkolben zunächst das kleine Ventil v_a, findet dann bis zum Punkt a Widerstand am Schieber s, geht, diesen verschiebend, in die Stellung b, in welcher die Kammerluft ins Freie entweicht. Nach dem Ausgleich des Druckes zwischen der Kammer und der Leitung schließt er das Abstufungsventil, um es im weiteren Verlauf des Bremsvorganges mehrfach wieder so weit zu öffnen, als es der Druckausgleich zwischen Kammer und Leitung verlangt.

Bei der Druckabnahme von 0,4 und 0,6 Atm. (Abb. 75 und 76) in 1 Sek. erkennt man wie beim Ventilbeschleuniger die nacheinander eintretende Wirkung der Übertragungskammer und des Beschleunigers. Bei der Abnahme von 0,4 Atm. in 1 Sek. (Abb. 75) bewegt sich der Beschleunigerkolben erst in die Endlage, wenn der Druck im Bremszylinder schon ca. 3 Atm. erreicht hat, der Beschleuniger also keine Wirkung mehr hat, während die Wirkung bei stärkerem Druckabfall sofort einsetzt.

Wenn es darnach kaum bezweifelt werden kann, daß die Mitwirkung einer Übertragungskammer bei Einleitung jeder Betriebsbremsung sehr vorteilhaft ist und bei langen Zügen nicht entbehrt werden kann, so erscheint es sehr fraglich, ob diese Mitwirkung auch bei weiteren Bremsstufen erforderlich ist, bzw. günstig wirkt.

Die Beschleuniger von Lipkowski (Abb. 52 und 53) sind so eingerichtet, daß die Kammer bei jeder Bremsstufe mitwirkt. Indes zeigt schon der Beschleuniger nach Abb. 52 eine Unterscheidung zwischen der ersten Bremsstufe und den darauf folgenden Abstufungen, indem bei der ersten Stufe beide Kammern mitwirken sollen, bei den andern dagegen nur die eine.

Zur Beurteilung der Frage ist folgendes zu berücksichtigen:

1. Bei der ersten Bremsstufe ist ein verhältnismäßig großer Leitungsdruckabfall erforderlich. Da bei ihr zunächst einmal der vom Kolben im Bremszylinder freigelegte Raum aufgefüllt werden muß, bevor der Druck ansteigt, ist für den Bremsdruck von ½ Atm. im 10″ Bremszylinder mit 150 mm Kolbenhub ein Luftquantum von 11,85 l erforderlich, entsprechend einem Druckabfall im Hilfsluftbehälter von 5 auf 4,7 Atm. Für die Erhöhung des Druckes im Bremszylinder von ½ auf 1 Atm. dagegen ist nur ein Luftquantum von 4,2 l erforderlich, und der Druck im Hilfsluftbehälter sinkt von 4,7 nur auf 4,6 Atm. Für den ersten Bremsdruck von ½ Atm. muß man darnach den Leitungsdruck um 0,3 Atm., für die weiteren ½ Atm. dagegen nur um 0,1 Atm. ermäßigen.

2. Um den Steuerkolben aus der Lösestellung in die Bremsstellung zu bewegen, ist nicht nur die Reibung des Steuerkolbens und Abstufungsschiebers bzw. Ventils, sondern auch diejenige des Grundschiebers zu überwinden, während bei der Bewegung aus der Abschlußstellung in die Bremsstellung nur die Reibung des Kolbens und Abstufungsschiebers in Frage kommt.

3. In der Lösestellung wirkt die Füllnut und macht das Steuerventil unempfindlicher, während diese Nut in der Abschlußstellung ausgeschaltet ist.

4. Das Hubvolumen, welches von dem Steuerkolben verdrängt wird, ist bei der Bewegung aus der Abschlußstellung in die Bremsstellung viel kleiner als bei der Bewegung des Steuerkolbens aus der Lösestellung in die Bremsstellung.

Alle diese Momente wirken dahin, daß auch in den ungünstigsten Fällen die Steuerventile mit Sicherheit aus einer Bremsabschlußstellung in die Bremsstellung bewegt werden und man die Mitwirkung einer Übertragungskammer hierzu nicht nötig hat.

Im Gegenteil ist die Mitwirkung einer solchen Kammer unbedingt schädlich, da sie die weiteren Bremsstufen viel zu groß werden läßt.

Bei der Kunze Knorr-Bremse ist deshalb eine Einrichtung getroffen worden, die die bei der ersten Bremsstufe in die Übertragungskammer eingeströmte Druckluft in ihr festhält, bis die Bremse ganz gelöst ist, die Kammer also nur dann in Wirksamkeit treten kann, wenn wieder eine erste Bremsstufe in Frage kommt.

Zu diesem Zweck wird die Kammer in der Lösestellung des Steuerkolbens nicht unmittelbar mit der Außenluft in Verbindung gebracht, sondern dieser Weg wird durch ein Ventil beherrscht, welches durch den im Bremszylinder befindlichen Druck geschlossen gehalten wird.

Die Abb. 77 und 78 zeigen die hier in Betracht kommenden Teile und Verbindungen bei dem Steuerventil der Kunze Knorr-Bremse für Güterzüge in der Lösestellung des Steuerkolbens *k*.

Die Beschleunigungskammer *Ü* ist um die Schieberkammer *a* des Steuerventils angeordnet und hat bei $ü_1$ eine Öffnung nach dem Schieberspiegel des Grundschiebers *s*.

In der Bremsstellung des Steuerventils ist diese Öffnung $ü_1$ durch die winkelförmige Muschel e_2 im Grundschieber *s* mit einer Öffnung im Schieberspiegel und dadurch über

l_2, den Umstellhahn U_1 und l_1 mit der Leitung L verbunden; die Kammer füllt sich also mit Leitungsluft. In der dargestellten Lösestellung des Steuerventils ist die Kammer über $ü_1$, die Winkelnut e_2 und Kanal $ü_2$ mit dem Kanal c_1 verbunden. In diesem Kanal liegt das Ventil m, welches durch den Stufenkolben d so lange geschlossen gehalten wird, als in dem bei C angeschlossenen Bremszylinder noch ein gewisser Druck herrscht. Dieser Druck lastet über dem kleinen Kolben einerseits und andererseits durch Kanal c_4 in der Kammer c_5 von unten auf dem großen Kolben. Das Ventil m kann sich also erst öffnen, wenn der Druck in c_1 auf den kleinen Querschnitt des Ventils m größer ist als der im Bremszylinder herrschende Druck auf den großen wirksamen Querschnitt des Stufenkolbens d. Die Druckluft tritt dann nach c_2 über und entweicht mit der Bremszylinderluft über c_3, die Kanäle e_5, e_4 im Grundschieber, i_2 im Abstufungsschieber und o ins Freie. Die Ausströmung aus der Kammer $Ü$ beginnt bei den gegebenen Abmessungen erst bei ca. 0,5 Atm. im Bremszylinder, und die Kammer ist erst ganz entleert, wenn der Druck im Bremszylinder auf Null gesunken ist.

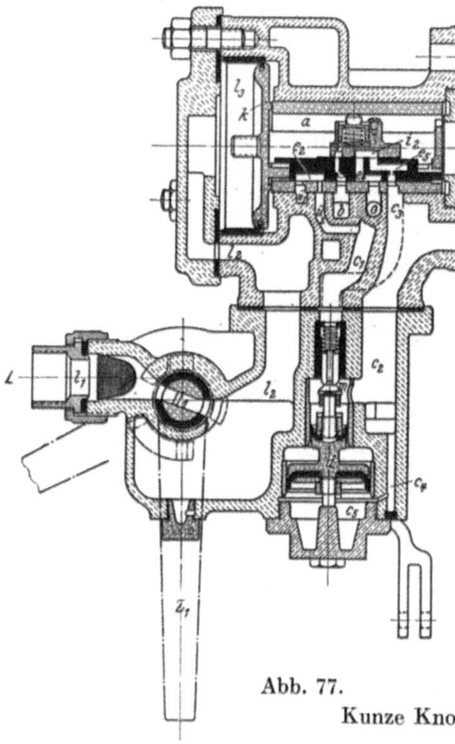

Abb. 77.

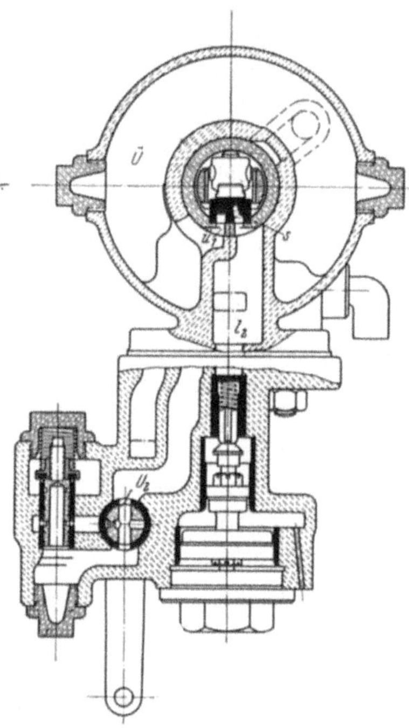

Abb. 78.

Kunze Knorr-Steuerventil für Güterzüge mit Übertragungskammer.

II. Die Bremsdruckschaulinie.

a) Die Form der Bremsdruckschaulinie bei der Personenzugbremse.

Die Form der Bremsdruckschaulinie, d. h. der Kurve, die den Anstieg des Bremsdrucks im Bremszylinder im Laufe der Zeit bei Schnellbremsungen darstellt (Abb. 79), ist bei dem einfachen Westinghouse-Steuerventil einerseits durch die Öffnung in dem Steuerschieber gegeben, welche die Verbindung zwischen dem Hilfsluftbehälter und dem Bremszylinder herstellt, und andererseits durch das Verhältnis des Inhalts des Hilfsluftbehälters zu dem des Bremszylinders bei angelegter Bremse. Dieses Verhältnis ist bei dem mittleren Kolbenhub von 150 mm so bestimmt, daß sich bei Druckausgleich in beiden Räumen ein Druck von ca. 3,7 Atm. ergibt. Hieraus geht ohne weiteres hervor, daß die Bremsdruckschaulinie bei anderem Kolbenhub eine andere Form annimmt. Der Ausgleichsdruck wird entsprechend dem Volumenverhältnis ein anderer, und die Füllzeit ändert sich nach den zu füllenden Räumen des Bremszylinders. Die Bremsdruckschaulinien, die sich beim größten Kolbenhub von 200 mm und beim kleinsten von 100 mm ergeben, sind ebenfalls in Abb. 79 aufgetragen. Darnach beträgt der Ausgleichsdruck, also der höchste Bremsdruck, bei 200 mm Kolbenhub ca. 3,4 Atm. und bei 100 mm Kolbenhub ca. 4,00 Atm. gegen 3,7 Atm. beim mittleren Hub von 150 mm. Die Füllzeiten, also die Zeiten, in welchen der höchste Bremsdruck erreicht wird, sind beim geringsten Bremskolbenhub ca. 5,3 Sek., beim größten ca. 8,5 Sek. gegen ca. 6,8 Sek. beim mittleren Hub.

Im Anfang des Bremsvorgangs steigt der Druck im Bremszylinder nur langsam an, entsprechend dem Druck der Feder auf der anderen Seite des Kolbens, bis dieser am Ende seines Hubs angelangt ist. Die dafür erforderliche Zeit ist natürlich ebenfalls von der Größe des Kolbenhubs abhängig. Sie spielt besonders bei schwachen Bremsungen eine große Rolle, wie in dem Abschnitt über die Regulierbarkeit der Bremse gezeigt werden soll.

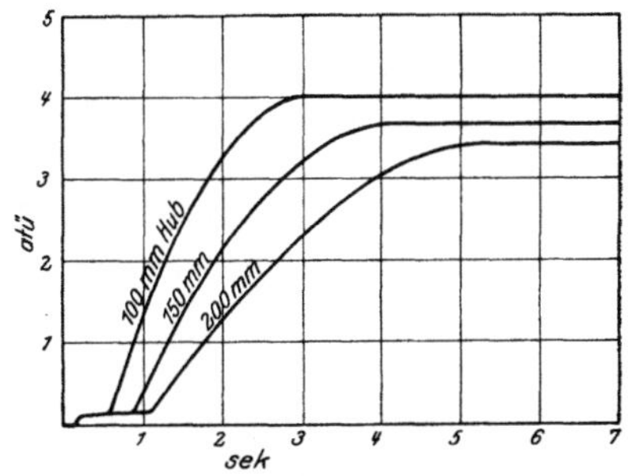

Abb. 79. Bremsdruckschaulinie des einfachen Steuerventils bei verschiedenen Hublängen des Bremskolbens.

Die Bremsdruckschaulinie der einfachen Westinghouse-Bremse wurde durch das schnellwirkende Steuerventil für Schnellbremsungen ganz wesentlich verbessert. Durch Zuhilfenahme der Leitungsluft zum Füllen des Bremszylinders bei Schnellbremsungen erhielt sie eine viel steilere Form und ermöglichte damit eine wesentliche Verkürzung der Bremswege. Der Durchgangsquerschnitt für die Überströmung der Leitungsluft in den Bremszylinder ist von dem Weg der vom Hilfsbehälter zum Zylinder strömenden Luft vollständig getrennt und so groß bemessen, daß vor allem die Zeiten für das Verdrängen des Bremskolbens wesentlich verkürzt worden sind. Das damit verbundene schnelle Heranbringen der Bremsklötze an die Räder ist besonders wichtig bei hohen Fahrgeschwindigkeiten, da der Bremsweg gerade durch den Zeitverlust bei Einleitung der Bremsung stark verlängert wird. Auch der Unterschied im Anstieg des Bremsdruckdiagrammes, der durch verschiedenen Kolbenhub bedingt ist, ist durch die Mitwirkung der Leitungsluft verringert worden, wie dies aus den Druckschaulinien Abb. 80 ersichtlich ist.

Gerade bezüglich des raschen Eintritts der Bremswirkung war die Zweikammerbremse der neuen Westinghouse-Bremse stark unterlegen und sie wurde deshalb verlassen.

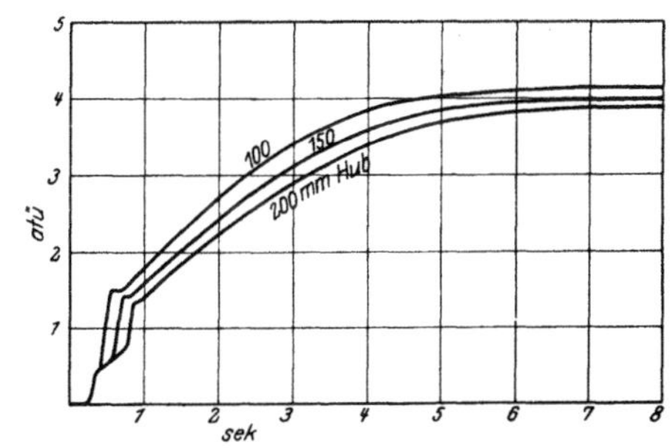

Abb. 80. Bremsdruckschaulinien der Westinghouse-Schnellbremse bei einer Schnellbremsung.

Für die Personen- und Schnellzüge blieb auch für die Folge der kürzeste Bremsweg das wesentlichste Ziel. Bei der immer weiter ansteigenden Fahrgeschwindigkeit war diese Rücksicht allein richtunggebend. Die Verwendung der Leitungsluft im Bremszylinder ermöglichte dabei nicht allein eine Verkürzung der Zeit bis zum Eintritt des vollen Bremsdrucks, sondern auch eine Erhöhung des Enddruckes bei mittlerem Kolbenhub von 3,7 auf 4,0 Atm. (siehe Abb. 80), so daß die Abbremsung der Fahrzeuge bei Schnellbremsungen nicht unwesentlich verstärkt wurde.

b) Vergrößerung des Bremsdruckes.

Mit Rücksicht darauf, daß die beste Bremswirkung dann vorhanden ist, wenn beim höchsten Bremsklotzdruck die Räder des Wagens noch immer auf den Schienen rollen, wurde dieser auf ca. 85% des auf den gebremsten Achsen ruhenden Leergewichts des Wagens festgesetzt.

In der Folge begnügte man sich mit dieser Abbremsung des Leergewichtes nicht.

1. Vergrößerung der Bremskraft mit Rücksicht auf erhöhte Fahrgeschwindigkeit.

Mit der Erhöhung der Fahrgeschwindigkeit auf 100 km in der Stunde und darüber hinaus wurden die Bremswege länger, als die Sicherungsanlagen es zuließen. Der mit steigender Umfangsgeschwindigkeit der Räder fallende Reibungskoeffizient zwischen dem Rade und dem Bremsklotz mußte durch Erhöhung des Bremsklotzdruckes ausgeglichen werden. Man suchte deshalb das abgebremste Gewicht für die höheren Fahrgeschwindigkeiten zu vergrößern unter Beibehaltung der normalen Abbremsung für die geringen Fahrgeschwindigkeiten.

Für die Erhöhung des Bremsdruckes standen drei Mittel zur Verfügung:

α) Vergrößerung des normalen Leitungsdruckes, damit des Hilfsbehälterdruckes und des Ausgleichsdruckes im Bremszylinder.

β) Vergrößerung des wirksamen Hilfsbehälterinhalts bei Schnellbremsungen und damit Erhöhung des Ausgleichsdruckes.

γ) Vergrößerung der Bremskolbenfläche bei Schnellbremsungen und damit des wirksamen Bremsdruckes durch Hinzufügung entsprechender Zusatz-Bremszylinder.

Zu α) Die Erhöhung des Leitungsdruckes zur stärkeren Abbremsung der Personenzüge mit höherer Fahrgeschwindigkeit ist bei den Bahnen der Vereinigten Staaten von Nordamerika in Gebrauch. Die Lokomotiven sind mit zwei Leitungsdruckreglern für 70 und 110 Pfund/Quadratzoll versehen, die abwechselnd eingeschaltet werden können, bzw. der eine Leitungsdruckregler ist so eingerichtet, daß er durch eine einfache Verstellung den Leitungsdruck entweder auf 70 oder 110 Pfund/Quadratzoll hält.

Um bei Verwendung des hohen Leitungsdruckes von 110 Pfund-Quadratzoll, der einer Erhöhung des Druckes im Bremszylinder um ca. 55% entspricht, die Räder nicht zum Gleiten zu bringen, wenn die Fahrgeschwindigkeit abnimmt, war mit der normalen Westinghouse-Schnellbremse ein Überdruck-Auslaßventil verbunden, wie es in Abb. 81 und 82 dargestellt ist.

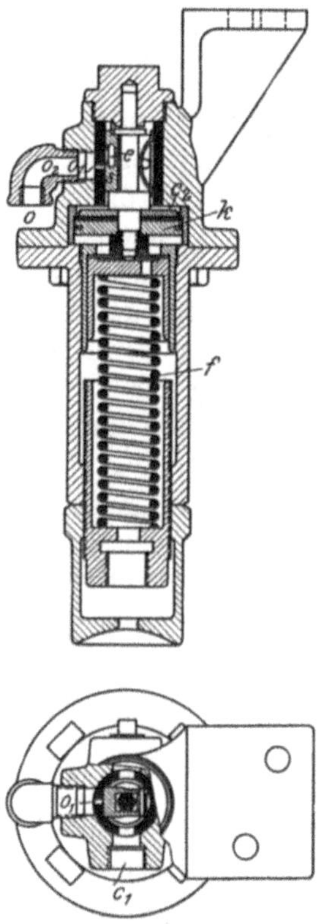

Abb. 81. Überdruckauslaßventil von Westinghouse.

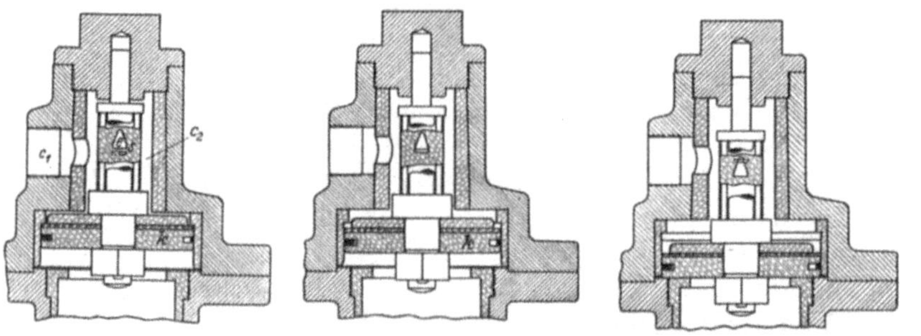

a b c

Abb. 82a—c. Überdruckauslaßventil von Westinghouse, Schieberstellungen.

Der Bremszylinder ist bei c_1 angeschlossen. Der Bremszylinderdruck dringt über den Kanal c_1 in den Raum c_2 über den Steuerkolben k, der den Auslaßschieber s bewegt. Von der Unterseite ist der Kolben k durch die Regulierfeder f belastet. Der Schieber s hat eine ständig mit dem Raum c_2 in Verbindung stehende Höhlung e, die nach der Gleitbahn zu eine dreieckige Öffnung zeigt. Die Gleitbahn hat einen Schlitz o_1, der über den Krümmer o_2 zur freien Luft führt.

In der in den Abb. 81 und 82a dargestellten Ruhelage steht der Kolben k in seiner obersten Endstellung und legt sich dort mit einer Lederscheibe dichtend an die Hubbegrenzung an. Der Schieber s schließt dabei den Schlitz o_1 vollständig ab. Bei Betriebsbremsungen, bei denen geringere Drücke im Bremszylinder auftreten, bleibt die Vorrichtung entsprechend der Spannung der Feder f unwirksam. Tritt dagegen bei einer Schnellbremsung der erhöhte Druck im Bremszylinder in Wirksamkeit, so wird der Kolben k in seine unterste Endstellung getrieben (Abb. 82c). Dabei wird der Schlitz o_1 so weit durch den Schieber überschliffen, daß er nur mit der Spitze der dreieckigen Höhlung e freigelegt wird. Die Druckluft des Bremszylinders entweicht deshalb zunächst nur sehr langsam über o_2 ins Freie. Mit abnehmendem Bremszylinderdruck erhält die Feder f das Übergewicht über ihn, verschiebt den Schieber s mehr und mehr nach oben und erweitert damit den Ausgang für die Bremszylinderluft bis dieser in der Stellung Abb. 82b seinen größten Wert erreicht. Die Druckverminderung erfolgt also zuerst langsam und dann immer schneller, bis sie plötzlich in dem Augenblick ganz unterbrochen wird, in dem der Bremszylinderdruck den Wert erreicht hat, bei dem die Räder auch bei geringer Fahrgeschwindigkeit nicht mehr zum Gleiten kommen. Der volle Bremsdruck kommt auf diese Weise zunächst längere Zeit voll zur Wirkung und wird dann gegen Ende der Bremsung entsprechend dem schnell steigenden Reibungswert rasch stark vermindert.

Bei dieser Einrichtung ist indes nicht der Tatsache Rechnung getragen, daß Schnellbremsungen nicht nur bei hohen, sondern auch bei mittleren und niedrigen Fahrgeschwindigkeiten gemacht werden. In diesen Fällen läßt das Überdruckventil den hohen Druck zu langsam aus, so daß die Räder zum Gleiten kommen müssen. Man hat deshalb bei der neuerdings als Norm eingeführten UC-Bremse (universal control) auf die Anwendung einer Auslaßvorrichtung ganz verzichtet und läßt bei den ja nicht sehr häufigen Schnellbremsungen die Räder schleifen.

Zu β) Die Vergrößerung des wirksamen Hilfsluftbehälterinhalts wurde von Knorr nach Abb. 83 vorgeschlagen und war bei Schnellzügen der Preußischen Staatsbahn versuchsweise im Betrieb. Zu der normalen Bremsausrüstung, bestehend aus dem Bremszylinder C, dem Hilfsluftbehälter B_1 und dem Steuerventil St_1 war ein zweiter größerer Hilfsluftbehälter und ein Hilfssteuerventil St_2 der Ausrüstung hinzugefügt. In diesem befand sich ein Steuerkolben k_2, der von der unteren Seite durch die Druckluft des Hilfsluftbehälters B_2, von der oberen Seite über L, l_1, l_2, Rückschlagventil v, l_3, Kanal l_4 und Leitung l_5 mit Leitungsluft beaufschlagt war. Die Füllung des Hilfsluftbehälters B_2 erfolgte über denselben Weg und über den lose eingedichteten Kolben k_2. Dieser besaß auf seiner Unterseite eine Ventilscheibe, die den Weg zum Bremszylinder absperrte.

Bei normalen Bremsungen blieb das Hilfsventil in Ruhe, die Druckluft für den Bremszylinder wurde aus dem normalen Hilfsluftbehälter entnommen. Bei Schnellbremsungen dagegen, bei denen der Steuerkolben k_1 in seine Endstellung ging, verband der Schieber s mit seiner Höhlung e zunächst den Raum über dem Steuerkolben k_2 über l_5, c_2 und c_3 mit dem Bremszylinder. Infolgedessen hob sich der Kolben k_2 und verband auch den Hilfsluftbehälter B_2 mit dem Bremszylinder über c_5, c_6 und c_3. Der Ausgleichsdruck in diesem wurde dadurch entsprechend dem wesentlich erhöhten Gesamtinhalt der Hilfsluftbehälter vergrößert. Der dabei erzielte Bremsdruck betrug ca. 12% mehr als der normale Höchstdruck.

Zur Herabminderung dieses Überdruckes wurde eine Einrichtung benutzt, die früher von Westinghouse im Prinzip erdacht, aber nicht benutzt worden war, und die den Bremsdruck direkt nach der veränderlichen Reibung zwischen Rad und Bremsklotz regelte. Zu diesem Zweck war ein Bremsklotz an einem Hebel t aufgehängt, der durch eine nach beiden Seiten wirkende Feder in seiner normalen Lage festgehalten wurde, solange die Reibung zwischen dem Bremsklotz und dem Rad nicht die Reibung zwischen Rad und Schiene überschritt. Um einseitig wirkende Gewichte usw. auszugleichen, wurde die Einrichtung von Knorr symmetrisch zur Achsmitte ausgebaut (Abb. 83).

Die Regulierfeder f_1 im Druckregler (Abb. 84) wirkte beiderseitig auf Federteller r_1, r_2, die sich einerseits gegen die Deckel des am Wagen befestigten Gehäuses d stützten, anderer-

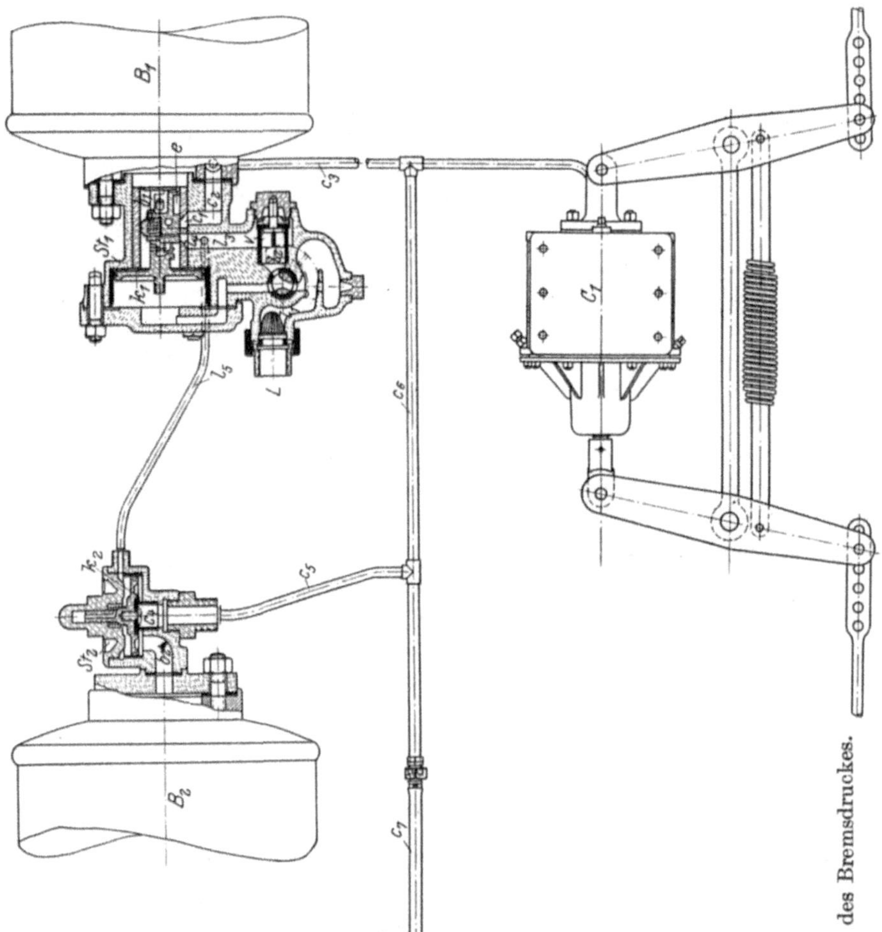
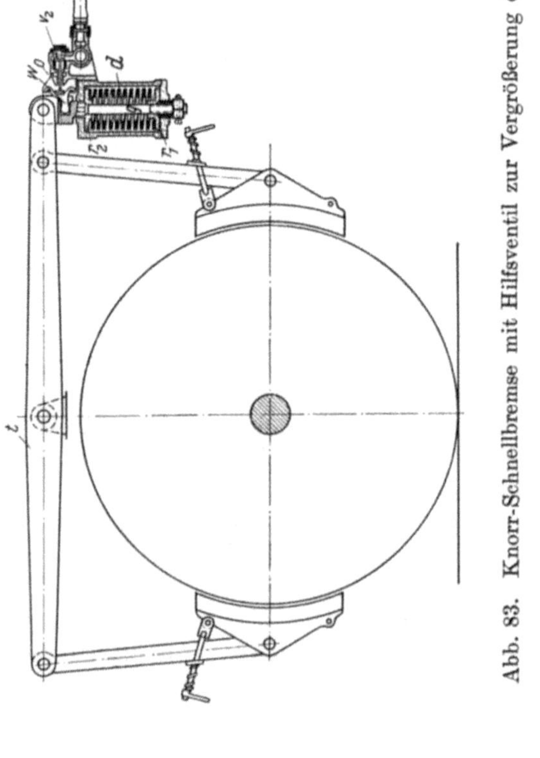

Abb. 83. Knorr-Schnellbremse mit Hilfsventil zur Vergrößerung des Bremsdruckes.

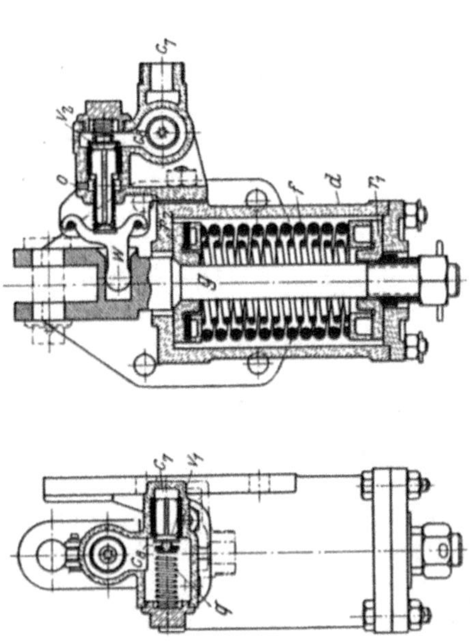

Abb. 84. Bremsdruckregler.

seits an entsprechenden Bünden der Spindel g anlagen. Diese Spindel endigte oben in einer Gabel, mit der der Doppelhebel t gelenkig verbunden war. Die Spindel wirkte durch einen Winkelhebel w derartig auf das Auslaßventil v_2, daß dieses geöffnet wurde, sobald die Spindel aus ihrer Normallage nach oben oder unten bewegt wurde. Bei c_7 war der Bremszylinder angeschlossen. Zwischen diesem und dem Auslaßventil v_2 war noch ein Rückschlagventil v_1 angeordnet, das durch die Feder q so belastet war, daß in dem Bremszylinder, auch wenn infolge der Trägheit des Druckreglers das Ventil v_2 offen blieb, noch ein Druck zurückgehalten wurde, der dem bei geringster Umlaufgeschwindigkeit des Rades noch zulässigen Reibungswert zwischen den Bremsklötzen und dem Rade entsprach.

Setzte bei hoher Fahrgeschwindigkeit der höchste Bremsdruck ein, so blieb die Einrichtung zunächst in Ruhe, bis mit abnehmender Fahrgeschwindigkeit die Reibung zwischen den Bremsklötzen und dem Rade anstieg und mit ihr die Kraft, die den Bremsklotz mitzunehmen suchte. Dann überwand diese Kraft den Druck der Feder f nach der einen oder anderen Richtung, der Fahrtrichtung entsprechend, die Feder f wurde zusammengedrückt, und die Spindel g bewegte sich und verstellte den Hebel w derart, daß das Ventil v_2 geöffnet wurde und die Druckluft des Bremszylinders über c_6, c_7, das Rückschlagventil v_1, Kanal c_8 und v_2 nach o ins Freie abließ. Auf diese Weise erhielt man am Radkranz eine annähernd gleichbleibende Bremskraft.

Setzte der höchste Bremsdruck bei geringer Fahrgeschwindigkeit ein, so trat die Einrichtung sofort in Tätigkeit, so daß der hohe Bremsdruck in dem Bremszylinder gar nicht erst zur Wirkung gelangen konnte. Ein Feststellen der Räder war somit bei dieser Einrichtung ganz vermieden.

Zu γ) Die Verwendung eines Zusatz-Bremszylinders zur Abbremsung der höheren Fahrgeschwindigkeit ermöglicht eine wesentlich größere Erhöhung der Bremskraft als die vorher erwähnten Einrichtungen. Die erste von der Preußischen Staatsbahn ausgeprobte und in Betrieb gebrachte Einrichtung dieser Art verwandte einfach zwei unabhängig voneinander arbeitende, aber an dieselbe Leitung angeschlossene und auf dasselbe Bremsgestänge wirkende Bremseinrichtungen St_1, B_1, C_1 und St_2, B_2, C_2, deren Bremszylinder miteinander in Verbindung standen (Abb. 85). Beide Einrichtungen wirkten auch bei den gewöhnlichen Betriebsbremsungen zusammen. Bei Schnellbremsungen und auch bei vollen Betriebsbremsungen verminderte der im vorigen Abschnitt beschriebene Druckregler D den Druck in beiden Bremszylindern C_1 und C_2 auf das der normalen Abbremsung entsprechende Maß, sobald die Fahrgeschwindigkeit auf etwa 30 km/Stunde gesunken und damit die Reibung zwischen Rad und Bremsklotz bis auf das noch zulässige Maß gestiegen war.

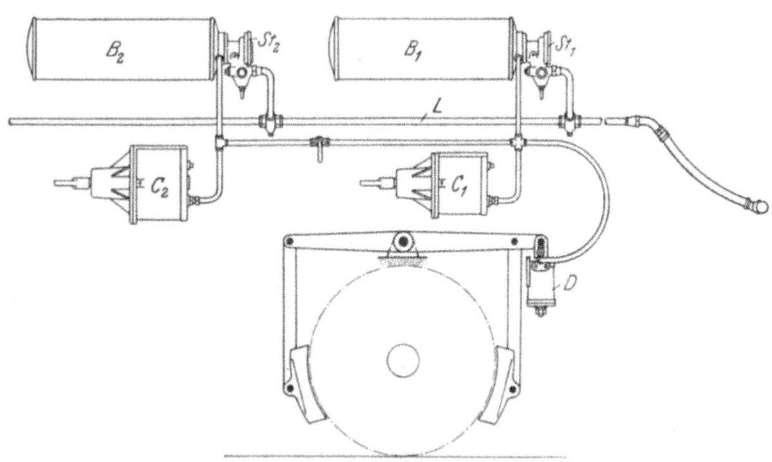

Abb. 85. Knorr-Schnellbremse mit Zusatzbremszylinder.

Durch Vergrößerung der Kolbenfläche wirkt auch die Einrichtung zur Erhöhung des Bremsdrucks bei der Kunze Knorr-Bremse für Schnellzüge (Abb. 86). Von den beiden, bei dieser vorhandenen Bremszylindern, dem Einkammer- und dem Zweikammerzylinder, ist der Einkammerzylinder C so bemessen, daß er allein die volle erhöhte Bremskraft ausübt. Der Zweikammerzylinder AB dagegen vermag nur die normale Bremskraft herzugeben. Da in der Schnellbremsstellung des Steuerventils St der Totraum B des Zweikammerzylinders über den Grundschieber s und den Abstufungsschieber v mit dem Einkammerzylinder C verbunden ist, tritt an die Stelle der erhöhten Bremskraft des Einkammerzylinders die verringerte des Zweikammerzylinders, wenn der Bremsdruckregler D, der Reibung zwischen Rad und Bremsklotz entsprechend, den Einkammerzylinder C und damit auch den Totraum B des Zweikammerzylinders entleert. Dies geschieht durch die gleiche Vorrichtung, die bei den vorigen Einrichtungen beschrieben wurde (Abb. 84), nur daß das federbelastete Rückschlagventil v_1 in der Entlüftungsleitung fehlt, so daß der Druck in B sowohl wie im Raum C auf 0 heruntersinken kann.

Der Vorgang bei einer Schnell- oder Vollbremsung bei höherer Fahrgeschwindigkeit spielt sich, wie folgt, ab:

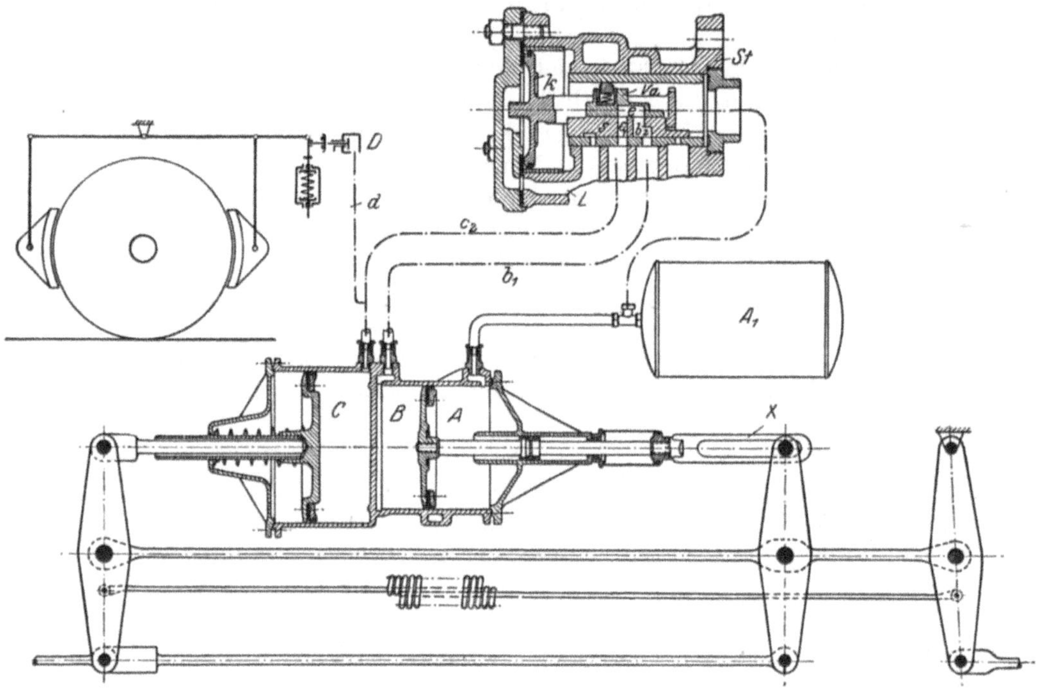

Abb. 86. Erhöhung der Bremskraft bei der Kunze Knorr-Bremse für Schnellzüge.

Bei starker Verminderung des Druckes in der Leitung L geht der Steuerkolben k im Steuerventil St in die dargestellte Endstellung und bleibt in dieser Stellung stehen. Dabei wird der Raum B über Verbindung b_1, die Öffnung b_2 im Grundschieber s, die Höhlung e im Abstufungsschieber v, die Öffnung c_1 des Grundschiebers und Verbindung c_2 mit dem Raum C des Einkammer-Bremszylinders verbunden. Der Druck in C gleicht sich mit dem in B aus und wirkt auf das Bremsgestänge, während der Kolben des Zweikammerzylinders unter Expansion des Druckes in A in die dargestellte Lage vorrückt, in der die Kulisse X noch nicht am Bremsgestänge anliegt. In diesem Zustand übt also allein der Einkammerzylinder die Bremswirkung aus. Sobald aber bei abnehmender Fahrgeschwindigkeit der Druckregler D zur Wirkung kommt, d. h. die Druckluft aus C über die Verbindung d ins Freie ausläßt, strömt die Druckluft aus C und damit auch aus B ab, und nun kommt die Kulisse X zum Anliegen an das Bremsgestänge. Ist alle Druckluft aus C und B ins Freie entwichen, so übt nur noch der im Raum A zurückgebliebene Druck die Bremswirkung aus.

Die Abbremsung durch den Einkammerzylinder beträgt 130%, die durch den Zweikammerzylinder ausgeübte 85% des Wagen-Leergewichts. Von einer Steigerung des

Bremsdruckes über 130% hinaus ist man wieder abgekommen. Der Gewinn an Bremsweg-Verkürzung steht über diese Grenze hinaus in keinem wirtschaftlichen Verhältnis zu der Mehrbelastung der Wagen, die durch die infolge der großen Bremskräfte erforderliche Verstärkung der Bremseinrichtungen und der Wagen selbst verursacht wird.

2. Vergrößerung der Bremskraft mit Rücksicht auf die Belastung.

Mit der Einführung einer durchgehenden Bremse bei Güterzügen stellte sich auch die Notwendigkeit heraus, die Bremskraft mit dem Ladegewicht zu erhöhen, da es sonst bei schwierigen Gefällen nicht möglich ist, die dafür erforderliche Bremskraft zu erzielen, insbesondere wenn z. B. der Zug aus lauter schwer beladenen Wagen besteht.

Die bei Güterwagen angewandten Mittel zur Erhöhung der Bremskraft entsprechen im großen und ganzen den für die Schnellbahnbremsen angewandten. Nur ein Bremskraftregler kommt in Wegfall, da das abgebremste Gewicht 85% des Wagengewichts nicht übersteigt.

α) Die Erhöhung des normalen Leitungsdruckes von 5 Atm. auf 7 Atm. war schon lange als ein einfaches Mittel benutzt worden, um unter bestimmten Verkehrsbedingungen, so bei der Beförderung von Erzen und Kohle, die in einer Richtung nur mit beladenen, in der anderen nur mit leeren Wagen fahrenden Züge entsprechend höher bzw. niedriger abzubremsen. Man hat auch für die leeren Wagen den Leitungsdruck bis auf 3 Atm. heruntergesetzt und damit eine Spanne gewonnen, durch die man selbst den ungünstigsten Verhältnissen zwischen Leer- und Ladegewicht Rechnung tragen kann.

β) Bei aus leeren und beladenen Wagen gemischten Zügen muß die Ladung durch Zuschalten von Bremszylinderfläche berücksichtigt werden.

Bei den Kleinbahnen der Schweiz war es schon lange üblich, bei direkter Bremse einen zweiten Bremszylinder anzuordnen, oder bei Zweikammerbremse und automatischer Einkammerbremse einen zweiten Bremsapparat, der auf dasselbe Bremsgestänge wirkte und am beladenen Wagen eingeschaltet wurde.

Bei der Kunze Knorr-Bremse für Güterzüge steht zur Abbremsung des Ladegewichts der im übrigen ein Regulierorgan bildende Zweikammerzylinder zur Verfügung.

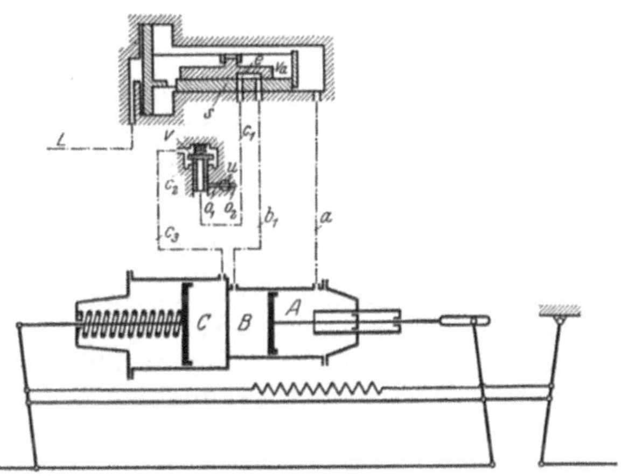

Abb. 87. Kunze Knorr-Bremse für Güterzüge. Abbremsung des Ladegewichts durch den Zweikammerzylinder.

Die Abb. 87 zeigt die Anordnung schematisch in Bremsstellung. Beim leeren Wagen ist der Umstellhahn u geschlossen. Der Raum B des Zweikammerzylinders steht über b_1, e, c_1, die Bohrung c_2 des Zwischenventils v und c_3 mit dem Raum C in Verbindung. Hat sich der Druck zwischen beiden Räumen ausgeglichen, dann ist der Höchstwert der für den leeren Wagen berechneten Bremskraft erreicht. Zwar senkt sich das Ventil v und verbindet damit den Raum B mit dem zum Hahn u führenden Kanal o_1; die Druckluft kann indes nicht entweichen. Der Kolben des Zweikammerzylinders wirkt dabei nicht mit, da seine Kulisse noch nicht mit dem Bremsgestänge in Berührung gekommen ist.

Bei beladenem Wagen dagegen ist der Umstellhahn u geöffnet. Sobald sich daher der Druck zwischen den beiden Räumen B und C ausgeglichen und sich das Zwischenventil v gesenkt hat, entweicht die noch im Raum B eingeschlossene Luft über die Schieber s und v_a des Steuerventils, die Bohrung o_1 des Zwischenventils und den Umstellhahn nach o_2 ins Freie. Die Kulisse des Zweikammerkolbens legt sich an das Bremsgestänge, und nach vollständigem Entweichen des Druckes aus B wirkt der Druck im Raum A mit dem Druck im Raum C zusammen auf das Bremsgestänge ein.

Die dadurch erzielte Erhöhung der Bremskraft beträgt 61% der Bremskraft für den leeren Wagen.

Wenn das Ladegewicht des Wagens im Verhältnis zu seinem Leergewicht sehr groß ist und deshalb die Erhöhung der Bremskraft durch Mitwirken des Zweikammerzylinders nicht ausreicht, wird der Kunze Knorr-Bremse normaler Bauart ein zweiter Einkammerzylinder zugeschaltet und gleichzeitig der Raum B durch Zuschalten eines einfachen Behälters entsprechend vergrößert. Abb. 88 gibt ein Gesamtbild dieser Anordnung. Die normale Bremsausrüstung besteht aus dem Einkammer-Bremszylinder C_1, dem Zweikammerzylinder $A\,B_1$ mit an A angeschlossenem Vergrößerungsbehälter und dem Steuerventil *St*. Zwischen dieses und den normalen Bremszylinder ist das Zwischenstück Z eingeschoben, welches die Verbindungen mit dem Zusatzbremszylinder C_2 und dem Zusatzbehälter B_2 enthält. Durch die Umschaltwelle W, die von der Außenseite

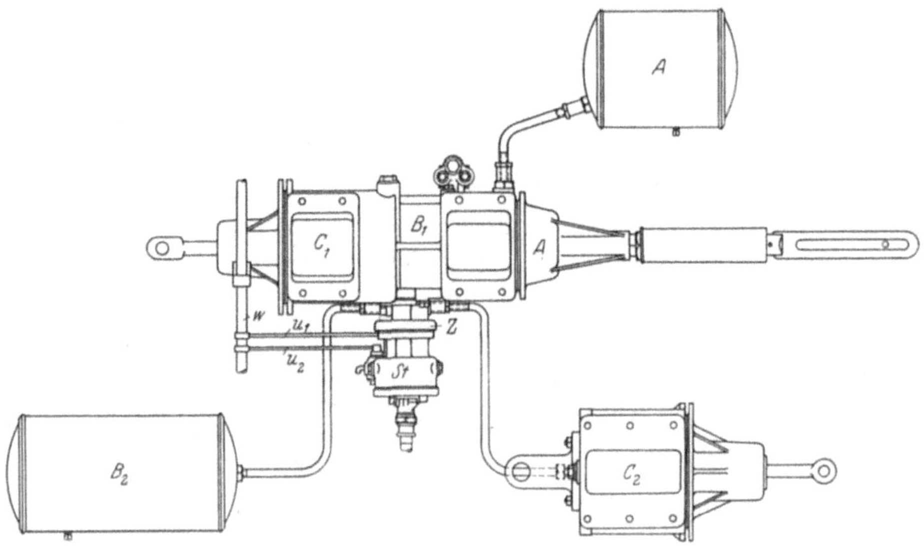

Abb. 88. Kunze Knorr-Bremse für Güterzüge. Abbremsung von hohen Ladegewichten.

des Wagens zu bedienen ist, und die Umsteuerstangen u_1 und u_2 werden zwei in dem Zwischenstück Z angeordnete Hähne bedient, durch die die Zusatzteile ab- oder zugeschaltet werden können. Durch entsprechende Bemessung des Zylinders C_2 und des Behälters B kann auch das größte Ladegewicht restlos abgebremst werden.

Bei der neuesten Form der Westinghouse-Güterzugbremse, wie sie in den Monaten März und April 1926 in Italien und am Gotthard von den französischen Eisenbahnverwaltungen der zur Prüfung der Bremsfrage gebildeten Sonderkommission der Internationalen Eisenbahn-Union vorgeführt wurde, wurde nach amerikanischem Muster eine Verbindung des Zusatz-Bremszylinders mit dem normalen Bremsapparat gewählt, die eine Vergrößerung des Bremsbehälterraumes überflüssig machte. Der Zusatz-Bremszylinder tritt erst in Tätigkeit, wenn der Hauptbremszylinder, dessen Größe dem Leergewicht des Wagens entspricht, seinen vollen Hub vollendet hat und damit die Bremsklötze schon mit einem gewissen Druck an den Rädern anliegen. Die Verbindung des Kolbens des Zusatz-Zylinders mit dem Bremsgestänge geschieht dann mittels eines Zahnstangen-Gesperres (Abb. 89). Bei gelöster Bremse ist die im Kopf p der hohlen Kolbenstange gelagerte Sperrklinke r durch den Stift q gegen den Druck der Feder f_2 außer Eingriff mit der gezahnten Druckstange d gebracht, indem die Kolbenrückdruckfeder f_1 den Druck der Feder f_2 überwindet. Sobald dagegen der Bremskolben gegen den Druck der Feder f_1 vorgeht, rückt die Feder f_2 die Sperrklinke r in die Zahnstange ein und verbindet damit den Kolben des Zusatzzylinders mit der Druckstange d und da-

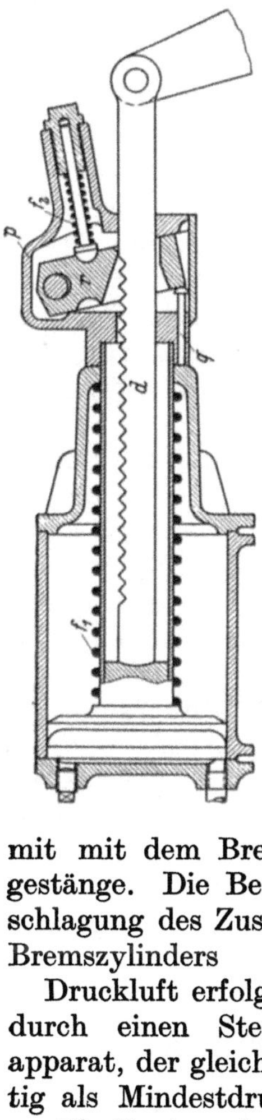

Abb. 89. Zusatzbremszylinder der Westinghouse-Güterzugbremse.

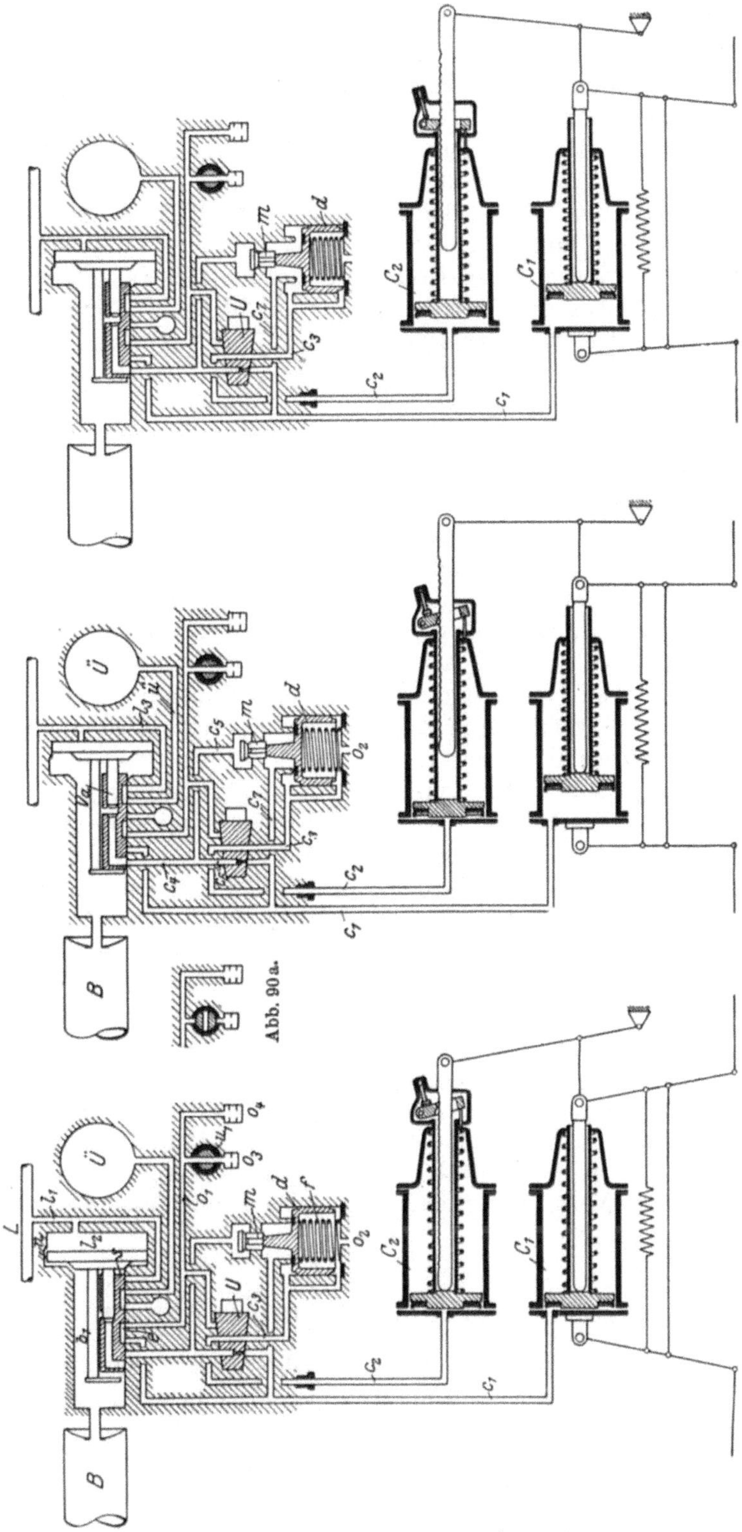

Abb. 90. Abb. 90a. Abb. 91. Abb. 92.

Abb. 90—92. Westinghouse-Güterzugbremse mit Zusatzbremszylindern.

mit mit dem Bremsgestänge. Die Beaufschlagung des Zusatz-Bremszylinders mit Druckluft erfolgt durch einen Steuerapparat, der gleichzeitig als Mindestdruckventil dient und erst dann Druckluft aus dem Hilfsluftbehälter in den Zusatz-Bremszylinder treten läßt, wenn im Hauptbremszylinder ein Druck von etwa $^1/_2$ Atm. erreicht ist.

Aus den Abb. 90—92 ist die Wirkungsweise der Einrichtung ersichtlich. Das schematisch dargestellte Steuerventil entspricht im allgemeinen dem einfachen Westinghouse-

Ventil mit einer einzigen Bremsstellung und einer Übertragungskammer *Ü* zur Fortpflanzung der Bremswirkung in einem langen Zuge (Abb. 115—118).

In der Lösestellung (Abb. 90) tritt Leitungsluft von L über l_1 nach l_2 und über die Nut n nach b_1 und in den Hilfsbehälter B. Der Hauptbremszylinder C_1 ist auf dem normalen Wege über c_1, die Nut e im Grundschieber s und Kanal o_1 entlüftet. Die Entlüftung des Zusatz-Zylinders C_2 dagegen erfolgt über c_2, den Umschalthahn U, Kanal c_3 und den Raum o_2 unter dem Stufenkolben d, der durch die Feder f in seiner oberen Lage festgehalten ist, da der Raum über dem Stufenkolben d und über dem Ventil m ebenfalls über c_1 und e nach o_1 entlüftet ist.

Wird zum Zweck einer Bremsung Leitungsluft ausgelassen, so geht der Steuerkolben des Steuerventils in die Bremsstellung (Abb. 91). Dabei verbindet das geöffnete Abstufungsventil v_a den Behälter B einmal über den Kanal c_4—c_5 und das weit geöffnete Ventil m und außerdem über eine Düse c_6 im Umschalthahn U und Kanal c_1 mit dem Hauptbremszylinder C_1. Dessen Bremskolben wird vorgeschoben, dagegen bleibt der Zusatzzylinder C_2 auf dem vorher gekennzeichneten Weg über c_2, c_3, o_2 noch mit der freien Luft verbunden.

Der im Zylinder C_1 sich einstellende Luftdruck herrscht auch über c_1, c_7 in dem Raum über dem Stufenkolben d. Sobald dieser Druck so weit angestiegen ist, daß seine Wirkung auf die kleine Kolbenfläche des Stufenkolbens d die Spannung der Feder f übersteigt, wird der Stufenkolben in seine unterste Endlage gerückt (Abb. 92). Die Verbindung des Zusatz-Bremszylinders mit der freien Luft wird dabei unterbrochen, und dieser wird über die Kanäle c_4, c_7, c_3, den Umschalthahn U und Kanal c_2 mit Druckluft von der im Zylinder C_1 herrschenden Spannung gefüllt. Der Bremskolben des Zusatz-Zylinders wird vorgeschoben und wirkt durch Einfallen der Sperrklinke gemeinsam mit dem Hauptbremszylinder auf das Bremsgestänge.

Da sich das Ventil m schließt, sobald der Stufenkolben d in seine unterste Stellung überführt wird, erfolgt die weitere Überströmung von Druckluft in die beiden Bremszylinder C_1 und C_2 nur noch langsam über die im Umstellhahn U vorgesehene Düse.

Da der Kolben des Zusatz-Bremszylinders C_2 nur einen kurzen Hub zurückzulegen hat, ist mit dieser Einrichtung eine entsprechende Luftersparnis verbunden. Es ist indes fraglich, ob sie dauernd so zuverlässig wirkt, daß die damit in Kauf zu nehmenden Komplikationen durch den Vorteil aufgewogen werden.

Durch entsprechende Einstellung des Umschalthahnes U kann die Mitwirkung des Zusatz-Zylinders ein- bzw. ausgeschaltet werden.

γ) Außer der Anpassung der eigentlichen Bremsapparate an das Ladegewicht ist auch häufig eine Veränderung der Übersetzung im Bremsgestänge angewandt worden, um die Bremskraft dem Wagengewicht entsprechend zu verändern. Diese Einrichtungen seien hier nur der Vollständigkeit halber erwähnt, da sie bis jetzt nur bei Kleinbahnen Verbreitung gefunden haben und aus dem Rahmen der vorliegenden Abhandlung fallen.

c) Die Bremsdruckschaulinie für die Güterzugbremse.

Während nach Vorstehendem die Höhe des Bremsdruckdiagrammes, d. h. der höchste im Bremszylinder zur Wirkung kommende Luftdruck für Personenzüge wie für Güterzüge gleich gehalten oder beliebig verändert werden kann, wenn nur dafür gesorgt wird, daß der Bremsklotzdruck diejenige Stärke nicht erreicht, bei der ein Feststellen der Räder zu befürchten ist, ist das bei den Personenwagen gebräuchliche Tempo des Bremsdruckanstiegs bei Güterzügen nicht anwendbar.

Bei den Versuchen, die selbsttätige Druckluftbremse auch für lange und lose gekuppelte Güterzüge zu benutzen, zeigte es sich bald, daß bei diesen die Rücksicht auf den kürzesten Bremsweg zurücktreten mußte gegenüber der Notwendigkeit, den Zug stoßlos zum

Halten zu bringen. Bei Verwendung einer steil ansteigenden Bremsdruckschaulinie sind die Bremsen im vorderen Zugteil schon mit voller Kraft angezogen, lange bevor am Zugende die Bremswirkung einzusetzen beginnt. Der hintere Teil des Zuges läuft deshalb auf den vorderen auf und die Reaktion der dabei zusammengepreßten Pufferfedern führt zu Zugzerreißungen. Die Durchschlagszeit, d. h. die Zeit, die von der Einleitung einer Bremsung bis zum Ansprechen der Bremse am letzten Wagen des Zuges vergeht, kann aber, wie aus dem Abschnitt I ersichtlich ist, ohne Verwendung elektrischer Hilfsmittel nicht unter ein bestimmes Maß gekürzt werden, und diese Kürzung reicht bei steil ansteigendem Bremsdruck nicht aus, um das Auflaufen der Wagen zu verhindern. Man hat deshalb versucht, das sich in der Leitung bei Schnellbremsungen einstellende Druckgefälle zu einer Beeinflussung der entsprechend eingerichteten Steuerventile derart zu benutzen, daß der Eintritt der Bremswirkung im vorderen Zugteil verzögert wird. Schon Schleifer hat eine derartige Vorrichtung angewandt (siehe Abb. 18 und Seite 15). Dieses Mittel ist indes nicht ausreichend, da es sich der Form des Druckgefälles entsprechend nur an einer ganz beschränkten Zahl von Apparaten des vorderen Zugteils bemerkbar macht.

1. Die Streckvorrichtung von Knorr.

Eine andere Vorrichtung wurde bei den Versuchen zur Ausbildung der Güterzugbremse von Knorr mit einigem Erfolg angewandt, eine sogenannte Streckvorrichtung. Um den Zug beim Bremsen in gestreckten Zustand zu versetzen und zu erhalten, wurde durch Umstellen eines Hahns die Bremsvorrichtung des letzten Wagens so abgeändert, daß dort der Bremsdruck wesentlich schneller anstieg als an den übrigen Wagen des Zuges.

Die Einrichtung ist in den Abb. 93—95 dargestellt. Die Abb. 93a—d zeigen die Stellung des Umstellhahns am Schlußwagen, die Abb. 94 und 95 dagegen diejenige an den Bremswagen des Zuges und zwar Abb. 94 bei Betriebsbremsungen und Abb. 95 bei Schnellbremsungen.

Das eigentliche Steuerventil entspricht in seinem Aufbau dem auf Seite 15—17 und Abb. 21—25 beschriebenen Steuerventil der Knorr-Bremse mit dem Unterschied, daß die beiden Kanäle d_1 und g für die vom Hilfsluftbehälter bzw. von der Leitung kommende Druckluft hinter dem Schieber auf dem Wege zum Bremszylinder nicht zusammengeführt sind, sondern getrennt in den Umstellhahn U_2 münden. Dieser Hahn ist in einem besonderen, mit dem Hilfsluftbehälter B zusammengegossenen Zwischenstück angeordnet, das außerdem die Übertragungskammer $\ddot{U}$ enthält. Der Hahn enthält die Bohrungen i_1 und i_2 mit der Nut i_3 sowie die Düsen x und y, durch die die Kanäle d_1 und g mit der Kammer $\ddot{U}$ über $\ddot{u}_1$ und mit dem Bremszylinder über c verbunden werden können.

In der Stellung, die der Hahn an den Bremswagen des Zuges einnimmt (Abb. 94 und 95), kann die Luft des Hilfsluftbehälters beim Übergang des Steuerkolbens k in Betriebsbremsstellung ungedrosselt in die Kammer $\ddot{U}$ einströmen. Bei Betriebsbremsungen wird der Steuerkolben deshalb durch die rasche Verminderung des Hilfsbehälterdruckes in der Betriebsbremsstellung festgehalten (Abb. 94). Die Druckluft strömt außerdem durch die Düse y in den Bremszylinder, und die Bremsen legen sich langsam an. Am Schlußwagen dagegen ist der Kanal d_1 durch den Hahn U_2 abgesperrt. Der Steuerkolben geht daher sofort in die Schnellbremsstellung über (Abb. 93c) und verbindet dabei die Leitung über $l_1, U_1, l_4, v, l_5\, e_2, g, i_2, i_1$ und c ungedrosselt mit dem Bremszylinder. Im Bremszylinder des letzten Wagens steigt der Druck schnell stark an; die Bremse an diesem Wagen wird viel kräftiger angezogen als an den übrigen Wagen des Zuges. Sie hält den Schlußwagen gegen diese zurück und streckt den Zug.

Durch das Abströmen der Leitungsluft in den letzten Bremszylinder und außerdem in die Kammer $\ddot{U}$ des letzten Steuerventils (über die Düse x) entsteht eine neue Druckverminderung in der Leitung, die die inzwischen in Abschlußstellung gegangenen Steuerventile der vorhergehenden Wagen wieder in Bremsstellung bringt. Die dadurch hervorgerufene Verstärkung der Bremswirkung geht vom Zugschluß aus und trägt dazu bei, den Zug zu strecken.

Bei Schnellbremsungen gehen auch die Steuerventile am Zuganfang in die Schnellbremsstellung. Infolgedessen strömt die Leitungsluft an diesen Wagen über den vorher

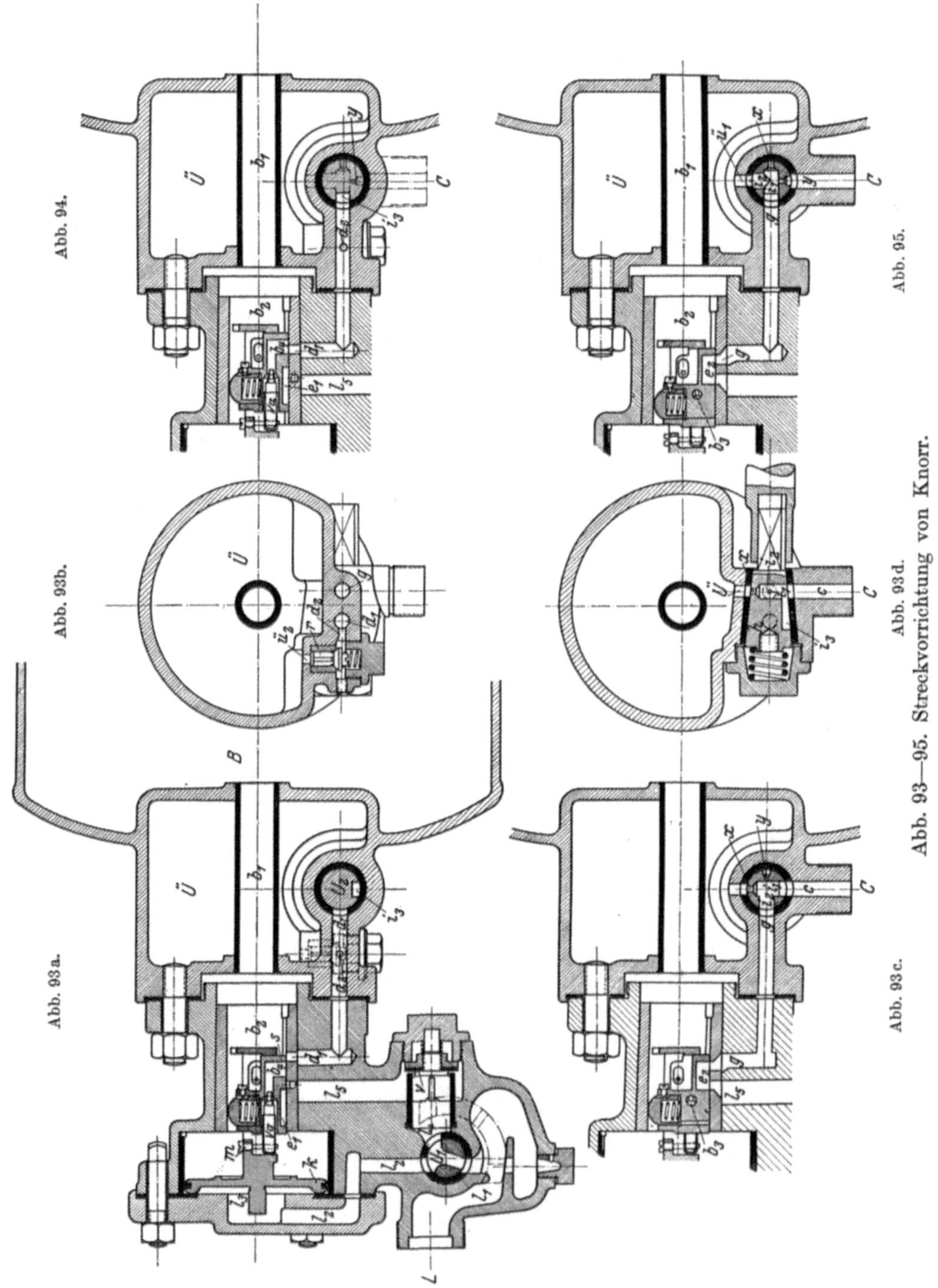

Abb. 94. Abb. 93b. Abb. 93a. Abb. 95. Abb. 93d. Abb. 93c.

Abb. 93—95. Streckvorrichtung von Knorr.

gezeichneten Weg (Abb. 95) bis zum Umstellhahn U_2, von dort aber nur über die enge Düse y zum Bremszylinder, zur Kammer $\ddot{U}$ dagegen durch den großen Kanal i_2 und $\ddot{u}_1$. Gleichzeitig tritt auch Hilfsbehälterluft in den schwach freigelegten Kanal d_1 (siehe Schieberstellung Abb. 93a) über und gelangt von da über i_3, i_1, i_2, $\ddot{u}_1$ ebenfalls zu

Kammer *Ü* und über *y* zum Bremszylinder. Der Leitungsdruck wird durch das Abströmen in die Kammer *Ü* auch an den Wagen des Zuges stark vermindert, so daß sich die Bremsung durch den Zug schnell fortpflanzt. Am Schlußwagen ist die Wirkung genau die gleiche wie bei der Betriebsbremsung.

Beim Lösen der Bremsen steuern die Steuerventile an den Wagen des Zuges bei Erhöhung des Leitungsdruckes sofort in die Lösestellung um, und die Druckluft des Bremszylinders gelangt dann durch die drosselnde Düse y, den Kanal d_1 und Schieberhöhlung e_1 zur Atmosphäre. Da am Schlußwagen dagegen der Hilfsluftbehälter noch den vollen Anfangsdruck aufweist, kann der Steuerkolben erst in Lösestellung gelangen, wenn die Leitung wieder annähernd voll aufgefüllt ist. Die Druckluft wird also am Schlußwagen im Bremszylinder zurückgehalten, so daß der Zug auch beim Lösen gestreckt erhalten wird. Die Entlüftung der Kammer *Ü* erfolgt am Schlußwagen über Kanal $ü_2$, Rückschlagventil r und Kanäle d_2 und d_1 auf demselben Wege wie die Entlüftung des Bremszylinders.

Alle Betriebsbremsungen und die Schnellbremsungen aus hohen Fahrgeschwindigkeiten verliefen bei dieser Einrichtung vollkommen stoßlos; für die Schnellbremsungen aus geringeren Fahrgeschwindigkeiten dagegen genügte die Streckvorrichtung nicht, da sie zu spät zur Wirkung kam.

2. Die gestreckte Bremsdruckschaulinie für Güterzüge.

Als einziges zuverlässiges Mittel, um stoßloses Bremsen langer, lose gekuppelter Züge zu erreichen, wurde schließlich eine starke Verlangsamung des Bremsdruckanstiegs im ganzen Zug erkannt. Nur dadurch war es möglich, den Unterschied zwischen den Bremsdrücken im vorderen und hinteren Teil des Zuges zu verringern und das Auflaufen und nachfolgende gefährliche Strecken des Zuges abzuschwächen.

Es war aber nicht möglich, diese Verlangsamung des Bremsdruckanstiegs durch einfaches Verengen des Durchgangsquerschnittes zwischen dem Hilfsluftbehälter und dem Bremszylinder zu erreichen.

Die Ledermanschette des Bremszylinders ist nur dicht bei einem gewissen, wenn auch geringen Anpressungsdruck. Selbst die Entfernung der bis dahin gebräuchlichen, um den Bremskolben herumführenden Nut im Bremszylinder, die in der Lösestellung des Bremskolbens durch Undichtigkeiten in den Bremszylinder gelangende Druckluft abführen sollte, ist nicht ausreichend, um den am Ende eines langen Zuges außerordentlich langsam ansteigenden Bremsdruck zur Entwicklung kommen zu lassen.

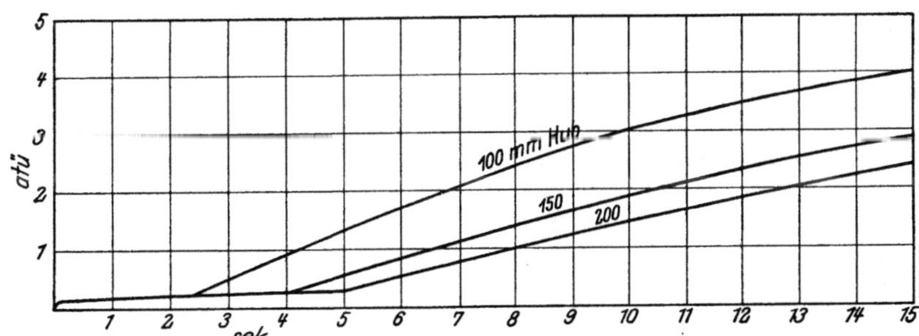

Abb. 96. Bremsdruckanstieg bei stark gedrosseltem Einlaß in den Bremszylinder.

Außerdem ist zu berücksichtigen, daß der Hub der verschiedenen Bremszylinder eines Zuges zwischen 100 und 200 mm schwankt und gerade die Füllung des Leerhubes eine sehr große Luftmenge verlangt. Die Abb. 96 zeigt, wie der Anstieg des Bremsdruckes bei den verschiedenen Hüben verlaufen würde, wenn man den Eintritt der Druckluft in den Bremszylinder von Anfang an drosselte. Stellt man sich vor, daß sich die Wagen mit kurzem Bremskolbenhub zufällig in der ersten Zughälfte, die mit dem langen Hub in der zweiten Zughälfte befinden, so ist ohne weiteres zu sehen, daß diese viel später gebremst und mit großer Wucht auf jene auflaufen würden. Es sind daher besondere Einrichtungen erforderlich, um den ersten

Anstieg des Bremsdruckes zu beschleunigen, den weiteren Anstieg dagegen so zu verlangsamen, daß der Höchstbremsdruck im vorderen Zugteil erst erreicht wird, wenn er auch im hinteren Zugteil eine Höhe erlangt hat, die ausreicht, um das Auflaufen der Wagen genügend abzuschwächen.

Der für die Güterzugbremse zu erstrebende Bremsdruckanstieg muß demnach in zwei Abschnitten vor sich gehen.

In dem ersten Abschnitt muß die Druckluft dem Bremszylinder schnell zuströmen, so daß der vom Bremskolben freigelegte Zylinderraum rasch angefüllt wird und dabei der Bremsdruck in steilem Diagramm auf einen Betrag steigt, der einem schwachen Anpressen der Bremsklötze entspricht.

In dem zweiten Abschnitt soll der Bremsdruck langsam weiter steigen, bis sich die beabsichtigte Bremswirkung eingestellt hat.

d) Die Mittel zur Erzielung des Güterzug-Diagramms.

1. Das Mindestdruckventil mit Federschluß von Westinghouse.

Um diesen Verlauf der Bremsdruckentwicklung zu erreichen, wurde von der Westinghouse-Gesellschaft in den Weg zum Bremszylinder ein sich nach diesem öffnendes Rückschlagventil eingeschaltet, welches durch eine Feder so belastet war, daß es sich schloß, wenn im Bremszylinder ein bestimmter Druck erreicht war, der dem Anlegen der Bremsklötze an die Räder entsprach. Die weitere Überströmung zum Bremszylinder erfolgte durch eine feine, das Rückschlagventil umgehende Düse.

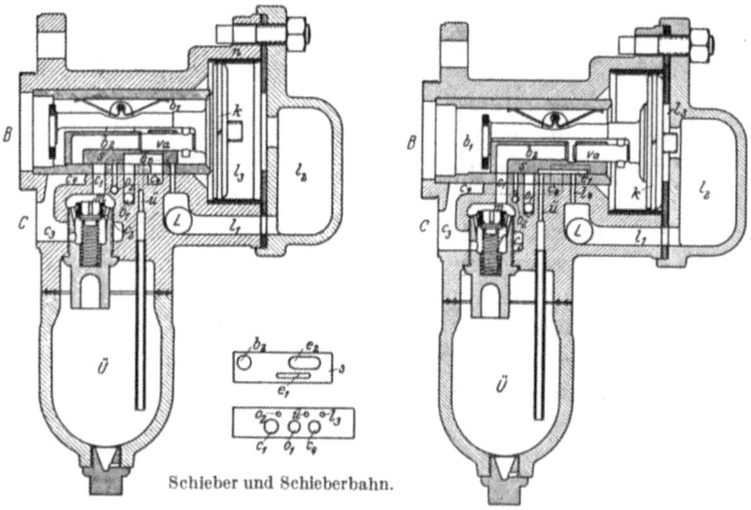

Abb. 97. Abb. 98.
Güterzugsteuerventil mit Mindestdruckventil von Westinghouse.

Die Abb. 97 und 98 zeigen dieses Ventil in Löse- und Bremsstellung.

In der Lösestellung des Steuerventils (Abb. 97) tritt die Luft aus der Leitung bei L ein, gelangt über l_1, l_2 in Kammer l_3 und von dort über die Empfindlichkeitsnut n in die Steuerkammer b_1 und den Hilfsluftbehälter B.

Der Bremszylinder C ist über Kanal c_3, Öffnung c_4, Höhlung e_2 im Schieber und Kanal o_1 entlüftet. Die Übertragungskammer $Ü$ ist über Kanal $ü$, Höhlung e_1 und Bohrung o_2 mit der freien Luft verbunden.

In der Bremsstellung (Abb. 98) verbindet die Schieberhöhlung e_1 die Leitung L über l_4, e_1 und $ü$ mit der Übertragungskammer $Ü$. Das Abstufungsventil v_a ist gelüftet, und die Luft des Hilfsluftbehälters strömt über die Schieberbohrung b_2 nach dem Kanal c_1.

Von dort kann die Druckluft auf zwei Wegen nach dem Bremszylinder gelangen, einmal durch die stets offenen, engen Bohrungen c_2 und dann über eine von dem Ventil m beherrschte weite Öffnung. Die Spannung der das Ventil m zuhaltenden Feder f ist so bemessen, daß das Ventil geschlossen gehalten wird, sobald zu dem Federdruck der Luftdruck von ca. ½ Atm. auf den Ventilquerschnitt hinzutritt, während auf der anderen Seite der Hilfsluftbehälterdruck das Ventil zu öffnen sucht.

Da bei Beginn des Bremsvorganges im Bremszylinder C atmosphärische Spannung herrscht, wird das Ventil m sofort geöffnet, sobald der Steuerkolben k in Bremsstellung überführt ist. Die Druckluft strömt daher vom Hilfsluftbehälter durch den großen Querschnitt des Ventils m zum Bremszylinder über und bewirkt, daß der Bremskolben schnell seinen Hub zurücklegt und die Bremsklötze zum Anliegen an die Räder bringt. Sobald sich aber im Bremszylinder ein Druck von ca. ½ Atm. eingestellt hat, wird das Ventil m zugedrückt. Von da an kann die Druckluft nur noch durch die Bohrungen c_2 in den Zylinder nachströmen, und infolgedessen steigt der Druck im Bremszylinder entsprechend der Kleinheit des Durchströmquerschnitts langsam an.

Die Unvollkommenheit dieser Einrichtung liegt in der Verwendung der Regulierfeder f. Diese Feder muß so stark sein, daß sie dem Überdruck von etwa 3½ Atm. auf das Ventil m das Gleichgewicht hält. Läßt ihre Spannung, wie dies bei Federn leicht vorkommt, nach, so geht der erste Anstieg des Bremsdrucks zu hoch, und wenn dies an mehreren Bremsapparaten eintritt, ist Unruhe beim Bremsen unvermeidlich. Ebenso wird der erste Bremsdruckanstieg verändert, wenn durch irgendwelche Umstände, z. B. dadurch, daß nach einer Bremsung die Leitung und die Hilfsluftbehälter nicht auf den normalen Druck aufgefüllt wurden, der Öffnungsdruck für das Ventil zu gering ist. Das Mindestdruckventil m schließt sich dann zu früh und verzögert den Eintritt der ersten Bremswirkung.

2. Das Stoßventil von Knorr.

Von dem Gedanken ausgehend, daß es notwendig ist, vor allem den Leerhub des Bremskolbens zu beschleunigen, um die Bremsklötze schnell zum Anliegen zu bringen, ließ Knorr den Bremskolben selbst das Schließen des in der Ruhelage weit geöffneten Mindestdruckventils vornehmen.

Die Abb. 99 zeigt die Einrichtung in eine normale Schnellbremsvorrichtung eingebaut.

Die Abweichung von dieser besteht darin, daß zwischen dem Raum C des Bremszylinders und dem vom Steuerventil herführenden Kanal c_1 c_2 eine Kammer $Ü$ eingebaut

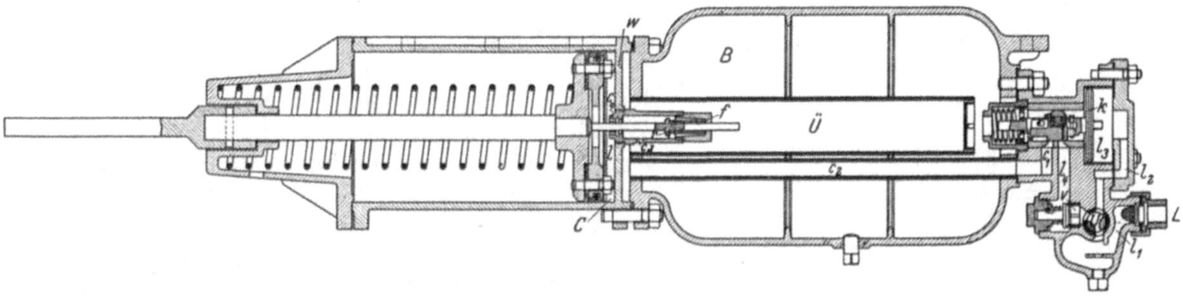

Abb. 99. Knorr-Güterzugbremse mit Stoßventil.

ist, die von dem Bremszylinder durch eine Zwischenwand w abgetrennt ist. Die Kammer $Ü$ ist als starkes Rohr in den Hilfsluftbehälter eingesetzt. Die Verbindung c_3 c_4 zwischen der Kammer $Ü$ und dem Bremszylinder C wird durch das Mindestdruckventil m überwacht, das auf der einen Seite einen in den Bremszylinder hineinragenden langen Schaft besitzt, und auf der anderen Seite durch die Feder f belastet wird. In der Lösestellung des Bremskolbens hält dieser das Mindestdruckventil geöffnet. Infolgedessen kann die vom Steuerventil herkommende Druckluft über die Öffnungen c_3 und c_4 schnell in den Bremszylinder gelangen und treibt den Bremskolben mit großer Geschwindigkeit vor. Dabei schließt sich das Mindestdruckventil m, und nunmehr kann die vom Steuerventil kommende Luft nur noch durch die feine, in dem Mindestdruckventil angebrachte Bohrung r nach dem Bremszylinder hindurchströmen, so daß von da an der Druck im Bremszylinder nur noch langsam steigt.

Je nach Länge des am Mindestdruckventil angebrachten Schaftes erfolgt der Schluß des Mindestdruckventils früher oder später, und es ist ohne weiteres klar, daß man den Schluß des Ventils bei einem bestimmten Kolbenhub so einrichten kann, daß in dem Moment, in dem die Bremsklötze zum Anliegen kommen, ein bestimmter Mindestdruck im Bremszylinder herrscht. Ebenso verständlich ist es aber, daß dieser Druck ein wesentlich anderer wird, sobald bei gleichbleibender Ventilschaftlänge der Bremskolbenhub größer oder kleiner wird. Im ersten Fall wird das durch das geöffnete Mindestdruckventil strömende Luftquantum nicht genügen, um die Bremsklötze zum Anliegen zu bringen, und infolgedessen wird die Wirkung verzögert; im anderen Fall wird der bei Anlegen der Bremsklötze im Zylinder herrschende Druck zu groß sein. Wenn die Einrichtung demnach ihre richtige Wirkung haben sollte, mußte sie mit einer gut einstellenden Bremsnachstellvorrichtung verbunden sein.

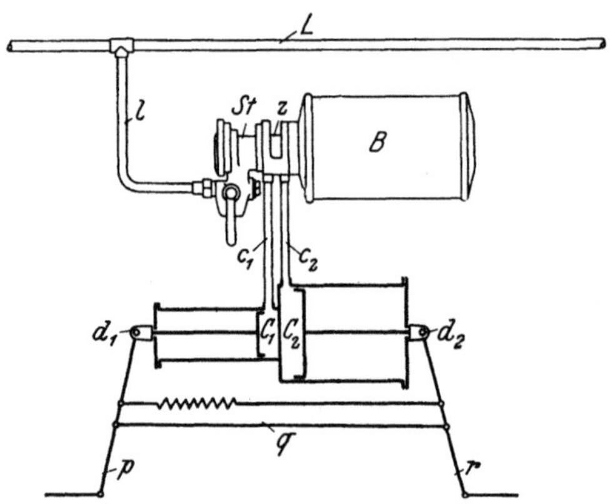

Abb. 100.

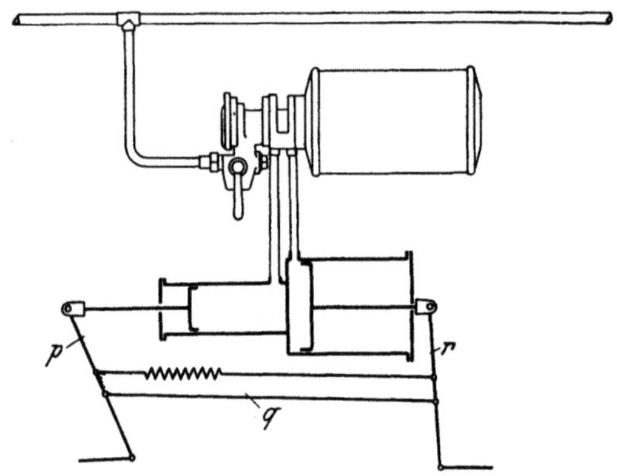

Abb. 101.

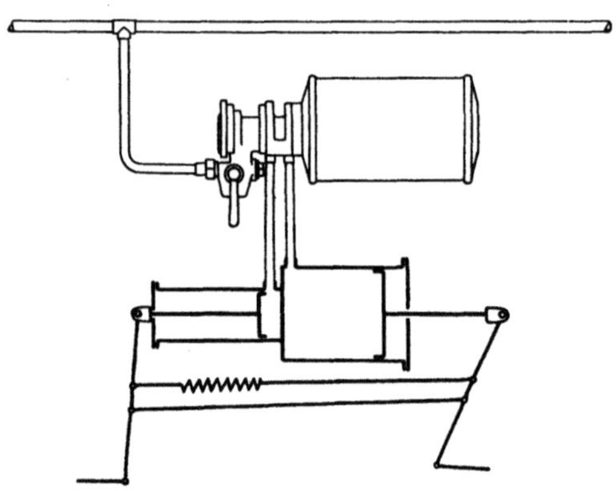

Abb. 102.

Abb. 100—102. Güterzugbremse mit zwei nacheinander wirkenden Zylindern von Knorr.

3. Zwei nacheinander wirkende Zylinder von Knorr.

Die Abb. 100—102 zeigen einen anderen Vorschlag von Knorr, der zwar nur auf dem Prüfstand erprobt wurde, aber eine durchaus brauchbare, den vorigen entschieden überlegene Lösung der Aufgabe bot. Die beiden für das Bremsdruckdiagramm gestellten Bedingungen wurden durch zwei verschieden große Bremszylinder erfüllt, die auf dasselbe Bremsgestänge derart wirkten, daß der Kolben des kleinen Zylinders den Festpunkt für den großen Zylinder abgab. Dadurch, daß der Weg zum kleinen Zylinder ganz ungedrosselt blieb, der Weg zum großen Zylinder dagegen durch eine feine Düse verengt war, kamen die beiden Zylinder nacheinander zur Wirkung.

Die Zeichnung zeigt die Einrichtung in schematischer Darstellung. Von der durchgehenden Bremsleitung *L* führt die Zweigleitung *l* zu dem normalen Steuerventil *St.* Zwischen diesem und dem Hilfsluftbehälter *B* ist das Zwischenstück *z* eingeschaltet, welches einerseits eine freie Verbindung zwischen dem Hilfsluftbehälter *B* und dem Steuerventil *St* enthält, andererseits zwei Öffnungen für den Anschluß der Bremszylinder. Diese, C_1 und C_2, sind von verschiedener Größe und bilden mit zusammenfallenden Mittelachsen ein zusammenhängendes Stück, so daß die nach verschiedenen Seiten heraustretenden Kreuzköpfe d_1 und d_2 in bezug auf das Bremsgestänge *pqr* gegenseitig den Festpunkt bilden. Während der nach dem kleinen Bremszylinder führende Kanal c_1 einen weiten Querschnitt hat, ist der nach dem großen Bremszylinder führende Kanal c_2

stark verengt. In der Lösestellung (Abb. 100) sind beide Bremskolben in ihrer Anfangsstellung. Wird eine Bremsung eingeleitet, so strömt die vom Hilfsluftbehälter und gegebenenfalls auch von der Leitung her kommende Druckluft zuerst schnell durch die weite Öffnung des Kanals c_1 in den kleinen Bremszylinder C_1 und treibt den Kreuzkopf d_1 derart vor, daß die Bremsklötze zum Anliegen kommen, indem der Kreuzkopf d_2 den Festpunkt für diese Bewegung bildet (Abb. 101), während der Bremskolben des großen Zylinders noch in Ruhe verbleibt. Allmählich tritt nun auch in den großen Zylinder C_2 die Druckluft ein und belastet den großen Kolben. Sobald der auf diesen wirkende Gesamtdruck größer wird als der Druck auf den Kolben des kleinen Bremszylinders, wird der kleine Kolben in seine Anfangslage zurückgedrückt, während der große Kolben den dem Bremsklotzabstand entsprechenden Hub vollendet. In der Endlage bildet der Kreuzkopf d_1 den Fixpunkt für den Bremskolben des großen Zylinders C_2 (Abb. 102).

Das sich dabei ergebende Bremsdruckdiagramm ist in der Abb. 103 auf den Durchmesser des großen Bremszylinders berechnet, und zwar für den ersten und letzten Wagen eines aus 75 Wagen bestehenden Zuges. Der erste starke Anstieg zeigt die Wirkung des kleinen Bremszylinders, dann folgt eine längere Zeit, in der der effektive Bremsdruck beinahe still steht. Diese Zeit entspricht dem Rückgang des kleinen Kolbens bzw. dem Vorgang des großen Kolbens. Dann erst nimmt der Bremsdruck bis zum Maximum zu, nachdem der große Kolben seinen Hub beendet hat. Die Vorbedingungen für eine stoßlose Bremsung sind bei diesen Diagrammen durchaus erfüllt. Die verschiedene Anspannung der Zug- und Stoßvorrichtungen zwischen den Wagen des Zuges gleicht sich in der Zeit, in der der Bremsdruck auf mäßiger Höhe still steht, aus, so daß es möglich erscheint, den weiteren Anstieg des Bremsdrucks verhältnismäßig steil zu gestalten.

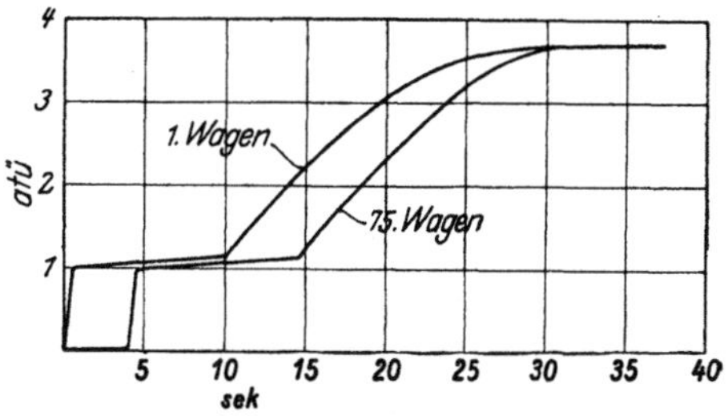

Abb. 103. Bremsdruckschaulinie der Knorr-Güterzugbremse mit zwei nacheinander wirkenden Zylindern.

4. Zwei Hilfsluftbehälter von Lipkowski.

Nach einem Vorschlag von Lipkowski aus dem Jahre 1914 werden zur Erfüllung der Aufgabe zwei verschieden große Hilfsluftbehälter benutzt, von denen der kleinere die Druckluft zunächst ungedrosselt an den Bremszylinder abgibt, während zwischen den größeren und den Bremszylinder eine Düse geschaltet ist.

Die Abb. 104 gibt eine schematische Darstellung dieses Vorschlags.

Die bei L eintretende Leitungsluft strömt über l_1 und den engen Kanal l_2 in den Schieberraum b_3 und von dort einmal über den gedrosselten Kanal b_1 zu dem großen Hilfsluftbehälter B_1 und durch den ungedrosselten Kanal b_2 in den kleinen Hilfsluftbehälter B_2. Außerdem geht die Druckluft durch Kanal l_1 in den Raum l_3, während der Bremszylinder C und der Raum c_3 über Kanal c_2 und c_1, die Höhlung e des Schiebers s und Kanal o_1 mit der freien Luft in Verbindung stehen. Wird zum Bremsen Luft aus der Leitung ausgelassen, so fällt der Druck schnell in der Kammer l_3, während der in der Kammer b_3 wegen der Drosselung des Kanals l_2 aufrecht erhalten bleibt. Der Kolbensatz k_1 k_2 bewegt sich deshalb abwärts und verschiebt den Schieber s derart, daß zuerst der Kanal l_2 verschlossen, dann der Kanal c_1 aufgedeckt wird. Die Druckluft strömt

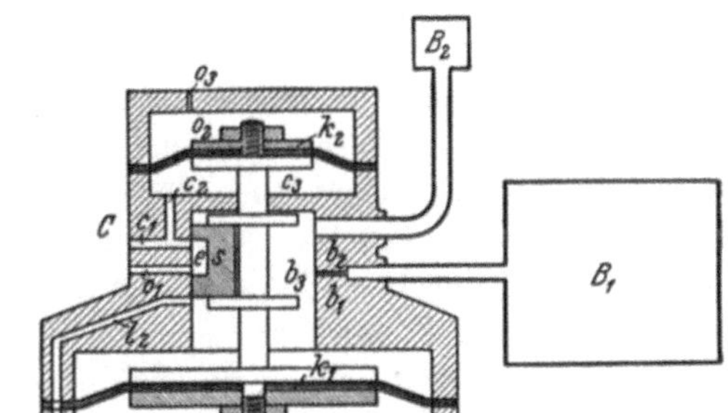

Abb. 104. Güterzugbremse mit zwei Hilfsluftbehältern von Lipkowski.

nun zunächst aus dem kleinen Behälter B_2 über den ungedrosselten Kanal b_2 und über c_1 zum Bremszylinder, so daß der Bremskolben schnell vorgeschoben wird. Dabei fällt der Druck im Behälter B_2 entsprechend dem Verhältnis seines Volumens zu dem vom Bremskolben freigelegten Bremszylindervolumen. Der sich dabei einstellende Druck entspricht dem schnell erreichten Mindestdruck des zu erstrebenden Bremsdruckdiagrammes. Der weitere Druckanstieg erfolgt dadurch, daß nun auch von dem großen Hilfsluftbehälter B_1 durch die Düse b_1 Luft zum Bremszylinder nachströmt. Durch richtige Bemessung der Drosselung im Kanal b_1 kann der Druckanstieg im Bremszylinder beliebig gestaltet werden.

Da auch bei dieser Einrichtung der Mindestdruck von dem Bremskolbenhub abhängt, so ist dieser Mindestdruck verschieden, je nach der Abnützung der Bremsklötze des betreffenden Wagens. Die Einrichtung kann deshalb nur dann einwandfrei arbeiten, wenn der Bremskolbenhub durch eine automatische Nachstellvorrichtung ständig auf einer bestimmten Größe erhalten wird.

Eine Ausführung dieses Prinzips ist in dem Steuerventil von Lipkowski enthalten, das im Jahre 1918 herausgebracht wurde (siehe Abb. 169, Seite 107).

5. Das Mindestdruckventil mit Federschluß von Lipkowski.

Wie die Abb. 105—107 zeigen, ist Lipkowski später auf die erste Ausführung eines Mindestdruckventils von Westinghouse (Abb. 97) zurückgegangen. Die Abbildung ist einer Beschreibung aus dem Jahre 1921 entnommen, die sich auf diejenige Ausführung der Lipkowski-Bremse bezieht, die den Versuchen der französischen Bahnen des Jahres 1922 zugrunde gelegen hat.

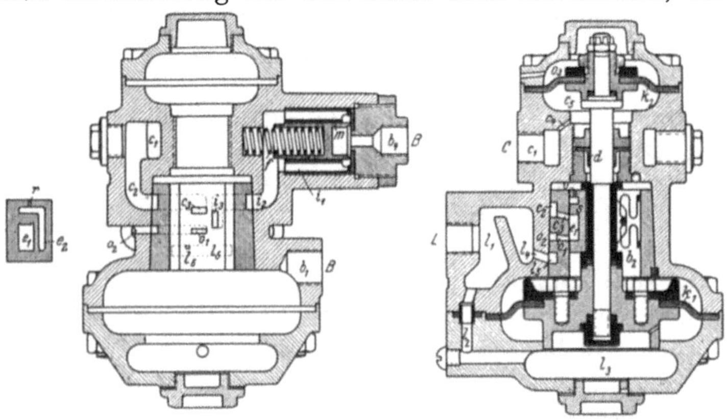

Abb. 105. Abb. 106.
Abb. 105—107. Steuerventil mit Mindestdruckventil von Lipkowski.

Bei L (Abb. 106) ist die durchgehende Bremsleitung an das Steuerventil angeschlossen. Die Leitungsluft gelangt über l_1, l_2 in den Raum l_3 unter dem großen Steuerkolben k_1 und hebt diesen in die in der Abbildung gezeichnete Stellung. In dieser strömt die Leitungsluft über l_4, die Aussparung l_5 in der Schieberbüchse und die kleine Öffnung l_6 (Abb. 105), die in dieser Stellung von dem Steuerschieber s freigelegt ist, in den Schieberraum b_2 und von dort über den Anschluß b_1 (Abb. 105) zum Hilfsluftbehälter B. Mit diesem ist auch ein zweiter Anschluß b_4 des Steuerventils verbunden, so daß der im Hilfsluftbehälter herrschende Druck auch unter dem Mindestdruckventil m steht, welches durch die Feder f auf seinen Sitz gedrückt ist. Der bei C angeschlossene Bremszylinder ist über c_1, c_2, c_3, die Schieberhöhlung e_1 und die Öffnung o_1 im Schieberspiegel und Kanal o_2 entlüftet, mit ihm auch der durch Kanal c_4 mit c_1 in Verbindung stehende Raum c_5 unter dem kleinen Kolben k_2. Der Raum o_3 über diesem steht mit der freien Luft in Verbindung. Die Räume b_2 und c_5 sind durch eine Stopfbüchse d geschieden, durch die die beide Kolben k_1 und k_2 verbindende Stange hindurchführt.

Wird zum Zweck einer Bremsung Luft aus der Leitung ausgelassen, so vermindert sich sofort der Druck in der Kammer l_3, während der Druck in der Kammer b_2 aufrecht erhalten bleibt, da sich der Druck durch die enge Öffnung l_6 nicht schnell genug ausgleichen kann. Der Kolben k_1 wird infolgedessen nach unten, in die Bremsstellung, getrieben. Hierbei verbindet der Schieber s durch die winkelförmige Höhlung e_2 (Abb. 107) die Öffnungen i_3 und c_3 im Schieberspiegel. Dadurch wird eine weite Verbindung hergestellt zwischen dem Raum i_1 über dem Mindestdruckventil m, über i_2, i_3, die Schieberhöhlung e_2, Öffnung c_3 im Schieberspiegel, Kanal c_2 und c_1 mit dem Bremszylinder. Infolgedessen öffnet der Hilfsbehälterdruck das Mindestdruckventil m, und die Behälterluft strömt auf dem angedeuteten Weg schnell in den Bremszylinder C über. Sobald indes der Druck in C so hoch gestiegen ist, daß er zusammen mit dem Druck der Feder f den Druck des Hilfsluftbehälters überwiegt, wird das Mindestdruckventil m geschlossen. Der Weg mit großem Querschnitt wird damit unterbrochen, und die Hilfsbehälterluft kann nunmehr nur noch über den Anschluß b_1, Kammer b_2, die feine Bohrung r im Schieber, die Muschel e_2 zur Schieberspiegel-Öffnung c_3 und weiter zum Bremszylinder strömen, so daß der weitere Anstieg des Bremsdruckes entsprechend dem Querschnitt der kleinen Öffnung r langsam erfolgt.

Auch diese Einrichtung hat, wie das Mindestdruckventil von Westinghouse, auf welches sie sich stützt, den Nachteil, daß das Mindestdruckventil m bei Beginn der Bremsung geschlossen ist und zunächst geöffnet werden muß und sein Schluß allein von der richtigen Spannung einer Feder und dem Hilfsluftbehälterdruck abhängt.

6. Das Mindestdruckventil mit Stufenkolben von Knorr.

Die Abhängigkeit des Mindestdrucks vom Kolbenhub bzw. von einer selbsttätigen Nachstellvorrichtung bei dem oben beschriebenen Stoßventil von Knorr veranlaßte diesen, das Mindestdruckventil vom Bremszylinder loszulösen und durch ein besonderes vom Druck des Bremszylinders beaufschlagtes Abschlußorgan zu steuern. Abb. 108 bis 112 zeigen diese Konstruktion an der Knorr-Güterzugbremse, wie sie im Jahre 1914 dem Internationalen Eisenbahn-Kongreß vorgeführt werden sollte. Die Hauptbestandteile des Steuerventils sind die gleichen wie bei der im Abschnitt A Seite 15—17 beschriebenen Knorr-Schnellbremse.

Die Leitungsluft tritt bei L ein und gelangt über l_1, den Umstellhahn U und l_2 in die Kolbenkammer l_3. Von dort geht sie über die Empfindlichkeitsnut n um den Steuerkolben k herum in die Steuerkammer b_1 und in den bei B angeschlossenen Hilfsluftbehälter. Der bei C angeschlossene Bremszylinder ist über den Kanal c_1, Öffnung im Schieberspiegel c_2, Nut e_1 im Schieberspiegel und Kanal o_1, o_2, o_3 (Abb. 109) mit der freien Luft verbunden. Mit dem Bremszylinderkanal c_1 steht über c_6 der Raum um das Mindestdruckventil m sowie über c_4 der Raum c_5 unter dem Stufenkolben d in Verbindung. Dieser besteht aus zwei verschieden großen durch Ledermanschette gedichteten Kolben. Der durch sie abgeschlossene Raum o_4 steht mit der freien Luft in Verbindung. Die schwache Feder f dient nur dazu, das Ventil m mit Sicherheit im geöffneten Zustand zu erhalten, wenn die Bremse gelöst ist, so daß es beim Einleiten der Bremsung nicht erst durch Druckluft aufgestoßen werden muß.

Beim Einleiten einer Bremsung geht der Steuerkolben in die Bremsstellung (Abb. 110a—c) über. Dabei wird die weite im Schieberspiegel angebrachte Öffnung c_2 vom Schieber s freigelegt, so daß Hilfsbehälterluft über das geöffnete Mindestdruckventil m in großer Menge zum Kanal c_1 und in den Bremszylinder gelangen kann. Gleichzeitig strömt auch Leitungsluft über L, den Umschalthahn U, Kanal l_4, Rückschlagventil v, Kanal l_5 und die Muschel e_2 im Schieber zur Bohrung c_4 und damit ebenfalls über das Mindestdruckventil m in den Bremszylinder, so daß der Bremskolben rasch vorgestoßen wird. Der Druck im Bremszylinder wirkt nun einerseits auf den kleinen Kolben des Stufenkolbens d, andererseits über Kanal c_4 und Raum c_5 von unten auf die große Fläche dieses Kolbens ein, und sobald der auf den Flächenunterschied wirkende Bremszylinderdruck den von oben auf das Mindestdruckventil m wirkenden Druck von Hilfsluftbehälter und Leitung überwiegt, geht der Kolben d nach oben und drückt das Mindestdruckventil m auf seinen Sitz. Von nun an wird die Abströmung von Leitungsluft ganz unterbrochen, und die Luft des Hilfsluftbehälters

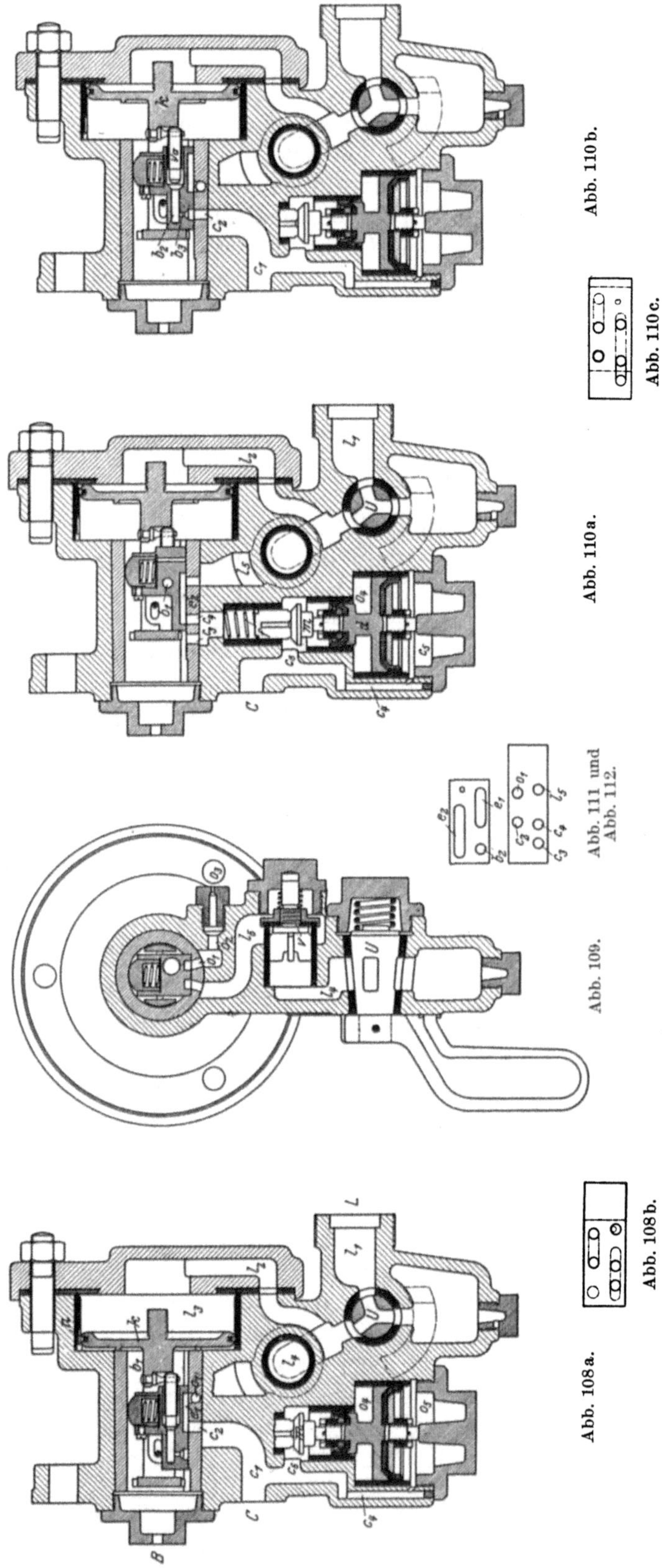

Abb. 108a—112. Güterzugsteuerventil mit Mindestdruckventil von Knorr.

kann nur noch über die Seitenbohrung b_1 im Schieber, das Abstufungsventil v_a, Kanal b_2 und die Düse b_3 zur Bohrung c_1 im Schieberspiegel und über C zum Bremszylinder strömen. Die Größe der Düse b_3 bestimmt den Grad, in welchem der Druck im Bremszylinder weiter ansteigt. — Der Vorteil dieser Konstruktion gegenüber den

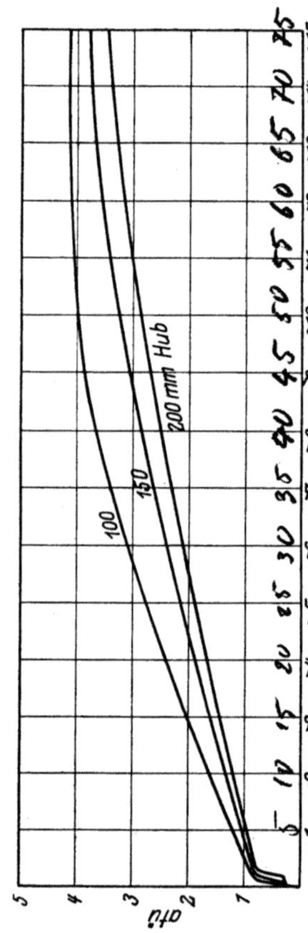

Abb. 113. Bremsdruckschaulinien des Güterzugsteuerventils mit Mindestdruckventil von Knorr.

vorher dargestellten besteht in erster Linie darin, daß das Mindestdruckventil bei Einleitung einer Bremsung weit geöffnet ist und der durchströmenden Luft kein Hindernis bietet, dann aber besonders darin, daß der Schluß des Ventils m von keiner Regulierfeder abhängt.

Auch eine Verschiedenheit im Druck des Hilfsluftbehälters hat keinen entscheidenden

Einfluß auf den Schluß des Mindestdruckventils, da dieser nur durch den Druckunterschied zwischen Bremszylinder und Hilfsbehälter bestimmt wird. Durch diese Einrichtung wird der schädliche Einfluß verschieden großer Kolbenhübe wesentlich verringert, wie aus der Abb. 113 zu ersehen ist, die den Bremsdruckanstieg bei 100, 150 und 200 mm Kolbenhub darstellt.

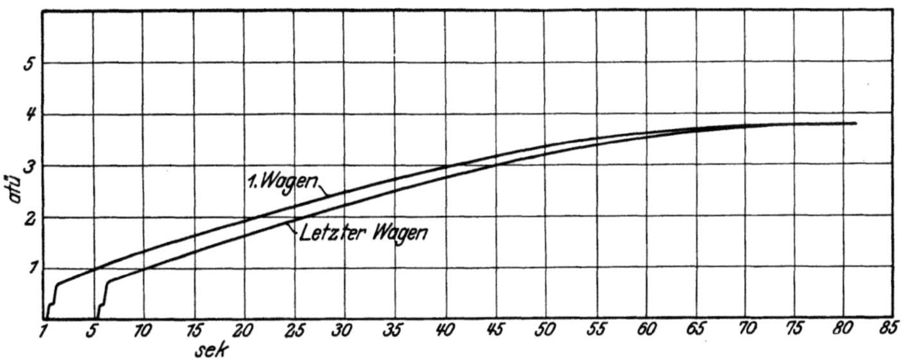

Abb. 114. Bremsdruckschaulinien am ersten und letzten Wagen eines Zuges von 150 Achsen mit Güterzugsteuerventilen von Knorr.

Die Abb. 114 zeigt die Bremsdruckdiagramme für 150 mm Kolbenhub am ersten und letzten Wagen eines Zuges von 150 Achsen. Aus diesem Diagramm ist zu ersehen, daß sich die Bremsdruckdiagramme der im Zug zusammenwirkenden Bremsen von dem Augenblick an, in dem auch die Bremse am letzten Wagen zu wirken begonnen hat, sehr stark einander nähern. Es sind also keine derartig großen Unterschiede in der Bremswirkung im Zuge vorhanden, daß sich daraus unzulässige Zerrungen und Stöße ergeben könnten.

7. Das Mindestdruckventil mit federbelastetem Kolben von Westinghouse.

In der Erkenntnis, daß das federbelastete Rückschlagventil als Mindestdruckventil nicht allen Ansprüchen genügen konnte, ging auch Westinghouse dazu über, den Schluß des Ventils einem besonderen, vom Bremszylinderdruck beaufschlagten Kolben zu übertragen.

Die Abb. 115 bis 118 zeigen das sogenannte verbesserte Steuerventil von Westinghouse, und in den Abb. 117 und 118 ist dessen Schieberspiegel und Schieber ersichtlich. Die Bauart des Ventils entspricht im allgemeinen der des Ventils nach den Abb. 97 und 98.

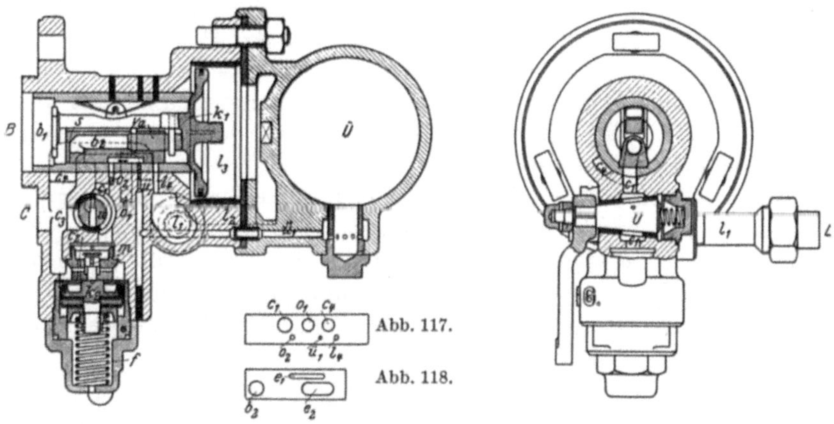

Abb. 115. Abb. 116.
Abb. 115—118. Verbessertes Steuerventil für Güterzüge mit federbelastetem Kolben von Westinghouse.

Die Luft tritt von der Leitung an dem seitlichen Stutzen L ein (Abb. 116) und strömt über Kanal l_1 und l_2 in die Kolbenkammer l_3 und von dort über die Füllnut zur Schieberkammer b_1 und zum Hilfsluftbehälter B. Der bei C angeschlossene Bremszylinder ist über Kanal c_3—c_4 und Schieberhöhlung e_2 nach o_1 entlüftet, und die Übertragungskammer $Ü$ ist über $ü_1$, Schieberhöhlung e_1 und Kanal o_1 ebenfalls mit der freien Luft verbunden. Der vom Schieberspiegel her kommende Kanal c_1 führt einmal über den Umstellhahn U direkt zum Bremszylinder, ein zweiter Weg führt über das Mindestdruckventil m und ein dritter über die Bohrung c_2 zum Bremszylinder. Unter dem Mindestdruckventil m befindet sich der Steuerkolben k_2, der von unten durch die Regulierfeder f derart belastet ist, daß er das Ventil m öffnet, wenn die Bremse im gelösten Zustand ist, dagegen seine untere Stellung einnimmt, wenn im Bremszylinder ein Druck von etwa $^1/_2$ Atm. herrscht. Der Umstellhahn U enthält 2 verschieden große Bohrungen, durch deren Einschaltung der Bremsdruckanstieg für Personenzug- und Schnellzugbremse eingestellt werden kann. Für Güterzugbetrieb ist der direkte Weg zum Bremszylinder abgeschlossen (Abb. 115). Der Weg vom Hilfsluftbehälter zum Bremszylinder führt dann nur über m und c_2.

Wird zum Zweck einer Bremsung Luft aus der Leitung L ausgelassen, so geht der Kolben k_1 in seine rechte Endstellung über. Dabei wird zunächst das Abstufungsventil v_a von seinem Sitz abgehoben und dann der Schieber s in die Bremsstellung gebracht. Er verbindet dabei die Leitung L über l_1, l_4 und Schieberhöhlung e_1 mit dem nach der Übertragungskammer $Ü$ führenden Kanal $ü_1$, so daß sich die Kammer $Ü$ mit Leitungsluft füllt. Gleichzeitig strömt die Luft vom Hilfsluftbehälter in den Kanal b_2 des Schiebers ein und weiter nach Kanal c_1. Von dort gelangt sie über das geöffnete Mindestdruckventil m und c_3 zum Bremszylinder. Sobald in diesem ein Druck von etwa $^1/_2$ Atm. erreicht ist, wird der Kolben k_2 gegen die Spannung der Feder f nach unten gedrückt, so daß sich das Mindestdruckventil m schließen kann. Die weiter vom Hilfsluftbehälter kommende Luft kann dann nur noch über die Düse c_2 zum Bremszylinder strömen. Das Bremsdruckdiagramm dieses Ventils entspricht im Charakter vollständig dem Diagramm der Knorr-Güterzugbremse, so daß in dieser Beziehung die beiden Bremsen in ganz gleicher Weise arbeiten.

Es läßt sich darüber streiten, welche der beiden zuletzt beschriebenen Vorrichtungen vorzuziehen ist. Das Mindestdruckventil von Westinghouse hat den Vorzug, daß bei Abschluß des Ventils der Betätigungskolben sich gegen eine dichtende Fläche legt und so Druckverluste im Bremszylinder durch den Steuerkolben des Mindestdruckventils vermieden sind. Andererseits besitzt die den Mindestdruck bestimmende Feder den Nachteil jeder im Eisenbahnbetrieb angewandten Regulierfeder. Durch die ständigen Erschütterungen, die alle Wagenteile während der Fahrt erleiden, ändert sich die Federspannung und verlangt eine Nachstellung. Diese ist bei ständig überwachten Teilen, wie sie an der Lokomotive sind, möglich, nicht aber bei den Wagenbremsen, die höchstens alle Jahre einmal zur Untersuchung kommen. Deshalb wurde auch für die Kunze Knorr-Bremse an der Ausführung von Knorr mit Stufenkolben festgehalten.

An sich erscheint auch die Benutzung zweier ungleich großer Behälter nach dem Vorschlag von Lipkowski vom Jahre 1914 beachtenswert. Bedingung für einwandfreie Wirkung ist aber, daß der Leerhub des Bremskolbens in einem bestimmten oder nur wenig sich ändernden Verhältnis zum Inhalt des kleinen Behälters steht, daß also eine selbsttätige Bremsklotz-Nachstellvorrichtung zur Anwendung kommt.

Da es für einen stoßlosen Verlauf einer Bremsung in erster Linie darauf ankommt, daß die Bremswirkung an den Bremswagen eines Zuges in einem bestimmten Zeitmaß ansteigt, muß natürlich die Größe der Düse, durch die die Druckluft nach Abschluß des Mindestdruckventils vom Hilfsluftbehälter zum Bremszylinder strömt, sich nach der Größe des Bremszylinders richten. Besitzt der Güterwagen eine Umschaltvorrichtung, durch die die Bremswirkung durch Zuschalten eines oder mehrerer Zusatz-Bremszylinder der Last entsprechend verändert werden kann, so muß auch gleichzeitig die Größe der Düse entsprechend verändert werden können, damit das Bremsdruckdiagramm das gleiche bleibt.

III. Die Regelung des Bremsdruckes.

Für die Einstellung des Bremsdruckes an der Lokomotive und an den Bremswagen des Zuges kommen zweierlei Einrichtungen in Betracht:

a) Das Führerbremsventil, durch das der Druck in der Bremsleitung aufrecht erhalten oder verändert wird.

b) Die Steuerventile, die, der Veränderung des Leitungsdrucks entsprechend, die Bremszylinder entweder mit den zugehörigen Hilfsluftbehältern oder mit der freien Luft in Verbindung bringen und durch deren Vermittlung im Ruhezustand die Hilfsluftbehälter mit Druckluft gefüllt bzw. gefüllt erhalten werden.

a) Das Führerbremsventil.

Das Führerbremsventil bildet nicht gerade einen unbedingt charakteristischen Bestandteil eines Bremssystems. Es dient in jedem Falle dazu, die Leitung entweder mit dem Hauptluftbehälter oder mit der freien Luft zu verbinden oder auch zeitweilig beide Verbindungen zu unterbrechen. Immerhin ist es wertvoll, die verschiedenen Konstruktionen näher zu betrachten und zu vergleichen, um ihren Einfluß auf die Wirkungsweise der verschiedenen Bremssysteme zu erkennen.

Die übrigen Einrichtungen der Lokomotive wie besonders der Hauptluftbehälter und die Luftpumpe nebst Pumpenregler sind zwar unentbehrliche Bestandteile der Druckluftbremse, haben aber mit der Verschiedenheit der hier behandelten Bremssysteme nichts zu tun und finden deshalb in diesem Buche keinen Platz.

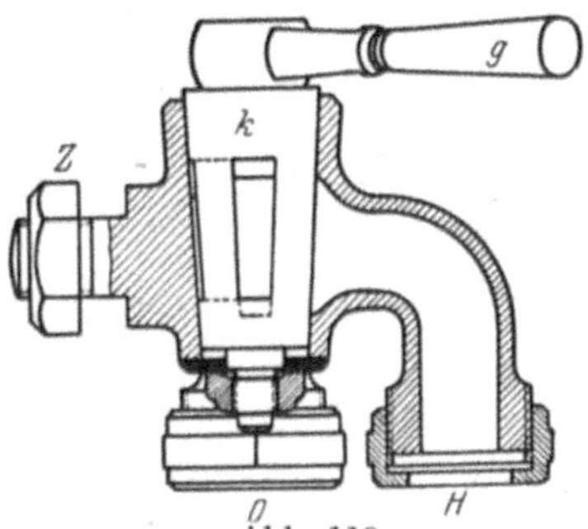

Abb. 119

1. Der einfache Führerbremshahn von Westinghouse.

Das einfache Führerventil, welches Westinghouse beim Beginn der Einführung seiner Druckluftbremse zunächst bei den damals noch kurzen Zügen benutzte, hatte nur die Aufgabe eines gewöhnlichen Dreiwegehahns zu erfüllen und war deshalb auch als einfacher Dreiwegehahn mit senkrecht stehendem Hahnkegel ausgebildet (Abb. 119 und 120). Das Gehäuse des Hahns endete nach der Rückseite in einen Gewindezapfen z, mittels dessen es am Lokomotivkessel befestigt werden konnte. Die drei nach dem Hauptluftbehälter H, der Bremsleitung L und der freien Luft O gehenden Anschlüsse waren nach unten geführt, damit die Rohrleitungen bequem angeschlossen werden konnten. Mit dem Griff g konnte der Kegel k um 90^0 gedreht werden. In der einen Endstellung verband er die Leitung mit der freien Luft, in der anderen mit dem Hauptluftbehälter. In einer Zwischenstellung waren die Verbindungen unterbrochen.

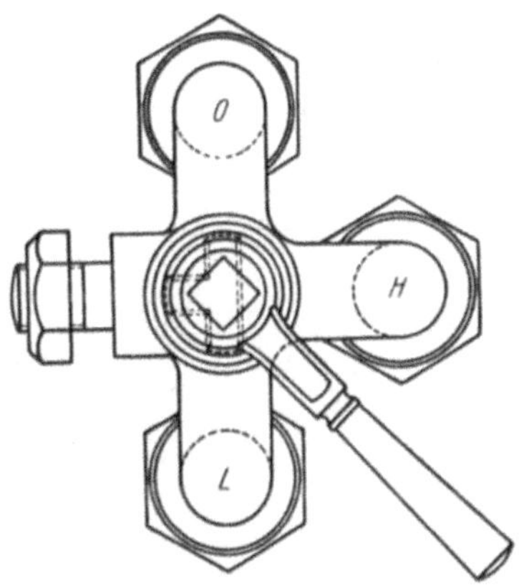

Abb. 120.

Führerbremshahn von Westinghouse.

2. Das amerikanische Führerbremsventil mit Ausgleichvorrichtung von Westinghouse.

Bei den länger werdenden Zügen genügte diese einfache Form eines Führerbremsventils für Betriebsbremsungen nicht mehr. Während bei den kurzen Zügen die Senkung des Druckes im ganzen Zug praktisch gleichmäßig erfolgt, wenn die Druckluft nur langsam ausgelassen wird, bleibt sie bei längeren Zügen im hinteren Zugende zu stark zurück. Der in dem Augenblick, in dem der Führerhahn geschlossen wird, am Zugende vorhandene

Überdruck gleicht sich mit dem niedrigen Druck am Zuganfang aus und bewirkt dort unter Umständen ein Lösen der Bremsen. Westinghouse hat deshalb mit dem einfachen Ventil eine Ausgleichvorrichtung verbunden, welche den Leitungsauslaß auch nach Zurückdrehen des Führerbremshebels in Abschlußstellung so lange offen hält, bis sich auch im hinteren Zugende die beabsichtigte Druckverminderung eingestellt hat. Außerdem ist mit diesem Führerbremsventil ein Druckminderventil zusammengebaut, welches

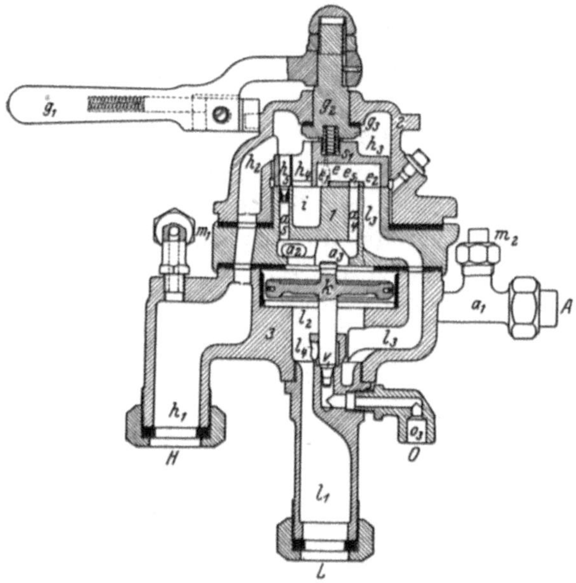

Abb. 121.

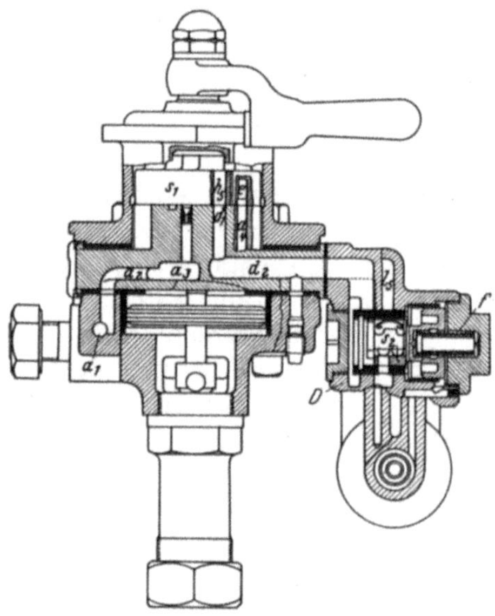

Abb. 122.

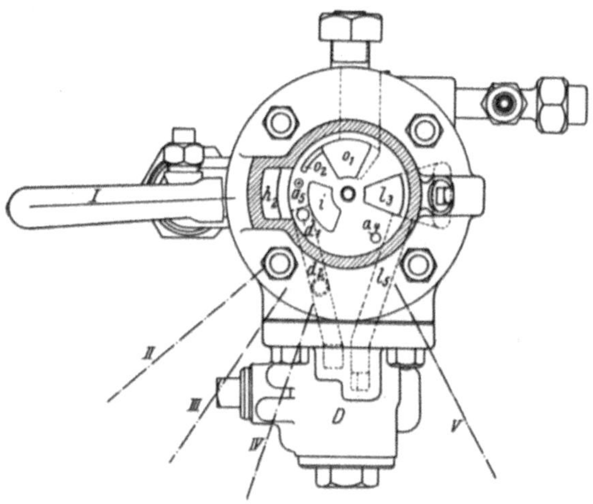

Abb. 123.

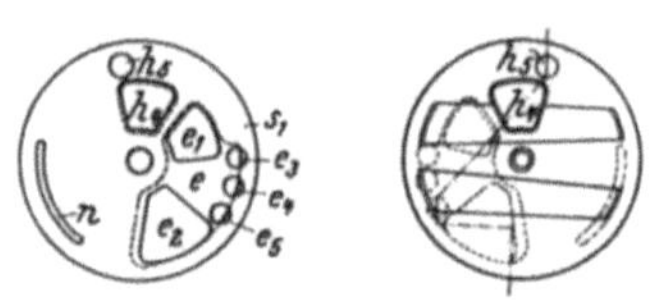

Abb. 124.

Abb. 121—124. Amerikanisches Führerbremsventil von Westinghouse.

in Fahrtstellung des Ventils zwischen den Hauptluftbehälter und die Leitung eingeschaltet ist und den Druck der Leitung dauernd auf 5 Atm. hält. Das eigentliche Führerbremsventil (Abb. 121—125) besteht nicht mehr aus einem Hahn, sondern ist als Drehschieberventil ausgebildet. Der Drehschieber s_1 vermittelt mit seinen Bohrungen und Höhlungen die Verbindung zwischen den verschiedenen Kanälen des Mittelteils *1*, welches mit dem Deckel *2* ein den Hauptbehälterdruck enthaltendes Gehäuse bildet. Zwischen dem Mittelteil *1* und dem Unterteil *3* ist die Ausgleichvorrichtung angeordnet, während das Druckminderventil *D* seitlich an dem Mittelteil *1* angeschraubt ist.

Der Hauptluftbehälter ist bei *H* angeschlossen, und Hauptbehälterluft dringt über die Kanäle h_1, h_2 in den Raum h_3 über dem Schieber s_1 ein. Der Anschluß der Leitung ist bei *L*, und der Leitungsdruck steht über l_1, l_2 unter dem Kolben *k* der Ausgleichvorrichtung und über l_3 unter dem Schieber s_1. Der Raum a_3 über dem Ausgleichkolben *k* steht über a_2, a_1 mit einem kleinen Behälter A, dem Ausgleichbehälter, in Verbindung (Abb. 126). Die an den Stutzen m_1 und m_2 angeschlossenen Manometer zeigen den im Hauptluftbehälter und im Ausgleichbehälter herrschenden Druck an.

Vermittels des Handgriffes g_1 und der Welle g_2 kann der Schieber s in folgende Stellungen gebracht werden (Abb. 125):

I. Füllstellung. Die Durchbrechung h_4 im Schieber liegt über der Höhlung i im Schieberspiegel, ebenso die Durchbrechung e_1 der Höhlung e des Schiebers, während die Durchbrechung e_2 der Schieberhöhlung mit der Öffnung l_3 im Schieberspiegel zusammenfällt. Hauptleitungsluft dringt deshalb über h_1, h_2, h_3, h_4, Höhlung i und Höhlung e nach l_3 und unmittelbar in die Leitung L. Gleichzeitig steht die Bohrung e_5 im Schieber über der Bohrung a_4 im Schieberspiegel, so daß die Hauptbehälterluft auch über a_4 in den Raum a_3 über der Ausgleichvorrichtung strömt und weiter über a_2, a_1 in den Ausgleichbehälter. Auch diese Räume werden also mit Hauptbehälterdruck gefüllt. Außerdem steht die Bohrung h_5 im Schieber über der Bohrung a_5 im Schieberspiegel, so daß auch auf diesem Wege Hauptbehälterluft zum Ausgleichbehälter strömt.

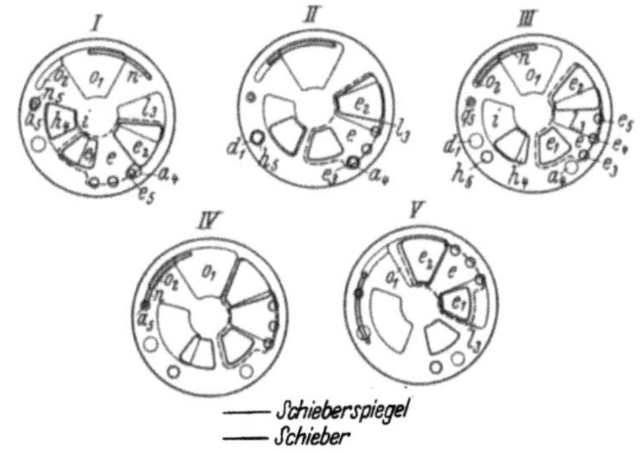

Abb. 125. Schieberstellungen des amerikanischen Führerbremsventils.

In der Stellung II, der Fahrtstellung, wird die Verbindung zwischen dem Hauptluftbehälter und der Hauptleitung unterbrochen, ebenso die zwischen dem Hauptluftbehälter und dem Ausgleichbehälter, dagegen wird dieser über Bohrung a_4 im Schieberspiegel, Bohrung e_3, Höhlung e und Durchbrechung e_2 im Schieber mit dem Kanal l_3 und damit mit der Leitung verbunden. Infolgedessen gleicht sich der Druck im Ausgleichbehälter mit dem der Leitung aus, so daß auf beiden Seiten des Ausgleichkolbens k gleicher Druck herrscht. Die Bohrung h_5 im Schieber steht über der Bohrung d_1 im Schieberspiegel; Hauptbehälterluft strömt daher durch die Bohrung d_1 nach dem Kanal d_2 und dem Druckregler D. Solange der Druck in der Leitung weniger als 5 Atm. beträgt, stellt der Schieber s_2 des Druckreglers eine Verbindung zwischen Kanal d_2 und der Leitung über l_5 und l_3 her, so daß die Leitung aus dem Hauptbehälter gefüllt wird. Ist der Druck von 5 Atm. erreicht, so verschiebt die Feder f den Schieber s_2 und unterbricht die Verbindung.

Die Stellung III ist die Abschlußstellung, in welcher sämtliche Kanäle durch den Schieber s_1 voneinander getrennt sind.

Die Stellung IV ist die Stellung für Betriebsbremsung. Die Nut n im Schieber verbindet die über o_1 mit der äußeren Luft in Verbindung stehende Nut o_2 mit der Bohrung a_5 im Schieberspiegel, so daß Luft aus dem Ausgleichbehälter über a_1, a_2, a_3 und a_5 zur freien Luft strömt. Infolge der Druckminderung über dem Ausgleichkolben k hebt sich dieser unter dem größeren Leitungsdruck, und nunmehr strömt Leitungsluft über die Öffnung l_4, das geöffnete Ventil v und Kanal o_3 ins Freie.

Sobald die Druckminderung in der Leitung diejenige im Ausgleichbehälter erreicht hat, senkt sich der Kolben k und schließt das Ventil v, so daß dann die weitere Ausströmung von Leitungsluft unterbrochen wird. Der Abschluß dieses Ventils ist demnach nur abhängig von dem Verhältnis des Leitungsdrucks zum Ausgleichbehälterdruck, nicht aber von der Stellung des Schiebers s_1.

Stellung V ist die Stellung für Schnellbremsungen. In ihr wird die Öffnung l_3 im Schieberspiegel durch die Höhlung e direkt mit der Öffnung o_1, also mit der Außenluft verbunden, so daß der Druck der Leitung sehr schnell vermindert wird.

Die Abb. 126 zeigt die Verbindung des Führerbremsventils mit den zugehörigen Ausrüstungsteilen, dem Hauptluftbehälter H, der Bremsleitung L, dem Ausgleichbehälter A

und dem Doppelmanometer M, welches gleichzeitig den im Hauptluftbehälter und den im Ausgleichbehälter herrschenden Druck anzeigt. Damit im Vorspanndienst der Führer der ersten Maschine über die Bremse allein verfügen kann, ist in der Bremsleitung L ein Absperrhahn U angeordnet, welcher bei der zweiten Lokomotive geschlossen wird.

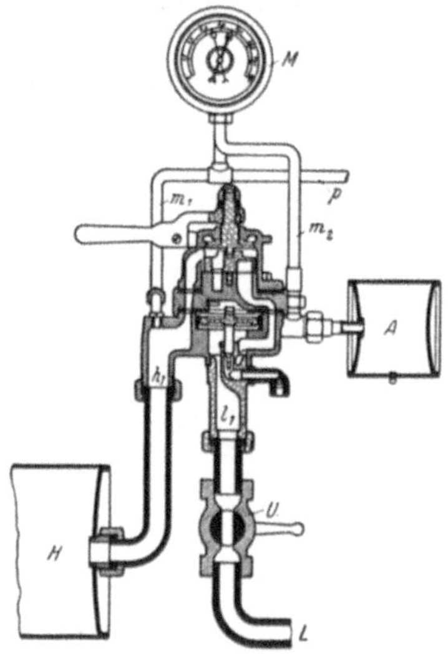

Abb. 126. Anordnung des amerikanischen Führerventils.

3. Das europäische Führerbremsventil mit Ausgleichvorrichtung von Westinghouse.

Während dieses Führerbremsventil auf amerikanischen Bahnen im großen und ganzen noch heute in Gebrauch ist, wurde es für die europäischen Verhältnisse schon bald nach der Einführung der Westinghouse-Bremse umgebaut (Abb. 127—129).

Die Ausgleichvorrichtung, die bei dem amerikanischen Ventil gleichachsig unter dem Drehschieber liegt, wurde der besseren Zugänglichkeit halber seitlich angeordnet. Außerdem wurde der Absperrhahn U (Abb. 126) aus der Bremsleitung in die Leitung zum Hauptluftbehälter verlegt. Dies hat den Vorteil, daß auch der Führer der zweiten Lokomotive unter Umständen ohne weiteres die Bremse bedienen kann, im Fall der Führer der ersten Lokomotive versagt. Im übrigen ist die Bedienung und die Wirkungsweise des europäischen Führerbremsventils genau die gleiche wie bei dem amerikanischen Ventil.

Abb. 127.

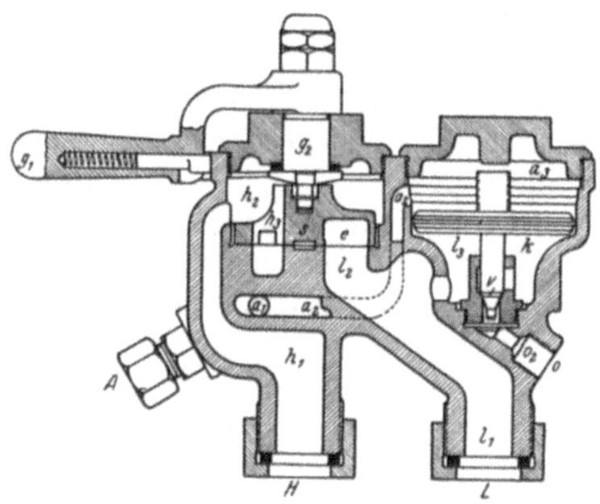

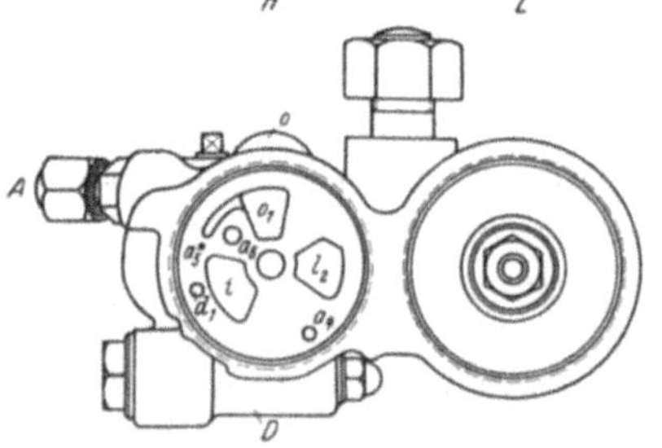

Abb. 128.

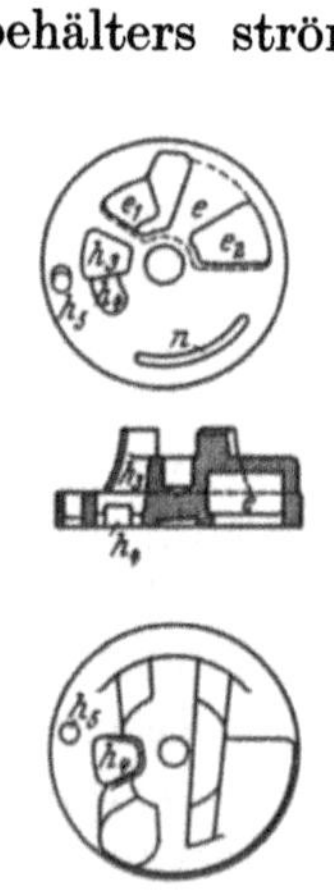

Abb. 129 a—c. Schieber.

Europäisches Führerbremsventil von Westinghouse.

Wenn der Bremshebel g_1 am weitesten nach links steht, in der **Füllstellung**, steht die Schieberdurchbrechung h_3 über der Höhlung i im Schieberspiegel und ebenso hat die Öffnung e_1 mit dieser Höhlung Verbindung, während die Öffnung e_2 über dem Kanal l_2 liegt. Die Luft des Hauptbehälters strömt also über h_1, h_2, h_3, Höhlung i im Schieber und l_2 nach l_1 und zur Leitung. Weiter strömt die Hauptbehälterluft über die mit der Durchbrechung h_3 verbundene Nut h_4 nach der Öffnung a_6 im Schieberspiegel und zum Kanal a_2 und damit einerseits zum Raum a_3 über dem Ausgleichkolben, andererseits über a_1 zum Ausgleichbehälter A.

In der **Fahrtstellung** steht die Durchbohrung h_5 des Schiebers über der Bohrung d_1 im Schieberspiegel, von wo aus die Luft über den Druckregler D zur Leitung strömt. Der Ausgleichbehälter ist über die zum Kanal a_2 führende Bohrung a_4 und die Höhlung e im Schieber mit dem Kanal l_2, also mit der Leitung, verbunden, so daß sich der Druck oberhalb des Ausgleichkolbens k mit dem unterhalb herrschenden ausgleicht und das Ventil v mit dem auf seinem Querschnitt lastenden Druck auf seinen Sitz gepreßt wird.

In der Abschlußstellung sind alle Kanäle voneinander abgeschlossen.

In der Betriebsbremsstellung verbindet die Nut n die zur freien Luft führende Öffnung o_1 und ihren nutförmigen Fortsatz mit der Bohrung a_5, die über a_2 mit dem Ausgleichbehälter in Verbindung steht. Der Druck im Ausgleichbehälter wird vermindert; infolgedessen hebt der Leitungsdruck den Kolben k an und lüftet das Ventil v, so daß die Leitungsluft nunmehr über l_1, l_3, v, o_2 ins Freie entweicht. Sobald der Leitungsdruck unter den verminderten Druck im Ausgleichbehälter sinkt, geht der Kolben k nach unten und schließt das Ventil v.

In der Schnellbremsstellung verbindet die Höhlung e im Schieber mit ihren Öffnungen e_1 und e_2 den Leitungskanal l_3 mit o_1, so daß die Leitungsluft direkt durch einen großen Querschnitt ins Freie entweichen kann.

Der Leitungsdruckregler D bestand lange Zeit nur aus einem federbelasteten Rückschlagventil, für dessen genaue Wirkung ein ziemlich gleichbleibender Hauptbehälterdruck Voraussetzung war, während mit der amerikanischen Bauart schon von Anfang an ein genau arbeitendes Druckminderventil als Leitungsdruckregler verbunden war. Erst in neuerer Zeit ist man in Europa zu diesem Druckregler übergegangen.

4. Das Führerbremsventil der New York Air Brake Co.

Eine wesentlich andere Bauart zeigt das Führerventil der New York Air Brake Co. (Abb. 130—134). Es hat keine Ausgleichvorrichtung wie die Westinghouse-Ventile, ist dafür aber so eingerichtet, daß jeder Stellung des Bremshebels zwischen dem Beginn der Betriebsbremsung und der Schnellbremsung eine bestimmte Verminderung des Leitungsdrucks und damit eine bestimmte Bremswirkung entspricht. Dies ist ein Vorteil dieses Ventils gegenüber dem von Westinghouse. Der Hauptsteuerschieber s_1 (Abb. 131) ist als geradlinig sich bewegender Flachschieber ausgebildet und wird durch den senkrecht angeordneten Bremshebel g_1 vermittels der Welle g_2, dem im Gehäuse liegenden Hebel g_3 und der Schubstange g_4 betätigt. Unter dem Hauptschieber s_1 bewegt sich, auf diesem gleitend, der Abstufungsschieber s_2, der vom Abstufungskolben k_1—k_2 vermittels des Hebels p bewegt wird. Dieser ist bei p_2 im Gehäuse fest gelagert und umfaßt mit der Gabel p_1 einen Zapfen des Kolbens k_1—k_2 und mit der Gabel p_3 einen am Abstufungsschieber s_2 angebrachten Zapfen. Der Kopf k_2 des Abstufungskolbens ist in einer Rundführung im Gehäuse geführt.

Bei H ist der Hauptluftbehälter angeschlossen (Abb. 132). Der in diesem herrschende Druck überträgt sich durch die Kanäle h_1, h_2 auf die obere Schieberkammer h_3 (Abb. 131). Bei L ist die Leitung mit dem Gehäuse verbunden, und der Leitungsdruck herrscht über den Kanal l_1 auch in der Kolbenkammer l_2. Der Raum a_3 hinter dem Kolben k_1 ist über die Kanäle a_2 und a_1 mit einem bei A angeschlossenen Steuerbehälter verbunden, der in Ruhestellung des Ventils über den Lederstulp des Kolbens k_1 mit Leitungsluft gefüllt wird.

Abb. 133 zeigt den Schieberspiegel des Hauptschiebers, von oben gesehen, nach Wegnahme des Gehäusedeckels, des Hauptschiebers und seiner Betätigungsteile. Abb. 134 zeigt den Hauptschieber, von unten gesehen. Der T-förmige Kanal o_1 (Abb. 131) führt über o zur freien Luft, die Bohrung a_4 über a_1 zum Steuerbehälter A bzw. zur Kolbenkammer a_3, die Öffnungen r_1 und r_2 zu einem Raum r, der von der Kammer h_3 her über Kanal h_4 und das durch die Feder f belastete Rückschlagventil d (Abb. 130) mit reduziertem Druck versehen ist. Die Feder f ist so gespannt, daß der Druck in r dem normalen Leitungsdruck entspricht.

In der Stellung I, der Füllstellung, verbindet die Nut t im Schieber den Raum h_3 direkt mit der zur Leitung führenden Öffnung l_3 im Schieberspiegel, so daß die Leitung schnell aufgefüllt werden kann.

In der Stellung II, der Fahrtstellung, ist die Öffnung l_3 durch die Schieberöffnungen n_1, n_2 mit den Öffnungen r_1, r_2 verbunden, so daß die Leitung über das Reduzierventil d mit dem normalen Leitungsdruck nachgespeist wird.

In der Stellung III, der **Abschlußstellung**, sind alle Kanäle und Öffnungen voneinander abgeschlossen.

Die Stellungen zwischen IV und V sind die **Betriebsbremsstellungen**. In der Stellung IV hat die Öffnung i_1 im Schieber den Abstufungsschieber s_2 überschliffen. Hierdurch wird die Öffnung l_3 und damit die Leitung L über i_1, die Höhlung i im Schieber und die Öffnung i_2 mit o_1 und o verbunden, und damit tritt Leitungsluft direkt ins Freie

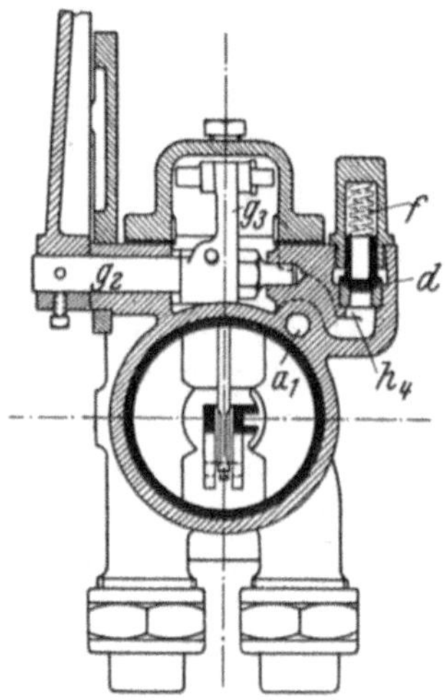

Abb. 130.

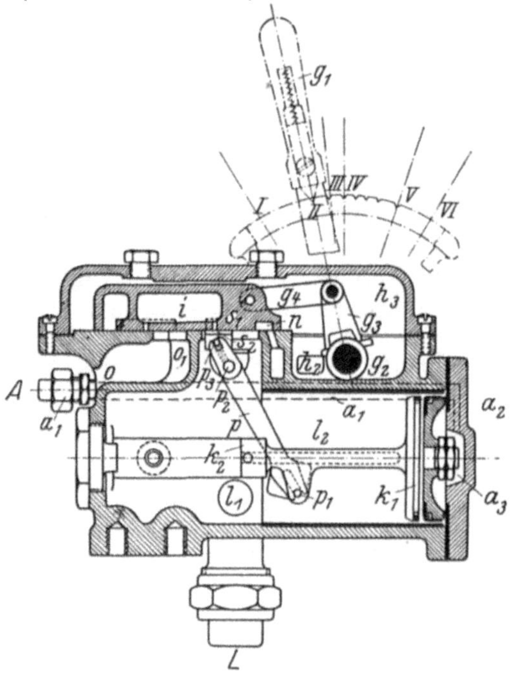

Abb. 131.

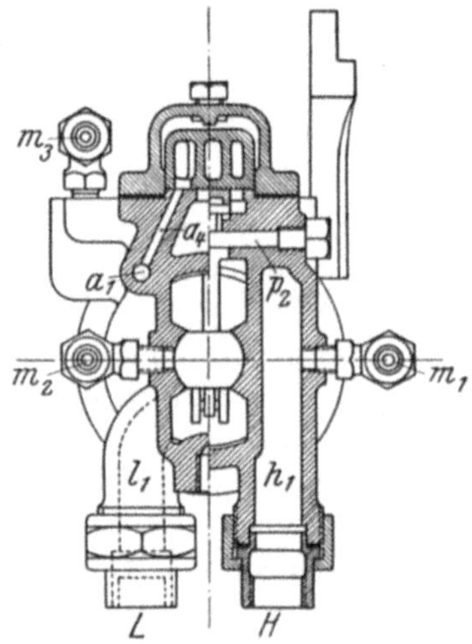

Abb. 132.

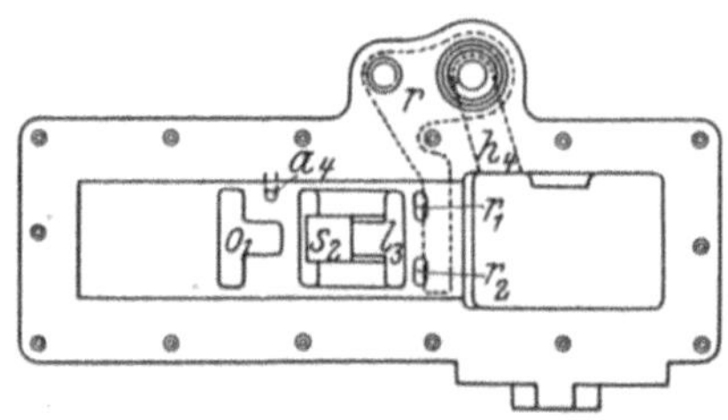

Abb. 133.

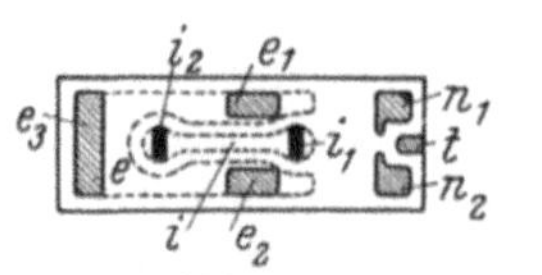

Abb. 134.

Abb. 130—134. Führerbremsventil der New York Air Brake Co.

aus, so daß die Bremsen des Zuges in Tätigkeit treten. Durch die infolgedessen in der Kammer l_2 sich ergebende Druckminderung erhält der Druck in a_3 das Übergewicht und verschiebt den Kolben k_1 nach links. Der Hebel p überträgt die Bewegung auf den Abstufungsschieber s_2, der so weit nach rechts verschoben wird, daß er die Öffnung i_1 im Hauptschieber verdeckt und damit die Ausströmung der Leitungsluft unterbricht, ohne daß der Hebel g_1 in eine Abschlußstellung zurückgestellt werden muß. Durch geringes Weiterbewegen des Hebels g_1 nach rechts wird die Öffnung i_1 wieder aufgedeckt und die Bremswirkung erhöht. Der Inhalt des Steuerbehälters A ist so groß bemessen, daß der Druck in ihm durch Expansion auf den der höchsten Betriebsbremsung entsprechenden Leitungsdruck abnimmt, wenn der Kolben k_1 den der größten Bewegung des Abstufungsschiebers s_2 entsprechenden Weg zurücklegt.

Wird der Hebel g_1 über die Stellung V hinaus in Stellung VI, die **Schnellbremsstellung**, bewegt, so treffen die Öffnungen e_1 und e_2 im Schieber auf die Öffnung l_3 im Schieberspiegel und verbinden über die Höhlung e und die mit der Öffnung o_1 zusammenfallende Öffnung e_3 die Leitung direkt mit der Außenluft. Durch die dabei hergestellte weite Verbindung wird der Leitungsdruck plötzlich stark herabgemindert und damit eine Schnellbremsung eingeleitet.

5. Das Führerventil der Schleifer-Einkammerbremse.

Das Führerventil der Schleifer-Bremse (Abb. 135—138) benutzt als Hauptsteuerungsteil wieder den ursprünglichen Dreiwegehahn, nur daß dessen Betätigungshebel g in einer vertikalen Ebene bewegt wird. Mit diesem Hahn ist (Abb. 136) ein Steuerventil zur Treibradbremse verbunden. Je nach Stellung des Umstellhahns U kommt diese in verschiedener Weise zur Wirkung. Steht er in der einen Endstellung, so ist die Treibradbremse ganz abgestellt und der Treibradbremszylinder mit der freien Luft verbunden. Steht der Umstellhebel in der Mitte, wie in der Abb. 135 dargestellt, so kommt die Treibradbremse verzögert zur Wirkung. Dies ist die Stellung für einen längeren Zug. Steht der Umstellhebel in der anderen Endstellung, so ist das Steuerventil direkt mit dem Treibradbremszylinder verbunden, so daß die Treibradbremsen sofort zusammen mit den Zugbremsen zur Wirkung kommen.

Der Steuerhebel g kann 6 Stellungen einnehmen.

In der Füllstellung I (Abb. 138) strömt Druckluft vom Hauptluftbehälter H über den Anschlußstutzen h_1, die Durchbrechung e_1 des Hahnkegels s_1 und Anschlußstutzen l_1 unmittelbar zur Hauptleitung L. Durch die Bohrung l_2 tritt die Luft aus der Leitung über Kanal l_3 zum Kolbenraum l_4 des Treibradsteuerventils über und gelangt von dort über den Umgehungskanal n unter Abheben der zweiten Manschette des Steuerkolbens k_1 zum Raum b_1 und zu dem mit ihm über b_2 verbundenen Hilfsluftbehälter B. Der bei C angeschlossene Treibradbremszylinder (Abb. 135) steht in dieser Ventilstellung über die Kanäle c_8 und c_9, den Raum c_4, Kanal c_5, Rundnut c_6, Kanal c_7 und die Muschel p bei o_2 mit der freien Luft in Verbindung.

In der Stellung II, der Fahrtstellung, (Abb. 137) gelangt die Hauptbehälterluft über h_1, die Durchbohrung e_1 zum Kanal d_1 und, solange in der Leitung der Normaldruck noch nicht erreicht ist, über das dann offen stehende Ventil v_1 im Druckregler D zum Kanal d_2 und über die Muschel e_2 im Hahnküken zum Kanal l_1 und zur Leitung. Ist der durch Einstellung der Feder f_1 bestimmte Normaldruck in der Leitung erreicht, dann überwiegt der von oben auf die Membran m ausgeübte Druck und preßt diese so weit nach unten, daß das Ventil v_1 geschlossen wird. Ist etwa durch zu langes Verharren in der Stellung I der Druck in der Leitung über den Normaldruck gestiegen, so geht die Membran noch weiter nach unten und öffnet das Ventil v_2. Die Leitungsluft strömt dann von L über l_1, l_2, Muschel e_2, Kanal d_2, Ventil v_2, Kanal o_3 und Öffnung o_4 so lange ins Freie ab, bis der Normaldruck erreicht ist und das Ventil v_2 wieder geschlossen wird.

Für die Treibradbremse gilt das bei Stellung I Gesagte.

In der Stellung III, der Abschlußstellung, sind alle Kanäle des Steuerhahns gegeneinander abgeschlossen. Die Treibradbremse bleibt wie in den Stellungen I und II an die Leitung angeschlossen.

In der Stellung IV, der Betriebsbremsstellung, steht die Leitung L über eine verhältnismäßig kleine Bohrung e_3 im Hahnküken, die Durchbohrung e_1 und einen schmalen Spalt zwischen diesem und dem Kanal o_1 mit der freien Luft in Verbindung. Die Luft entweicht deshalb langsam aus der Leitung, so daß die Zugbremsen je nach der Länge der Zeit, in der der Hebel in Stellung IV belassen wird, schwächer oder stärker angezogen werden.

Auch der Kolben k_1 des Treibradsteuerventils wird nach rechts verschoben. Er verdeckt zunächst den Umführungskanal n, nimmt dann den Schieber s_2 mit, so daß die Verbindung zwischen dem Bremszylinder C und der freien Luft unterbrochen wird, und öffnet schließlich das Ventil v_3. Die Druckluft des Hilfsluftbehälters B strömt infolgedessen über b_2 und b_1 zum Kanal c_1 und in der in Abb. 135 dargestellten Stellung des

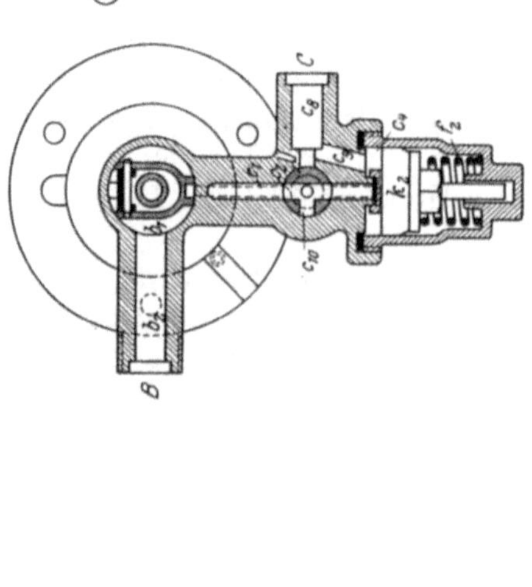

Abb. 135.

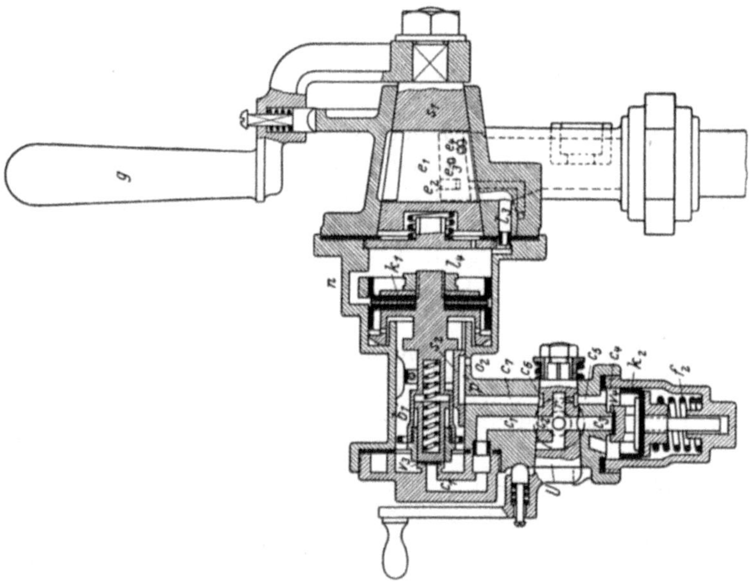

Abb. 136.

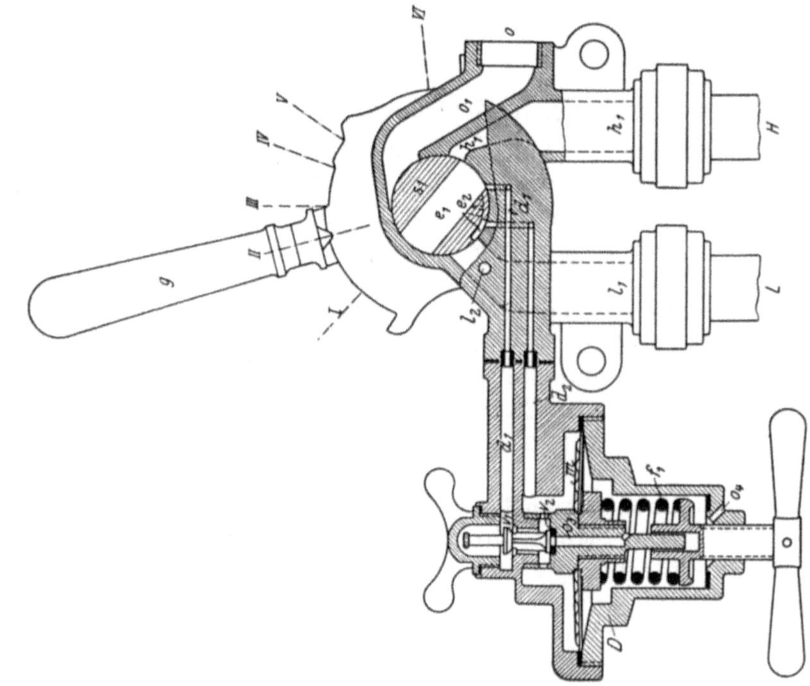

Abb. 137.

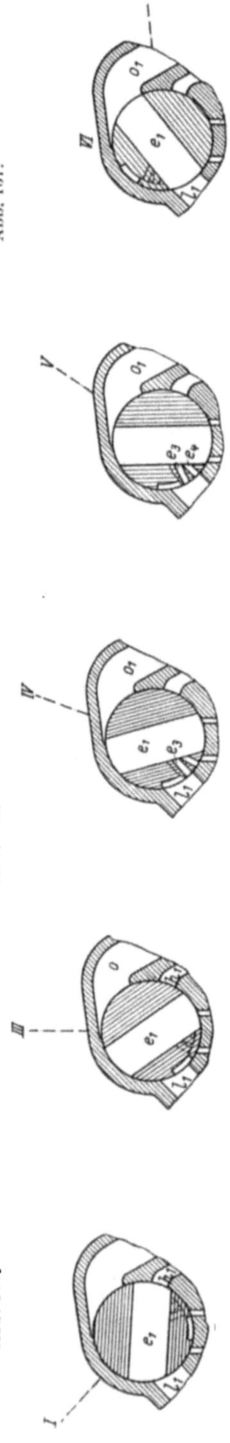

Abb. 138.

Abb. 135—138. Führerventil der Schleifer-Bremse.

Umstellhahns U für langen Zug weiter über die Bohrung c_2 und die Bohrung r und Kanal c_5 zum Raum c_4 und von dort über c_9 und c_8 zum Treibradbremszylinder. Da das Ventil v_4 zunächst durch die Feder f_2 geschlossen erhalten wird, steigt der Druck im Bremszylinder infolge Drosselung des Zuflusses in der Düse r nur langsam an. Erst wenn der Druck im Bremszylinder und damit im Raum c_4 eine bestimmte Höhe erreicht hat, wird die Kraft der Feder f_2 überwunden, der Kolben k_2 nach unten gedrückt und damit das Ventil v_4 geöffnet. Von diesem Augenblick an strömt die Druckluft auf diesem Wege ungedrosselt zum Bremszylinder.

In der Stellung des Umstellhahns für kurzen Zug kann die Druckluft des Hilfsluftbehälters auf dem Wege c_1, c_{10}, c_2, c_8 von Anfang an ungedrosselt zum Bremszylinder strömen.

Wegen der Abstufung des Bremsdrucks bei der Treibradbremse sei auf die Beschreibung des Schleifer-Steuerventils (Seite 13—15) verwiesen.

Die Stellung V ist die Schnellbremsstellung für kurzen Zug (bis zu 35 Achsen). Außer der Bohrung e_3 im Hahnkegel vermitteln noch die beiden Bohrungen e_4 die Verbindung der Bremsleitung mit der freien Luft. Die kurze Zugleitung wird dadurch genügend schnell so entlüftet, daß die Zugbremsen ziemlich gleichzeitig mit der Treibradbremse in volle Tätigkeit treten.

In die Stellung VI, die Schnellbremsstellung für langen Zug, wird der Bremshebel nur dann umgelegt, wenn bei einem Zug, der mehr als 35 Achsen hat, eine Schnellbremsung gemacht werden soll. Die Leitung wird unmittelbar durch die Durchbrechung e_1 des Hahnkegels mit o_1 und der freien Luft verbunden. Die Bremsleitung wird deshalb auf dem schnellsten Wege entleert. Die Wirkung der Treibradbremse dagegen wird verzögert, da der Übertritt der Druckluft, wie bei der Betriebsbremsstellung ausgeführt, zuerst langsam und erst nach Erreichung eines bestimmten Bremszylinderdrucks schnell erfolgt. Beabsichtigt ist dabei, den Zug bei Schnellbremsungen gestreckt zu erhalten.

6. Das Führerbremsventil mit Flachschieber von Knorr.

Das Führerbremsventil von Knorr (Abb. 139—145) lehnt sich, äußerlich betrachtet, an das der New Air Brake an. Es hat indes an Stelle der komplizierten Einrichtung des Rückstellschiebers eine Ausgleichvorrichtung und entspricht deshalb in seiner Wirkungsweise viel mehr dem Westinghouse-Ventil. Von diesem unterscheidet es sich — abgesehen davon, daß der Bedienungshebel sich in einer senkrechten Ebene bewegt — dadurch besonders, daß er eine direkte Beaufschlagung der Lokomotivzylinder vermittelt, während die Lokomotivbremsen bei dem Westinghouse-System ihre eigenen Steuerventile besitzen. Hieraus ergibt sich eine wesentliche Vereinfachung der Lokomotivausrüstung. Bei Betriebsbremsungen wird die Druckluft für die Lokomotivbremse dem Ausgleichbehälter entnommen, so daß dessen Luftquantum nicht verloren geht. Für Schnellbremsungen wird außerdem der Hauptluftbehälter mit dem Lokomotivzylinder verbunden, wodurch eine wesentliche Steigerung der Bremskraft ermöglicht wird.

Beim Vorspanndienst dient die Ausgleichvorrichtung an der zweiten Maschine als Steuerventil. Sie verbindet wie an den Wagenbremsen die Lokomotivbremszylinder mit der freien Luft oder mit dem als Hilfsbehälter arbeitenden Ausgleichbehälter. Dasselbe gilt auch für die Ausgleichvorrichtung der führenden Maschine bei Bremsungen vom Zuge aus.

Zur Beschleunigung des Leitungsdruckabfalls bei Schnellbremsungen ist noch ein besonderes Auslaßventil angeordnet, welches mit einem Tropfbecher derart verbunden ist, daß die in diesem aus der Leitung gesammelten Verunreinigungen der Luft bei Schnellbremsungen selbsttätig ausgeblasen werden (Abb. 146).

Der Bedienungshebel g_1, durch den unter Vermittlung der Welle g_2, des Hebels g_3 und der Schieberstange g_4 der Schieber s_1 bewegt wird, kann 6 verschiedene Stellungen einnehmen. Er besitzt außer den vom Westinghouse-Ventil bekannten Stellungen noch eine Mittelstellung, in die er bei Vorspann auf der zweiten Maschine gelegt wird.

Das Führerbremsventil ist so im Führerstand untergebracht, daß sein Hebel in Richtung des Zuges bewegt wird. Die am weitesten nach vorn liegende Stellung ist die Füll- und Lösestellung I (Abb. 145). Der Flachschieber s_1 legt den zur Leitung führenden Kanal l_2 frei, so daß Druckluft aus dem Hauptluftbehälter H über h_1, h_2, l_2

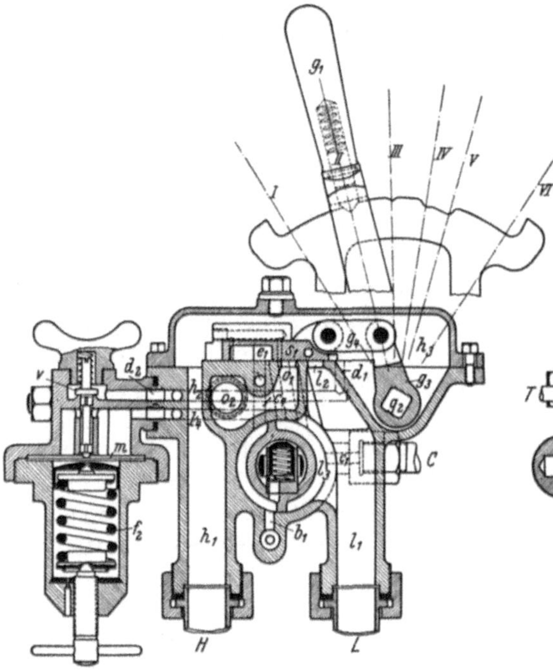

Abb. 139.

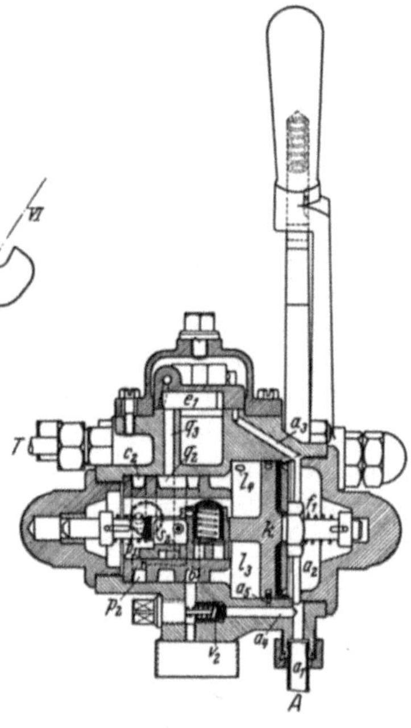

Abb. 140.

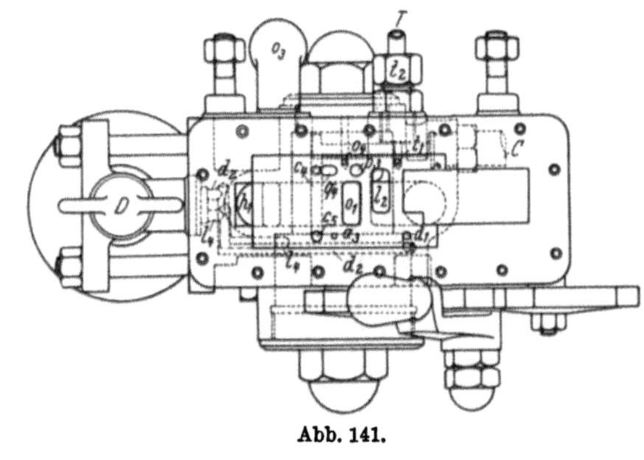

Abb. 141.

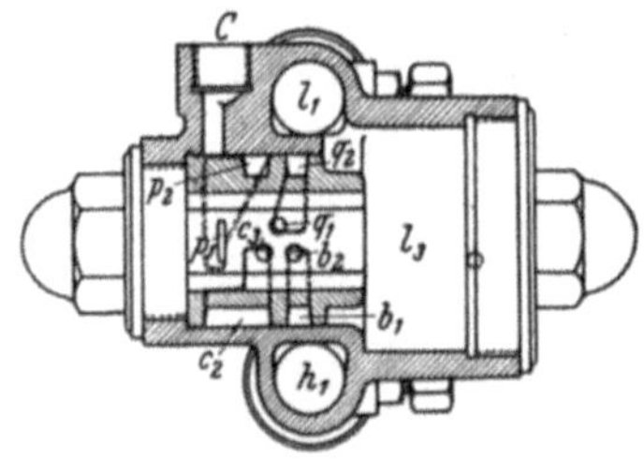

Abb. 143.
Schieberbahn der Ausgleichvorrichtung.

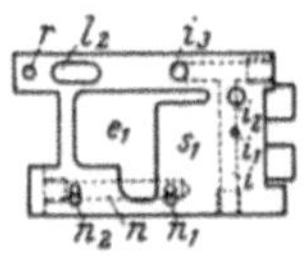

Abb. 142.

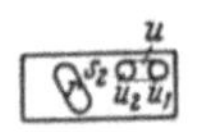

Abb. 144.
Schieber der Ausgleichvorrichtung.

Abb. 135—144. Führerbremsventil mit Flachschieber von Knorr.

und l_1 ungedrosselt zur Hauptleitung L gelangt und die Wagenbremsen löst. In der unter dem Hauptschieber angeordneten Ausgleichvorrichtung, deren Raum l_3 über l_1 in direkter Verbindung mit der Leitung steht, wird der Kolben k mit Ausgleichschieber s_2 in die rechte Endstellung getrieben, in welcher die Bohrung a_5 freigelegt ist. Die Leitungsluft dringt daher auf dem Wege a_5, a_1 zum Ausgleichbehälter. Ist dieser mit Leitungsluft gefüllt und infolgedessen der Druck in den Kammern l_3 und a_2

der gleiche, so schiebt die Feder f_1 den Kolben k in die in der Abb. 140 dargestellte Stellung zurück. Die Lokomotiv- und Tenderbremszylinder, die bei C mit dem Führerventil verbunden sind, sind über die Kanäle c_1, c_2, c_4, c_5 im Gehäuse und die Winkel-

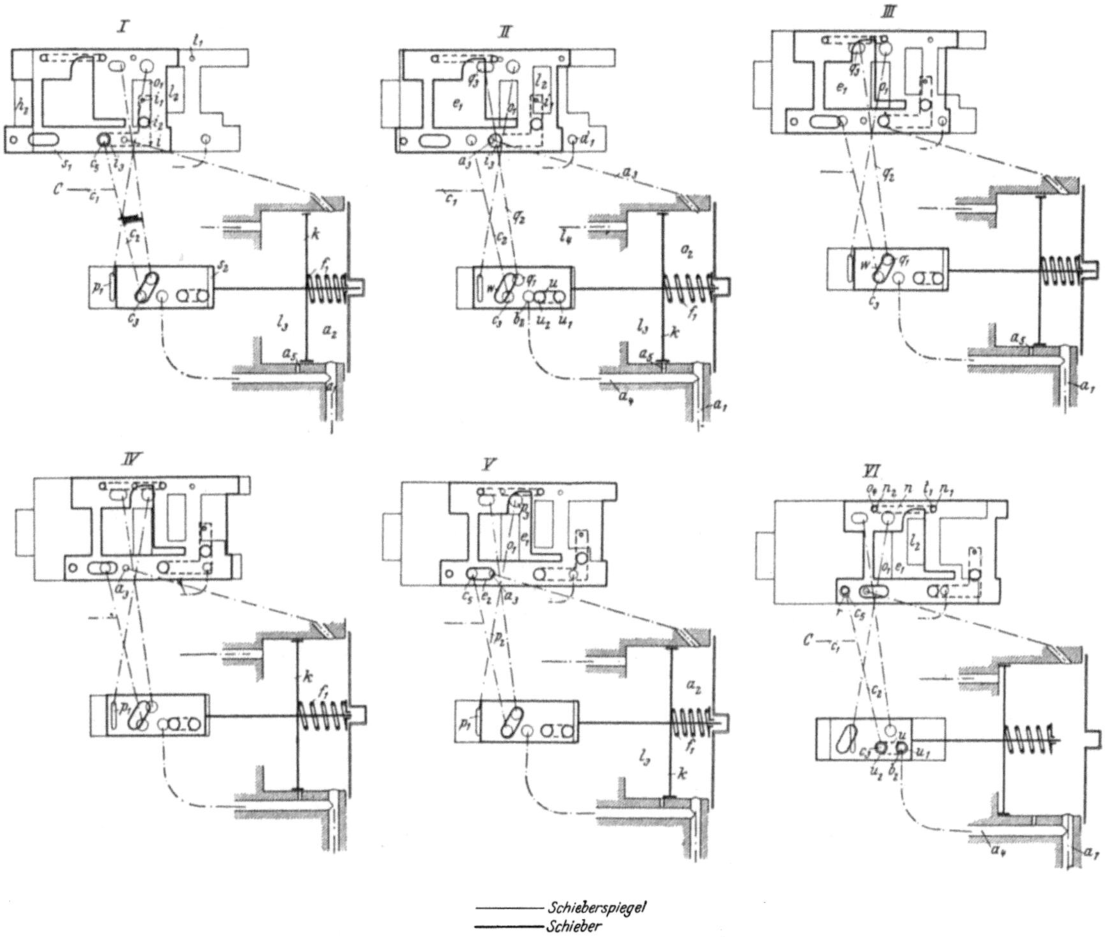

Abb. 145. Schieberstellungen des Führerventils mit Flachschieber von Knorr.

bohrung i_3, i, i_2 im Hauptschieber s_1 mit dem zur freien Luft führenden Kanal o_1 verbunden.

Die Stellung II ist die F a h r t s t e l l u n g. Der Flachschieber s_1 schließt die unmittelbare Verbindung zwischen dem Hauptbehälter H und Leitung L ab. Die Hauptbehälterluft kann nur noch durch den Kanal d_1 und den Druckregler D, dessen Ventil v durch die Feder f_2 geöffnet erhalten wird, solange der Leitungsdruck noch nicht 5 Atm. erreicht hat, über Kanal l_4 zur Leitung gelangen. Der Ausgleichbehälter A wird durch die Bohrung a_5 oder, nachdem der Kolben durch die Feder f_1 zurückgedrückt ist, von dem Leitungskanal l_2 aus durch die Bohrungen i_1, i_3 im Schieber s_1, die Bohrung a_3 im Schieberspiegel über a_2, a_1 aufgefüllt.

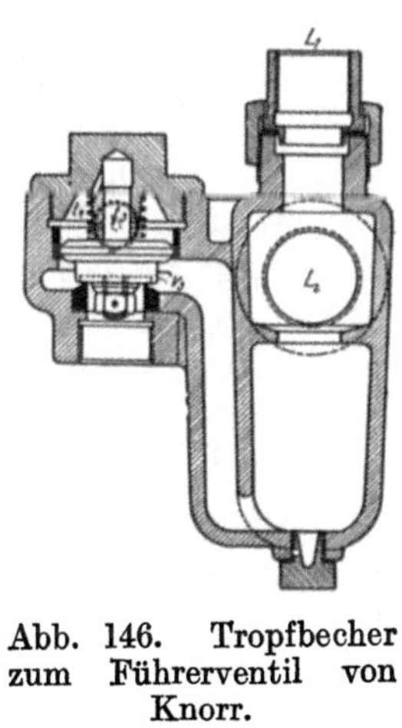

Abb. 146. Tropfbecher zum Führerventil von Knorr.

Die Lokomotiv- und Tenderbremszylinder stehen durch Kanäle c_1, c_2, c_3, Muschel w im Ausgleichschieber s_2, Kanal q_1, q_2 und Öffnung q_3 im Schieberspiegel sowie Muschel e_1 im Hauptschieber mit der freien Luft durch o_1 in Verbindung.

Bei einer Bremsung vom Zuge aus oder von der zweiten Lokomotive bei Fahrt mit Vorspann sinkt der Leitungsdruck auf der linken Seite des Kolbens k, und dieser wird durch den Ausgleichbehälterdruck in die linke Endstellung getrieben. Die Kanäle u_1, u, u_2 im Ausgleichschieber s_2 verbinden hierbei den Ausgleichbehälter über Kanal a_4, das Rückschlagventil v_2, Kanal b_1 und Bohrung b_2 mit dem Kanal c_3 und damit mit den Bremszylindern, so daß diese mit der Druckluft des Ausgleichbehälters gefüllt und damit die Bremsen angezogen werden.

In der Mittelstellung III, in welche der Bremshebel bei Fahrten mit Vorspann an der zweiten Lokomotive gelegt wird, ist der Hauptbehälter von der Leitung ganz abgeschlossen, und die Ausgleichvorrichtung des Führerbremsventils wirkt lediglich als Steuerventil für die Lokomotiv- und Tenderbremse. Das Lösen dieser Bremse geschieht in der gleichen Weise wie in der Fahrtstellung, indem der Ausgleichbehälter über a_5, a_1 aufgefüllt wird und die Lokomotiv- und Tenderbremszylinder durch Kanal c_3, Muschel w, Kanal q_1, q_2, q_3, Muschel e_1 mit der freien Luft verbunden sind. Das Bremsen der zweiten Maschine von der führenden Lokomotive oder vom Zuge aus geschieht in der gleichen Weise, wie es für die Fahrtstellung beschrieben wurde.

In die IV. Stellung, die Abschlußstellung, wird der Bremshebel nach jeder Bremsung gebracht. Die mit dem Ausgleichbehälter verbundene Bohrung a_3 wird dabei durch den Flachschieber s_1 abgeschlossen. Nach Druckausgleich zwischen Leitung und Ausgleichbehälter bewegt die Feder f den Kolben k und damit den Ausgleichschieber s_2 so weit nach links, daß der Leitungsauslaß p_1 verschlossen wird.

Die Stellung V ist die Stellung für Betriebsbremsungen. Der Flachschieber s_1 verbindet den Ausgleichbehälter bzw. die Kammer a_2 durch die Bohrung a_3, die Muschel e_2 und Kanal c_5 mit den Lokomotiv- und Tenderbremszylindern. Infolge der hierbei entstehenden Druckabnahme im Ausgleichbehälter A wird der Ausgleichkolben k mit Schieber s_2 nach rechts bewegt. Der Schieber deckt den Kanal p_1 auf, und Leitungsluft strömt durch diesen über p_2, p_3 und Muschel e_1 so lange nach o_1 ins Freie, bis der Führerbremshebel in die Abschlußstellung gelangt und der Leitungsdruck sich mit dem Ausgleichbehälterdruck ausgeglichen hat. Die Feder f_1 schiebt dann den Kolben k nach links zurück, so daß der Leitungsauslaß p_1 durch den Schieber s_2 geschlossen wird.

Die letzte Stellung ist die Schnellbremsstellung VI. Die Muschel e_1 im Schieber s_1 verbindet den Leitungskanal l_2 ungedrosselt mit der Auslaßöffnung o_1, wodurch in der Leitung eine plötzliche Druckminderung eintritt. Der Ausgleichbehälterdruck treibt hierbei den Ausgleichkolben in seine linke Endstellung, und die Ausgleichbehälterluft strömt durch die Kanäle a_1, a_4, das Rückschlagventil v_2, Kanal b_1, b_2 und Bohrung u_1 u, u_2 und c_3 in die Lokomotiv- und Tenderbremszylinder. Diese werden außerdem durch die Bohrung r im Schieber s_1 und Kanal c_6 mit dem Hauptluftbehälter verbunden, so daß hierdurch eine wesentlich verstärkte Bremswirkung erreicht wird. Gleichzeitig tritt der Tropfbecher (Abb. 146) in Wirksamkeit. Dieser ist bei L_1 mit dem Führerbremsventil verbunden. Die Zugleitung mündet bei L_2 in das Gehäuse in wagerechter Richtung, so daß vom Führerventil etwa mitgerissenes Wasser oder sonstige Unreinigkeiten in den unteren Teil des Gehäuses geschleudert werden. Von dort führt eine Verbindung unter das Kolbenventil v_3. Der Raum t_4 oberhalb dieses Ventils steht durch Anschluß t_3 mit dem Anschluß T des Führerbremsventils (Abb. 141) in Verbindung und wird in der Füll- und Lösestellung durch t_1, t_2 mit Hauptluftbehälterluft gefüllt, so daß das Kolbenventil v_3 auf seinen Sitz gepreßt wird. In der Notbremsstellung wird die Bohrung t_1 im Spiegel des Schiebers s_1 durch den Kanal n_1, n, n_2 mit der ins Freie führenden Öffnung o_4 verbunden. Der Raum über dem Kolbenventil v_3 wird hierdurch entlüftet. Infolgedessen hebt der Leitungsdruck das Ventil an und stellt eine direkte Verbindung zwischen der Leitung und der freien Luft her. Durch den plötzlich vergrößerten Austrittsquerschnitt für die Leitungsluft wird der Druckabfall im Zuge beschleunigt.

7. Das Führerbremsventil mit Rundschieber von Knorr.

Bei den neueren Lokomotiven der Deutschen Reichsbahn kommt ein Knorr-Führerventil zur Anwendung, bei welchem die Vorzüge des alten Knorr-Ventils mit der Betätigungsweise des Westinghouse-Ventils vereinigt sind. Dieses Führerventil für selbsttätige Bremsung ist außerdem durch ein einfaches Ventil ergänzt, durch welches die Bremsen der Lokomotive und des Tenders unabhängig von den Bremsen des Zuges direkt betätigt werden können.

Wie aus Abb. 147—151 ersichtlich, ist bei dem neuen Knorr-Führerbremsventil die Ausgleichvorrichtung des alten Knorr-Ventils und die Überwachung des Leitungsaus-

Abb. 147.

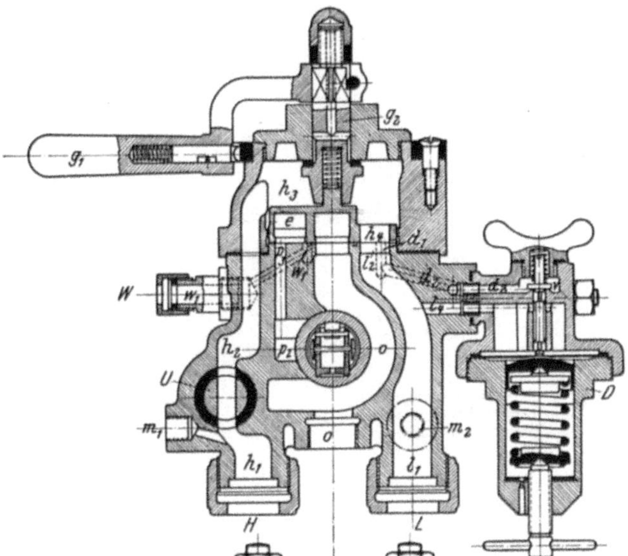

Abb. 148.

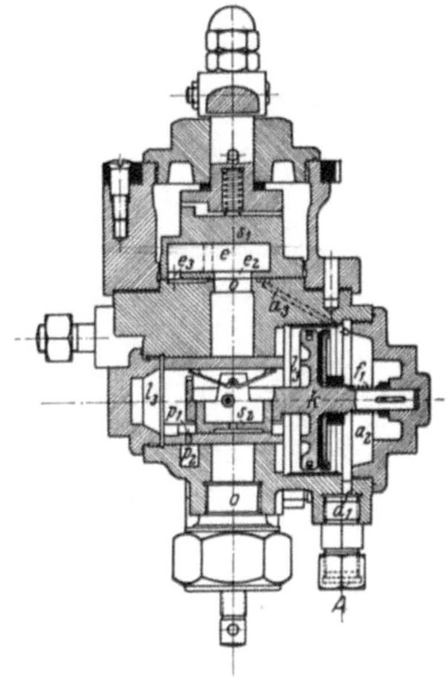

Abb. 149.

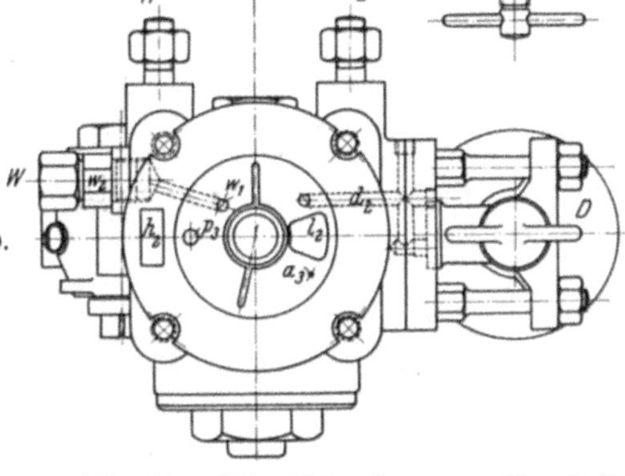

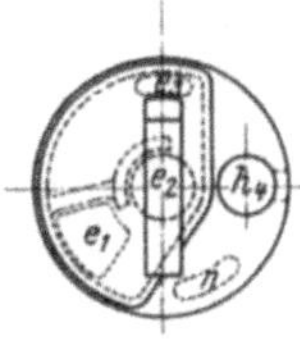

Abb. 150.

Abb. 147—150. Führerbremsventil mit Rundschieber von Knorr.

lasses bei Betriebsbremsungen durch den Hauptschieber beibehalten worden. Dies ermöglicht auch die Beibehaltung der Mittelstellung, die nicht nur die Bedienung eines Absperrhahns im Vorspanndienst an der zweiten Lokomotive unnötig macht, sondern auch die Handhabung der Bremse erleichtert. Dagegen erfüllt die Ausgleichvorrichtung an der zweiten Maschine bei Vorspann und bei Bremsungen aus dem Zuge nicht mehr den Zweck eines Steuerventils für die Lokomotivbremse, sondern für diese bedarf es — wie bei der Westinghouse-Bremse — besonderer Steuerventile. Die Betätigungsart des Ventils ist die des Westinghouse-Ventils mit in horizontaler Ebene sich drehendem Betätigungshebel.

Das Ventil hat, wie das alte Knorr-Führerbremsventil, sechs Stellungen.

In der Füll- und Lösestellung I (Abb. 151) tritt die Luft des bei H angeschlossenen Hauptluftbehälters über Kanal h_1, den Absperrhahn U, Kanal h_2 in den Raum h_3 über dem Drehschieber s_1 und durch die Durchbrechung h_4 in diesem in den Kanal l_2, der über l_1 zur Bremsleitung L führt. Mit dem Kanal l_1 ist der Raum l_3 links vom Ausgleichkolben unmittelbar verbunden. Infolgedessen wird beim Auffüllen der Ausgleichkolben gegen den Druck der Feder f_1 nach rechts getrieben. Eine Auffüllung des Ausgleichbehälters findet in dieser Stellung nicht statt. Dies hat den Vorteil, daß sofort eine Bremsung einsetzt, wenn der Führer aus irgendeinem Grunde gezwungen ist, von der Füllstellung aus zu bremsen.

In der Fahrtstellung II liegt die Bohrung h_4 im Schieber über dem zum Leitungsdruckregler führenden Kanal d_1, während die direkte Verbindung zum Kanal l_2

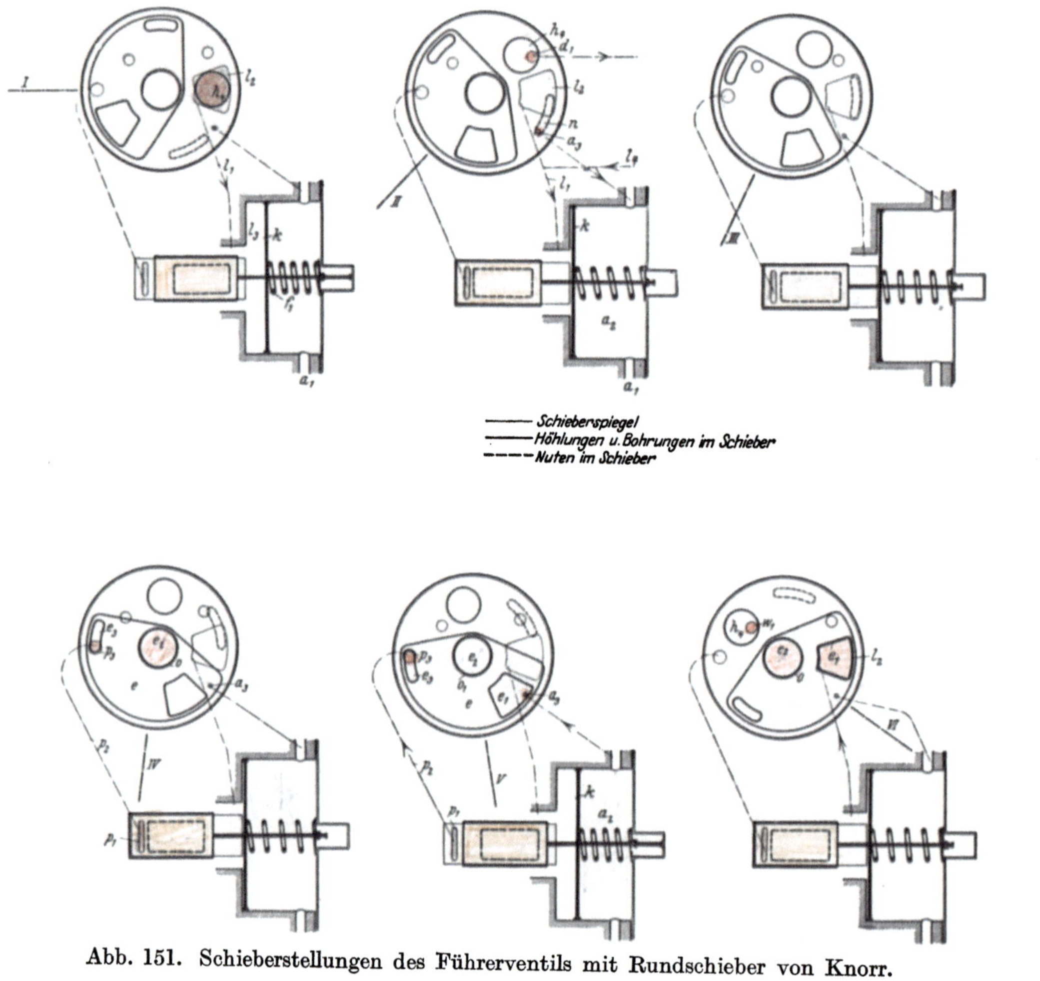

Abb. 151. Schieberstellungen des Führerventils mit Rundschieber von Knorr.

unterbrochen ist. Die Hauptbehälterluft gelangt also nur noch über den Druckregler D und Kanal l_4 zum Kanal l_1 und zu der Leitung L und füllt diese so lange auf, bis der Druck in der Leitung gemäß der Einstellung des Druckreglers 5 Atm. erreicht hat. Dieser Druck wird durch den Druckregler in der Fahrtstellung des Führerventils stets aufrecht erhalten.

Der bei A angeschlossene Ausgleichbehälter (Abb. 148) und der mit ihm über a_1 verbundene Raum a_2 rechts vom Ausgleichkolben k wird vom Kanal l_2 aus durch die Muschel n im Schieber und die Bohrung a_3 im Schieberspiegel mit Leitungsluft gefüllt. In der Fahrtstellung herrscht also zu beiden Seiten des Ausgleichkolbens k derselbe Druck.

In der Mittelstellung III, in die der Führer der zweiten Lokomotive bei Vorspann den Betätigungshebel g_1 zu legen hat, sind im Schieberspiegel alle Kanäle voneinander abgeschlossen. Der Absperrhahn U, der in den vom Hauptluftbehälter kommenden Kanal eingeschaltet ist, ist deshalb normalerweise bei Vorspanndienst nicht zu schließen. Er dient nur dazu, das Führerbremsventil gegen den Hauptluftbehälter abzusperren, wenn dieser oder die Pumpe defekt ist. Außerdem gibt er die Möglichkeit, den Schieber und die Ausgleichvorrichtung zu untersuchen, ohne daß die Hauptbehälterluft abgelassen werden muß.

Die Abschlußstellung IV wird zum Abstufen der Bremswirkung bei Betriebsbremsungen benutzt; in ihr ist der zum Ausgleichbehälter führende Kanal a_3 abgedeckt, der Luftauslaß aus dem Ausgleichbehälter also unterbrochen, dagegen steht der Leitungsauslaßkanal p_3 durch die Langlochbohrung e_3, den Hohlraum e im Schieber und die Bohrung e_2 mit dem in der Mitte des Schieberspiegels angeordneten Auspuffkanal o in Verbindung. Die Leitungsluft tritt also über p_1, p_2, p_3, e_3, e, e_2 und o auch in der Abschlußstellung so lange noch ins Freie, bis nach Eintritt des Druckausgleichs zwischen Ausgleichbehälter und Leitung der Ausgleichschieber s_2 den Kanal p_1 geschlossen hat.

In der Betriebsbremsstellung V legt sich der Ausschnitt e_1 über den zum Ausgleichbehälter führenden Kanal a_3 und der längliche Ausschnitt e_3 über den vom Kanal p_1 im Schieberspiegel der Ausgleichvorrichtung kommenden Leitungsauslaßkanal p_3. Zunächst wird der Ausgleichbehälter über a_3, e_1, e_2 und o entlüftet. Durch den dabei entstehenden Druckabfall in der Kammer a_2 rechts vom Kolben k bewegt sich dieser nach rechts und legt den Kanal p_1 frei. Die Leitungsluft strömt durch diesen auf dem Wege p_1, p_2, p_3, e_3, e, e_2, o ins Freie.

In der Schnellbremsstellung VI tritt der Ausschnitt e_1 über den Kanal l_2, so daß die Leitungsluft über große Querschnitte unmittelbar ins Freie strömen kann. Gleichzeitig legt sich die Bohrung h_4 im Schieber über den Kanal w_1, und die Druckluft strömt über diesen und Kanal w_2 zu den bei W angeschlossenen Preßluftsandstreuern. Die Querschnitte für die Ausströmung der Leitungsluft sind so groß bemessen, daß der Druckabfall derselbe ist, als wenn die Leitung voll mit der freien Luft verbunden wäre.

Bei m_1 (Abb. 147) ist ein Manometer an der vom Hauptbehälter kommenden Leitung angeschlossen und ein anderes bei m_2 an der Leitung, nicht am Ausgleichbehälter, wie bei der Konstruktion von Westinghouse, so daß man in der Lage ist, den tatsächlichen Leitungsdruck jederzeit zu beobachten.

8. Das Führerventil der direkten Bremse bei der Doppelbremse von Westinghouse.

Bei der vorstehend beschriebenen Gruppe von Führerbremsventilen ist das Grundprinzip des ursprünglichen einfachen Dreiwegehahns erhalten geblieben, nach dem die Leitung wenigstens in den Endstellungen durch einen großen Querschnitt und ohne Zwischenschaltung eines Regulierorgans entweder mit dem Hauptluftbehälter oder mit der Außenluft in Verbindung gebracht werden kann. Die direkte Verbindung von Hauptbehälter und Leitung ermöglicht die Anwendung eines hohen Druckes beim Beginn des Lösens und damit die sichere Umschaltung der Ventile auch am Schluß eines sehr langen Zuges. Die direkte und weite Verbindung der Leitung mit der Außenluft erzeugt den für die schnelle Fortpflanzung der Bremsung im Zuge erforderlichen Druckabfall an der Lokomotive und gewährleistet unbedingt sicheres Ansprechen der Bremse.

Schon im Jahre 1881 wurde für die Westinghouse-Doppelbremse ein Führerventil geschaffen, welches in erster Linie dazu dienen sollte, in einfacher Weise jeden Druck in der Leitung der direkten Bremse einzustellen und zu erhalten. Insbesondere für das Befahren von Gefällen ist die Erfüllung einer derartigen Aufgabe sehr wertvoll.

Abb. 152 stellt dieses Ventil dar, wie es bei der Westinghouse-Doppelbremse in der Schweiz zur Anwendung gekommen ist. Im Grunde ist dieses Ventil in der Hauptsache ein Druckminderventil, mit einem Auslaßventil vereinigt, ähnlich dem Druckminderventil, das mit dem Führerbremsventil von Schleifer verbunden ist. Bei H ist der Hauptluftbehälter, bei L die Bremsleitung angeschlossen. Der Hauptbehälterdruck steht über h_1, h_2 auf dem Einlaßventil v_2. Der Leitungsdruck wirkt über l_1, l_2 auf das Einlaßventil v_2 öffnend, auf das mit diesem verbundene Auslaßventil v_1 schließend und auf den Kolben k nach oben gegen die diesen belastende Regulierfeder f_1. Die Spannung dieser Feder wird durch das Handrad g_1 und die mit diesem fest verbundene Schraube g_2 eingestellt. Der Raum o_2 über dem Kolben k steht durch die Öffnungen o_3 mit der freien Luft in Verbindung.

Wird die Schraube g_2 in das Gehäuse eingeschraubt, so bewegt sie unter Vermittlung der Feder f_1 auch den Kolben k nach unten. Das Auslaßventil v_1 wird auf seinem Sitz im Kolben k angedrückt und das Einlaßventil v_2 geöffnet. Die Hauptbehälterluft dringt über h_1, h_2, das Ventil v_2 nach l_2 und in die Bremsleitung. Infolgedessen steigt der Druck unterhalb des Kolbens k; sobald er den Druck der Feder f_1 überwindet, drückt er den Kolben k nach oben, so daß sich das Ventil v_2 unter dem Druck des Hauptbehälters und der Feder f_2 schließt. In dieser Stellung bleibt der Kolben stehen, da der nach oben auf den Kolben wirksame Druck beim Aufsetzen der Ventile um den Ventilquerschnitt verkleinert wird.

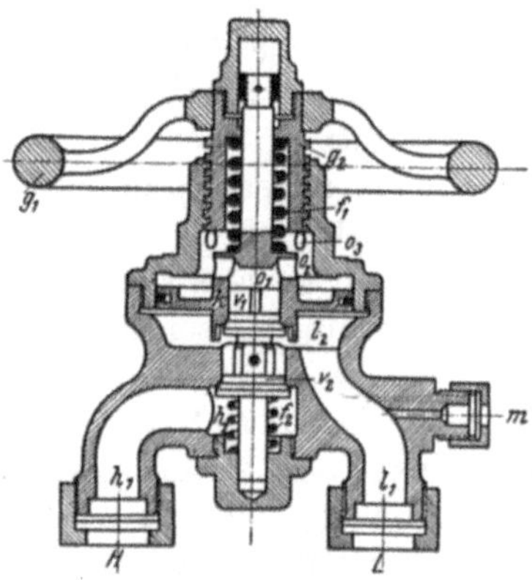

Abb. 152. Führerventil der direkten Bremse bei der Doppelbremse von Westinghouse.

Wird die Schraube g_2 nach oben geschraubt, so wird die Spannung der Feder f_1 verringert. Der von der Leitungsluft auf den Kolben k ausgeübte Druck erhält das Übergewicht, bewegt den Kolben nach oben und öffnet das Auslaßventil v_1; die Leitungsluft strömt infolgedessen über l_1, l_2, v_1, o_1, o_2 und o_3 ins Freie, bis der Druck der Feder f_1 wieder das Übergewicht erhält und den Kolben k auf das Ventil v_1 herunterdrückt. — Bei m ist ein Manometer angeschlossen, das den Leitungsdruck anzeigt.

9. Das Führerventil von Bozic.

Bozic hat dieses Führerventil der direkten Bremse für seine automatische Bremse weiter gebildet, indem er die Bewegung der Verschlüsse nicht direkt, sondern über relaisartig wirkende Ventile bewirkte (Abb. 153). Er bezeichnet das Ventil als eine Vereinigung des Führerventils der nicht selbsttätigen Bremse mit der Ausgleichvorrichtung der bekannten Führerventile.

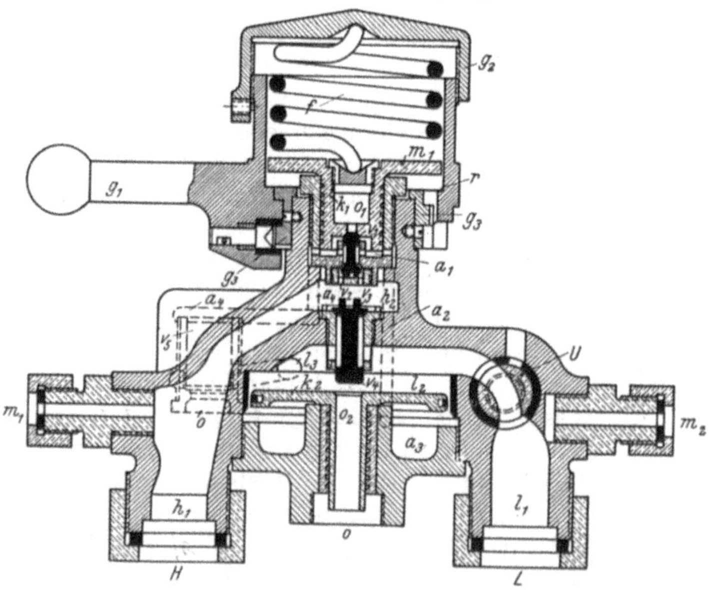

Abb. 153. Führerbremsventil von Bozic.

Der Handgriff g_1 bewegt sich auf einer Schraubenfläche g_3 und drückt dabei mehr oder weniger die Stellfeder f zusammen. Eine Kappe g_2, die mit dem Handgriff verschraubt ist, gestattet, dieser Feder jede gewünschte Anfangsspannung zu geben.

Die Stellfeder f drückt auf einen Kolben k_1, der die Kammer a_1 von der Außenluft trennt; eine Bohrung in diesem Kolben wird von dem oberen Auslaßventil v_1 des kleinen Doppelventils v_1, v_2 verschlossen; das untere Ventil v_2 überwacht den Durchgang zwischen der Kammer a_1 und dem Raum h_2, der über den Anschluß h_1 mit dem Hauptbehälter H verbunden ist.

Die Kammer a_1 steht über den Kanal a_2 mit der Kammer a_3 im Unterteil des Ventilgehäuses in Verbindung, durch den Kanal a_4 mit der Kammer über dem Kolbenventil v_5.

Der Ausgleichkolben k_2 trennt die Kammer a_3 von der Kammer l_2, die über den Anschluß l_1 mit der Hauptleitung L, über den Kanal l_3 mit einem Ringraum unter dem Kolbenventil v_5 verbunden ist. Das Ventil v_5 schließt einen direkten Durchgang zur Außenluft ab. Die Stange des Kolbens k_2 ist in dem unteren Verschlußdeckel des Gehäuses geführt; der durch sie hindurchgehende Kanal o_2 leitet von der Kammer l_2 ins Freie und wird von dem unteren Ventil v_4 des großen Doppelventils v_3—v_4 überwacht. Das obere Ventil v_3 regelt den Durchgang von der Kammer h_2 zur Kammer l_2, d. h. von dem Hauptbehälter H zur Bremsleitung L.

Um die Bremsleitung und die Hilfsbehälter aufzufüllen, die Bremsen also zu lösen, dreht der Führer den Handgriff seines Führerventils ganz nach links. Er drückt damit die Stellfeder f zusammen, die ihrerseits den Kolben k_1 nach unten führt und ihn mit seiner Durchbohrung auf das Ventil v_1 preßt, während sich das Ventil v_2 von seinem Sitz abzuheben beginnt, das bis dahin durch den Hauptbehälterdruck geschlossen wurde. Die Druckluft strömt vom Hauptbehälter in die Kammern a_1 und a_3 und hebt den Ausgleichkolben k_2 an. Dieser stößt beim Hochgehen zuerst auf das Ventil v_4, dieses schließend, öffnet dann das Ventil v_3 und läßt Hauptbehälterluft in die Bremsleitung überströmen.

Der Luftdruck in der Kammer a_1 nimmt zu, bis der Druck auf den Kolben k_1 die Spannung der Stellfeder f überwindet. In diesem Augenblick bewegt sich der Kolben aufwärts, drückt die Stellfeder so weit zusammen, daß sich das Ventil v_2 schließen kann, ohne daß das Auslaßventil v_1 geöffnet wird. Das Überströmen der Hauptbehälterluft nach den Kammern a_1 und a_3 wird damit unterbrochen.

Der Druck in der Kammer l_2 und demnach auch in der Bremsleitung L nimmt dagegen noch weiter zu, bis er die Höhe des in a_3 eingestellten Druckes erreicht. Dann geht der Ausgleichkolben k_2 so weit abwärts, daß sich das Ventil v_3 schließt, ohne daß sich das Ventil v_4 öffnet. Der Leitungsdruck ist also, weil er von dem Druck in a_3 abhängt, auch abhängig von der Spannung der Stellfeder f. Wenn der Druck in a_1 und a_3 aus irgendeinem Grunde niedriger ist, als der Federspannung entsprechen würde, so öffnet die Stellfeder das Ventil v_2 und läßt Druckluft aus dem Hauptbehälter in die Kammern a_1 und a_3 überströmen bis deren Druck die entsprechende Höhe erreicht hat. Ebenso hebt sich, so lange der Leitungsdruck nicht dem Druck in a_3 gleich ist, der Kolben k_2 und öffnet das Ventil v_3, bis der gleiche Druck in der Hauptleitung herrscht.

Wenn andererseits der Druck in a_1 und a_3 aus irgendeinem Grunde die Spannung der Stellfeder überwindet, wird der Kolben k_1 hochgetrieben; das Auslaßventil v_1 öffnet sich und läßt so viel Druckluft ausströmen, daß der Kolben k_1 sich unter dem Druck der Stellfeder wieder senkt und die Verbindung zwischen der Kammer a_1 und der Außenluft unterbricht. Derselbe Vorgang spielt sich auch bei den Hauptventilen v_3—v_4 ab. Infolge Verminderung des Druckes in der Kammer a_3 senkt sich der Kolben k_2 und öffnet das Ventil v_4. Durch dieses strömt Luft aus der Hauptleitung ins Freie aus, bis der Druck in der Kammer l_2 auf den in der Kammer a_3 herrschenden gesunken ist. Dann wird das Ventil v_4 durch den sich hebenden Ausgleichkolben k_2 geschlossen.

Falls es nötig ist, die Höhe des Leitungsdruckes zu ändern, wird die Kappe g_2 heraus- oder hineingeschraubt und damit die Spannung der Stellfeder f entsprechend verändert.

Um in der Hauptleitung eine Druckminderung hervorzurufen, d. h. eine Bremsung einzuleiten, wird der Handgriff nach rechts gedreht. Der in der Hauptleitung entstehende

Druckabfall entspricht dem Winkel, um den der Handgriff aus der Fahrtstellung gedreht wird. Dreht man den Handgriff nach rechts bis an das Ende seines Hubes, so greift der Vorsprung r in dem Hebelgehäuse unter die Scheibe m des Kolbens k_1 und zwingt diesen, der Aufwärtsbewegung des Handgriffes zu folgen. Der Kolben löst sich von dem Ventil v_1 unabhängig von der Spannung der Stellfeder, so daß die Kammern a_1 und a_3 und demnach über a_4 auch der Raum über dem Ventil v_5 vollständig entleert werden. Dieses Ventil wird von dem Leitungsdruck geöffnet, sobald der Druck über ihm stark fällt, da seine kolbenförmige Führung eine größere Fläche hat als das Ventil selbst.

10. Das Führerventil von Drolshammer.

Drolshammer hat für sein Führerventil das bei Fördermaschinen schon seit vielen Jahren mit Erfolg angewandte Bremsventil zum Vorbild genommen, bei dem — ähnlich wie bei den beiden vorher erwähnten Ventilen und bei dem Führerventil der New Yorker Bremse — eine selbsttätige Einstellung des Bremsdruckes derart erfolgt, daß jeder Stellung des Führerbremshebels ein bestimmter Leitungsdruck entspricht (Abb. 154).

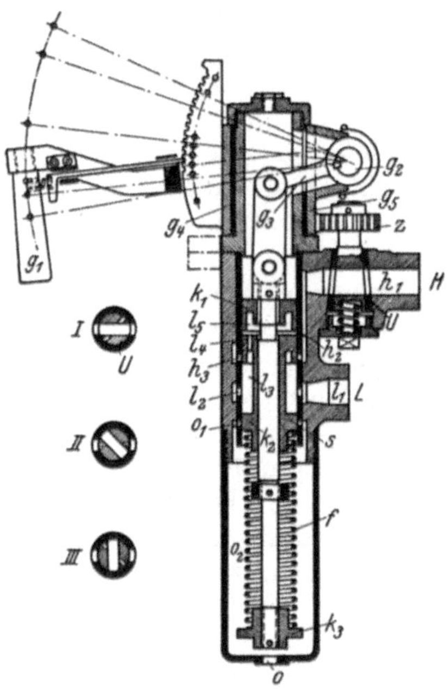

Abb. 155. Abb. 154.

Abb. 154 und 155.
Führerbremsventil von Drolshammer.

Durch den Hebel g_1, der sich um die Welle g_2 dreht, wird vermittelst des kleinen Hebels g_3 und der Schubstange g_4 der Kolben k_1 auf und ab bewegt. Auf der Kolbenstange k_2 verschiebt sich der Kolbenschieber s, der durch die sich auf die Scheibe k_3 stützende Stellfeder f mit dem Kolben k_1 kraftschlüssig verbunden ist. Bei L ist die Bremsleitung mit dem Steuerventil verbunden. Der Leitungsdruck tritt über l_1 und die Löcher l_2 in den Innenraum l_3 des Kolbenschiebers und durch die Bohrung l_4 auch in den Raum l_5 zwischen dem Kolbenschieber und dem Kolben k_1. Die Wirkung des Leitungsdruckes hebt sich sowohl in dem Schieber als zwischen dem Schieber und dem Kolben in bezug auf diesen vollständig auf, so daß der Führer bei Bewegung des Hebels g_1 außer der Reibung des Schiebers und des Kolbens keinerlei Widerstand zu überwinden hat. Die Druckluft aus dem bei H angeschlossenen Hauptbehälter gelangt über den Anschluß h_1, Umstellhahn U und Kanal h_2 zu den in der Zylinderbüchse angebrachten Löchern h_3. In der obersten Lage des Hebels g_1 steht der Schieber s so, daß durch seine Ringnut l_3 die Löcher h_3 mit den Löchern l_2 verbunden sind. Infolgedessen strömt Hauptbehälterluft über h_1, h_2, h_3 nach l_3 und über die Löcher l_2 und Anschluß l_1 zur Leitung. Sobald der Druck in der Leitung auf die gewünschte Höhe gestiegen ist, preßt der auf den Schieber s nach unten wirksame Druck die Feder f so weit zusammen, daß die Verbindung zwischen den Löchern h_3 und l_2 unterbrochen wird. Sinkt der Druck in der Leitung durch Undichtigkeiten, so drückt die Feder f den Schieber so weit nach oben, daß die Verbindung zwischen Hauptluftbehälter und Leitung wiederhergestellt wird. Der Leitungsdruck wird dadurch selbsttätig aufrechterhalten.

Zum Zweck einer Bremsung wird der Hebel g_1 nach unten verlegt. Der Schieber s wird dabei mitgenommen, bis er die Öffnungen l_2 mit den zur Außenluft führenden Öffnungen o_1 verbindet. Leitungsluft tritt infolgedessen über l_1, l_2, l_3, Bohrung o_1, Kammer o_2 und Öffnung o ins Freie, und die Bremsen werden angezogen. Da hierbei der die Feder f spannende Leitungsdruck sinkt, verschiebt die Feder f den Schieber s nach oben und verschließt damit die Ausströmöffnungen o_1. Durch stufenweises Weiterverlegen des Hebels g_1 nach unten kann eine stufenweise Verminderung des Leitungsdruckes und damit eine stufenweise Verstärkung der Bremsung bewirkt werden. Dem Diagramm der Feder f entsprechend stellt sich bei jeder Lage des Hebels g_1 ein bestimmter Leitungsdruck ein. Wird der Hebel aus einer der Bremsstellungen stufenweise nach oben bewegt, so wird die Leitung so lange mit dem Hauptluftbehälter verbunden, bis der Leitungsdruck den Schieber s wieder in eine Stellung zurückbewegt, in der die Öffnungen h_3 abgeschlossen sind und damit die Verbindung zwischen Hauptluftbehälter und der Leitung unterbrochen wird.

Da in dieser Einrichtung nicht die Möglichkeit gegeben ist, den Hauptluftbehälter vollständig von der Bremsleitung abzuschließen oder für den Durchgang vom Hauptluftbehälter zur Bremsleitung zu drosseln, so ist mit dem eigentlichen Führerbremsventil ein Umstellhahn U verbunden, der vermittelst eines Zahnrades z gedreht werden kann, wenn der Hebel g_1 in horizontaler Richtung gedreht wird. Der Hebel g_1 nimmt alsdann durch Welle g_2 die in dem Ventilgehäuse um eine senkrechte Achse drehbar gelagerte Büchse g_3 mit, auf der ein Zahnsegment g_4 aufgeschnitten ist, das mit dem Zahnrad z in Eingriff steht.

Der Umstellhahn U kann 3 Stellungen einnehmen.

In der Stellung I ist er vollständig geöffnet. Diese Stellung wird benutzt, um beim Füllen der Bremse schnell durch großen Querschnitt der Leitung Luft aus dem Hauptluftbehälter zuzuführen.

In der Stellung II führt eine enge Bohrung vom Hauptluftbehälter über h_1 zum Führerbremsventil. Diese Stellung wird bei der Fahrt benutzt. Die Drosselung im Hahn verhütet, daß dem Führerbremsventil so viel Luft zuströmt, daß gegebenenfalls eine Bremsung aus dem Zug erschwert wird.

In der Stellung III sperrt der Hahn den Kanal h_1 ganz ab. Diese Stellung dient dazu, bei Vorspann das Führerbremsventil der zweiten Lokomotive vollständig auszuschalten.

11. Die Nachspeisevorrichtungen von Knorr.

Die letzten 3 Führerbremsventile haben zwar den Vorteil, daß sie den vom Führer in der Leitung eingestellten Druck selbsttätig aufrechterhalten, dafür ist ihnen aber eine starke Drosselung der Luftströmung beim Übergang zur Brems- oder Lösestellung eigentümlich. Sie eignen sich deshalb mehr für solche Bremsvorrichtungen, die auch auf langsam sich ändernden Leitungsdruck ansprechen, nicht aber für solche, bei denen kleine schnelle Druckänderungen den ganzen Zug durcheilen und möglichst rasch auch das letzte Ventil in Bewegung setzen sollen.

Um die Aufrechterhaltung einer in der Bremsleitung verursachten Druckveränderung auch bei den Ventilen der ersten Art zu ermöglichen, d. h. die schädliche Wirkung von Undichtigkeiten der Leitung auszuschalten, hat die Knorr-Bremse A. G. eine Einrichtung vorgeschlagen, durch die in jedem Fall sowohl beim Bremsen als beim Lösen der Druck in der Leitung nach dem im Ausgleichbehälter eingestellten Druck reguliert wird. Die Wirkung des Leitungsdruck-Erhaltungsventils (Abb. 156) beruht darauf, daß ein einen Durchgang vom Hauptluftbehälter zur Bremsleitung beherrschendes Ventil v geöffnet wird, sobald der Druck in der Leitung unter den im Ausgleichbehälter herrschenden Druck sinkt. Bei L ist die Bremsleitung angeschlossen. Deren Druck herrscht über l_1 auch in dem Raum l_2 über der Biegehaut m. Der Druck des bei A angeschlossenen Ausgleichbehälters überträgt sich über a_1 auf den Raum a_2 unter der Biegehaut. Mit dem Raum h_2 über dem Ventil v ist über h_1 der Hauptbehälter verbunden. Bei Einleitung des

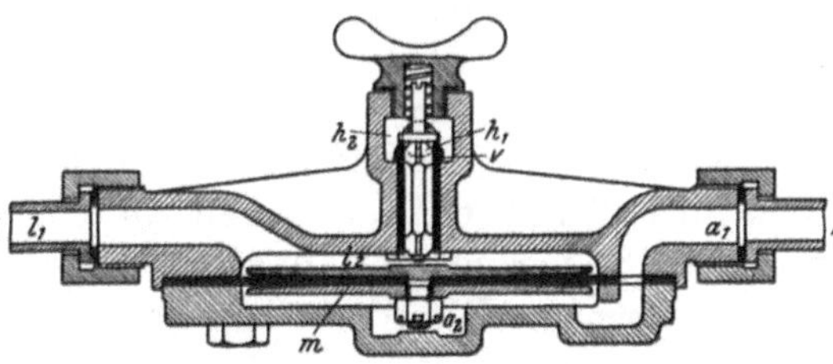

Abb. 156. Nachspeisevorrichtung von Knorr.

Bremsens oder Lösens der Bremse wird der Druck in der Leitung und im Ausgleichbehälter durch das Führerventil gleichmäßig gesenkt bzw. erhöht. In der Abschlußstellung des Führerventils dagegen sind beide Räume voneinander getrennt. Sinkt nun der Druck in der Leitung durch Undichtigkeiten, so sinkt auch der Druck im Raum l_2. Die Biegehaut m hebt sich unter dem dabei höher bleibenden Druck im Ausgleichbehälter und lüftet das Ventil v. Hauptbehälterluft strömt dann so lange über h_1, h_2, v, l_2, l_1 zur Leitung, bis in dieser der Druck des Ausgleichbehälters wieder erreicht ist; dann schließt sich das Ventil v wieder.

Dieses Druckerhaltungsventil kann mit allen Führerbremsventilen verbunden werden, die eine Ausgleichvorrichtung besitzen. Bei dem neuen Knorr-Führerbremsventil ist es dagegen möglich, eine entsprechende Einrichtung in der Ausgleichvorrichtung selbst vorzusehen. Abb. 157 zeigt einen Querschnitt, in dem das Seite 91 beschriebene Führerventil für die Druckerhaltung abgeändert erscheint.

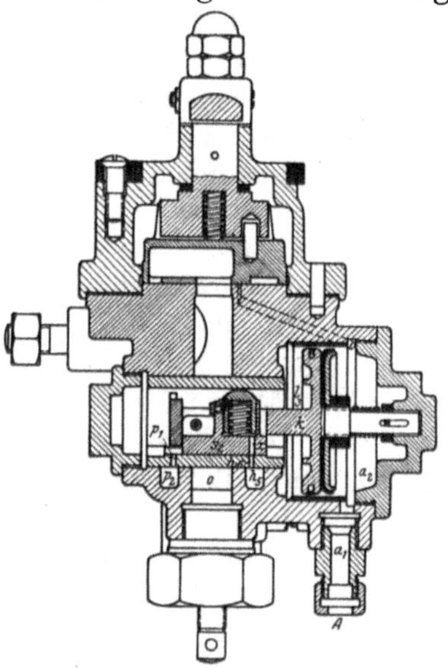

Abb. 157. Führerventil mit Nachspeisevorrichtung von Knorr.

Der Ausgleichschieber steuert nicht nur die von der Leitung über den Hauptschieber zur freien Luft führende Öffnung p_1, sondern beherrscht eine zweite Öffnung h_6, welche über h_5 zum Hauptluftbehälter führt. Damit dessen Druck kein Abheben des Schiebers verursachen kann, ist die vom Knorr-Steuerventil bekannte Andrückvorrichtung über dem Schieber vorgesehen, die in der dargestellten Zwischenstellung des Schiebers durch den Kanal x mit Druckluft gefüllt wird. Anstatt mit dem Hauptluftbehälter kann der Kanal h_5 in der Abschlußstellung des Hauptschiebers s aber auch mit dem Leitungsdruckregler verbunden sein. Vermindert sich der Leitungsdruck, also der Druck im Raum l_3 links vom Ausgleichkolben k, so schiebt der in a_2 herrschende Ausgleichbehälterdruck den Kolben k mit Schieber s_2 nach links, und dieser deckt den Kanal h_6 auf. Die Hauptbehälterluft strömt dann so lange zur Leitung, bis die Luftverluste ersetzt sind, worauf der Schieber s_2 den Kanal h_6 wieder schließt.

b) Das Steuerventil.

Wie aus den im Abschnitt AII gegebenen Beschreibungen der Steuerventile von Westinghouse, Knorr, New Yorker Bremse und Schleifer ersichtlich ist, macht die Abstufung des Bremsdruckes beim Anlegen der Bremsen mit diesen Steuerventilen keine Schwierigkeit, dagegen ist ein stufenweises Lösen der Bremsen nicht möglich.

Der Bremsdruck steigt dem stufenweisen Auslassen des Leitungsdrucks entsprechend stufenweise. Wird eine bestimmte Druckverminderung in der Leitung vorgenommen, so strömt so lange Druckluft aus dem Hilfsluftbehälter zum Bremszylinder, bis der Druck im Hilfsluftbehälter so weit unter den Leitungsdruck sinkt, daß der Druckunterschied den Steuerkolben und Abstufungsschieber in die Bremsabschlußstellung zu verschieben vermag. Die Abstufungen sind dabei für den Betrieb fein genug; denn es ist zu berücksichtigen, daß die Widerstände in den Bremsgestängen ganz kleine Veränderungen im Bremszylinderdruck überhaupt nicht zu den Bremsklötzen gelangen lassen.

Da sich aber die Höhe der Bremsstufe nicht nach dem Druck im Bremszylinder einstellt, sondern nach dem Druck im Hilfsluftbehälter, zeigen die an die gleiche Bremsleitung angeschlossenen Bremszylinder nicht den gleichen Bremsdruck. Dieser hängt vom Bremskolbenhub ab, d. h. also vom Abstand der Bremsklötze von den Rädern. Die Abb. 158 zeigt die Verschiedenheit dieses Druckes an einer 10zölligen Westinghouse-Ausrüstung mit einfachem Steuerventil bei 100, 150 und 200 mm Kolbenhub, bei stufenweiser Ermäßigung des Leitungsdruckes um zunächst 0,4 und dann weiter um je 0,15 Atm. Man erkennt an diesen Kurven, wie die Abstufbarkeit durch kurzen Hub beeinträchtigt wird, und wie weit die Bremsdrücke bei den zulässigen Hubgrenzen auseinanderliegen. Die Verschiedenheit ist bei den untersten Stufen am größten, und bei der Druckminderung in der Leitung um 0,4 Atm. beträgt der höchste Bremsdruck das Fünffache des niedrigsten Druckes. Eine sorgfältige Nachstellung der Bremsklötze ist deshalb auf den Verlauf der Bremsung langer Züge von großem Einfluß.

Eine selbsttätige Nachstellvorrichtung, die heute in vielen Ausführungen Verwendung findet, muß deshalb in allen Fällen erwünscht sein.

Während eine solche Verbesserung für das stufenweise Anziehen der Bremse ohne weiteres möglich ist, konnte zur Abstufung des Lösens der Bremse lange kein geeignetes Mittel gefunden werden. Wird der Druck in der Leitung nach Anlegen der Bremse nur um einen geringen Betrag erhöht, so geht der Steuerkolben des Steuerventils in die Lösestellung und bleibt dort bis zum vollen Lösen der Bremse stehen, da der Druck auf der anderen Seite des Steuerkolbens eben nur bis zur Höhe des Leitungsdruckes ansteigen kann, also kein Mittel vorhanden ist, um den Steuerkolben in eine Löseabschlußstellung zurückzubewegen. Könnte der Führer während des Lösens oder wenigstens sofort nach dem Lösen der Bremse diese wieder anziehen, so könnte er sich beim Befahren von Gefällen immer helfen. Er muß aber eine Zeitlang warten, bis die Hilfsluftbehälter des Zuges wieder aufgefüllt sind, da er sonst bald gar keine Bremskraft mehr zur Verfügung hätte. Das Wiederaufladen der Hilfsluftbehälter erfordert besonders bei langen Zügen eine beträchtliche Zeit. Diese ist durch die Größe der Füllnut am Steuerkolben gegeben, die nicht ohne weiteres vergrößert werden kann, da sonst die Ventile viel zu unempfindlich würden. Andererseits kann das Lösen der Bremse bei den Personenzugbremsen nicht verlängert werden, weil sonst der Betrieb erschwert würde. Die Bremsen sind deshalb im Zuge wesentlich früher gelöst, als die Hilfsluftbehälter aufgefüllt sind. In der Zwischenzeit beschleunigt sich der Zug im Gefälle und kann eine gefährliche Geschwindigkeit annehmen.

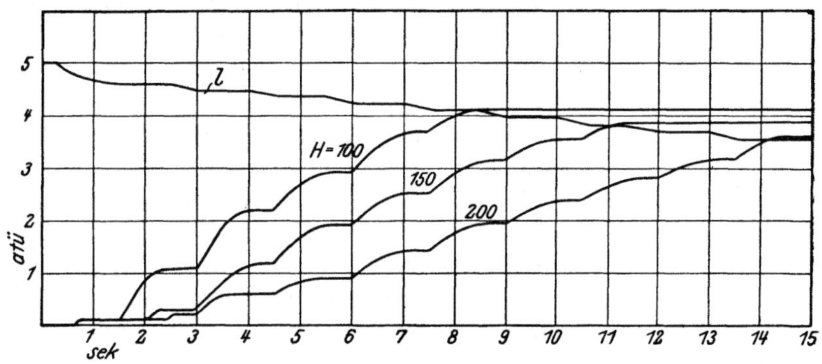

Abb. 158. Stufenweise Bremsungen mit einfachen Steuerventilen bei verschiedenen Hüben des Bremskolbens.

Um diese Gefahren zu vermeiden, sind die verschiedensten Hilfsmittel vorgeschlagen und angewandt worden, die ein Abstufen des Bremsdrucks beim Lösen ermöglichen bzw. ersetzen sollen.

1. Beschränkung des Steuerventilauslasses.

Bei der ersten Gruppe dieser Hilfsmittel wird nicht versucht, das Lösen der Bremse wirklich abzustufen, sondern nur das Lösen der Bremse zu verzögern, bis die Hilfsluftbehälter wieder aufgefüllt sind. Das bekannteste und verbreitetste dieser Mittel ist

α) Das Luftrückhaltventil von Westinghouse,

das noch heute bei den Güterwagen der Vereinigten Staaten von Nordamerika allgemein eingeführt und in Gebrauch ist. Dieses Ventil ist in den vom Bremszylinder über das Steuerventil ins Freie führenden Kanal eingebaut und überwacht den Auslaß aus dem Bremszylinder beim Lösen der Bremse.

Die Abb. 159 zeigt eine der verschiedenen in Amerika angewandten Formen des Luftrückhaltventils. Bei C ist der Bremszylinderauslaß des Steuerventils angeschlossen. Der Kanal c_1, c_2 führt unter das Ventil v, das durch ein Gewicht w_1 belastet ist. Im Kanal c_1, c_2 ist ein Umstellhahn U eingeschaltet, durch den der Durchgang unterbrochen und der Kanal c_1 mit der freien Luft verbunden werden kann.

Der Betätigungshebel g_1 kann 3 Stellungen einnehmen. In der ersten Stellung ist der Kanal c_1 durch den Umstellhahn mit der freien Luft verbunden. Dies ist die Stellung für das Befahren ebener Strecken. Die Bremse arbeitet in dieser Stellung so, als wenn kein Rückhaltventil vorhanden wäre.

In einer zweiten Stellung ist der Hahn U geöffnet, so daß er die Kanäle c_1 und c_2 miteinander verbindet. Beim Lösen der Bremse kann die Bremszylinderluft nicht mehr ohne weiteres ins Freie abströmen, sondern sie muß das Ventil v und das dieses belastende Gewicht w_1 anheben, um über o_1 und die Düse o_2 ins Freie zu gelangen. Ist der Luftdruck nicht mehr groß genug, um den Druck des Gewichts w_1 zu überwinden, so schließt sich das Ventil, die übrige Druckluft bleibt im Bremszylinder eingeschlossen und wirkt weiter bremsend. Inzwischen wird der Hilfsluftbehälter weiter aufgefüllt, so daß ein Erschöpfen vermieden wird. Der Druck des Gewichts w_1 entspricht ungefähr einer Atmosphäre im Bremszylinder. Dieser Druck genügt bei mäßigen Gefällen, um die Geschwindigkeit des Zuges während des Auffüllens der Hilfsluftbehälter in ungefährlichen Grenzen zu halten.

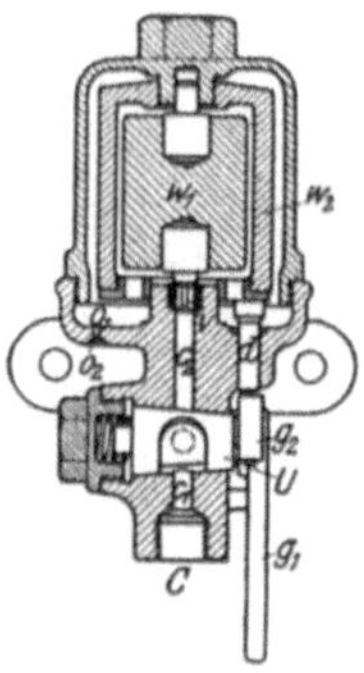

Abb. 159. Luftrückhaltventil.

Bei steilen Gefällen wird der Hebel g_1 in die dritte Stellung gelegt. In dieser ist ebenfalls der Weg c_1, c_2 geöffnet. Es lastet aber nicht nur das Gewicht w_1, sondern auch das Zusatzgewicht w_2 auf dem Ventil v. Die Kurvenscheibe g_2, die durch Vermittlung der Stange d dieses Gewicht in der zweiten Hebelstellung angehoben erhält, senkt dieses in der dritten Stellung auf das Gewicht w_1 herunter. Beide Gewichte zusammen entsprechen einem Druck von ca. 2 Atm. unter dem Ventil v, so daß also auf den steilen Gefällen beim Lösen der Bremsen und Auffüllen der Hilfsbehälter 2 Atm. im Bremszylinder zurückgehalten werden.

Die Einrichtung muß jedesmal beim Beginn des Gefälles von der ersten auf die zweite oder dritte Stellung umgestellt und beim Verlassen des Gefälles auf die erste Stellung zurückgestellt werden.

β) Drosselung des Luftauslasses.

Bei der Ausbildung der Knorr-Güterzugbremse ergab sich von selbst die Notwendigkeit, auch die Löseschaulinie stark zu strecken. Bei der starken amerikanischen Mittelpuffer-Kupplung war dies nicht nötig, bei der europäischen Kupplung dagegen und insbesondere infolge der großen Pufferabstände wurde der Zug zerrissen, wenn die Bremsen im vorderen Zugteil schnell gelöst wurden, während die Bremsen im hinteren Zugteil noch anlagen. Durch Verengung der Löseöffnung, d. h. des Kanals, der beim Lösen den Bremszylinder mit der freien Luft verbindet, wurde die Lösezeit bis auf ca. 50 Sek. verlängert. Hierdurch wurden die Stöße und Zerrungen im Zuge beim Lösen vollständig vermieden. In dieser Lösezeit wurde aber auch der Hilfsluftbehälter so weit aufgefüllt, daß der Führer nach erfolgtem Lösen bis zur nächsten Bremsung nicht so lange zu warten hatte und bei Gefällen von etwa 1 : 50 keine großen Geschwindigkeitserhöhungen mehr eintraten, wenn der Führer richtig arbeitete.

Für stärkere Gefälle reichte diese Verlängerung der Lösezeit indes noch nicht aus. Um für diese während der Lösezeit eine genügend starke Nachspeisung des Hilfsluftbehälters zu erreichen, mußte die Lösezeit auf etwa das Doppelte verlängert werden. Diese Zeit ist aber für den normalen Betrieb in der Ebene und bei mäßigen Gefällen zu lang. Insbesondere erschwert es den Verschiebedienst in unzulässiger Weise. Knorr verlängerte deshalb zwar die Lösezeit für die stärkeren Gefälle, sah hierfür aber eine zusätzliche Verengung in einem Hahn vor, die er mittels des letzteren ein- und ausschalten konnte.

Die Abb. 160 zeigt die Verbindung dieser Zusatzdüse mit der Bremsvorrichtung. Von der Leitung *L* führt der Abzweig *l* zum Steuerventil *St*. Mit diesem ist einerseits durch Leitung *b* der Hilfsluftbehälter *B* andererseits durch Leitung *c* der Bremszylinder *C* verbunden. Die Auspuffleitung o_1, die bei der Knorr-Bremse normalerweise direkt zu dem als Schalldämpfer wirkenden Vorderraum des Bremszylinders *C* führt, ist durch den Umstellhahn *U* unterbrochen. Dieser enthält eine weite und eine enge Bohrung. Bei Fahrten in der Ebene wird vermittelst des von der Außenseite des Fahrzeugs zu bedienenden Hebels g_1 und der Umstellwelle g_2 die weite Bohrung zwischen die Leitungsäste o_1 und o_2 geschaltet. Für die Lösezeit ist dann nur die in dem Steuerventil *St* selbst vorgesehene Auspuffdüse maßgebend. Auf steilen Gefällen dagegen wird die enge Bohrung des Hahns *U* in die Leitung o_1, o_2 eingeschaltet und die Lösezeit entsprechend verlängert.

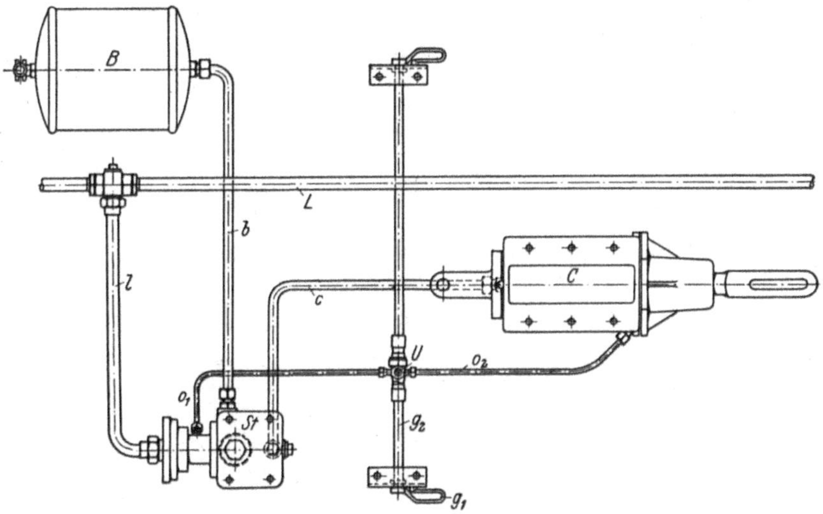

Abb. 160. Vorrichtung zur Drosselung des Bremszylinderauslasses von Knorr.

Bei der neuesten Ausführung der Westinghouse-Güterzugbremse, wie sie im Frühjahr 1926 in Italien und am Gotthard von den französischen Eisenbahnen vorgeführt wurde, ist dies Hilfsmittel ebenfalls zur Anwendung gekommen. Die Einrichtung ist in den Abb. 90 — 92 dargestellt. Der von dem Bremszylinder zur Außenluft führende Kanal o_1 mündet in zwei Öffnungen o_3 und o_4, von denen die Öffnung o_3 durch den Umschalthahn verschlossen werden kann. Die Öffnungen enthalten Drosselvorrichtungen, die aus einer Reihe von durchbohrten Scheiben bestehen. In der Stellung des Umstellhahns u_1 nach Abb. 90 strömt die Druckluft durch beide Öffnungen ins Freie. Die Lösezeit beträgt dabei ca. 35 Sek. bei mittlerem Kolbenhub. Diese Stellung wird bei Fahrten in der Ebene benutzt. In der anderen Stellung (Abb. 90a) dagegen kann die Druckluft nur durch die stark gedrosselte Öffnung o_4 ausströmen. Die Lösezeit wird dabei auf ca. 80 Sek. bei mittlerem Kolbenhub verlängert und ermöglicht das Befahren steiler Gefälle.

2. Benutzung einer zweiten Leitung.

Bei einer anderen Gruppe von Einrichtungen für das Bremsen im Gefälle wird eine zweite durch den Zug führende Leitung benutzt.

α) Um ein gefahrloses Befahren der Gefälle zu sichern, hat man bei den auf den steilen Gebirgsstrecken der Schweiz verkehrenden Personenzügen schon im Jahre 1888 gleichzeitig mit der Einführung der selbsttätigen Westinghouse-Bremse eine direkte Bremse vorgesehen, für die derselbe Bremszylinder verwendet wird wie für die selbsttätige Bremse. Zu diesem Zwecke ist eine zweite Leitung durch den Zug hindurchgeführt, und zwischen dieser und dem Bremszylinder ist ein Doppelrückschlagventil angeordnet, welches entweder die direkte Bremsleitung oder das Steuerventil der selbsttätigen Bremse mit dem gemeinschaftlichen Bremszylinder verbindet.

Abb. 161 zeigt die Anordnung dieser Doppelbremse und Abb. 162 die Bauart des Doppelrückschlagventils.

Auf den Strecken der Ebene wird die selbsttätige Westinghouse-Bremse angewandt mit dem Führerbremsventil nach Abb. 127 und dem Steuerventil nach Abb. 7. Die direkte Bremsleitung bleibt unbenutzt. Die beim Bremsen vom Hilfsluftbehälter *B* über das Steuerventil *St* und Leitung c_a zum Doppelrückschlagventil *r* strömende Luft verschiebt das Kolbenventil *k* nach links. Dieses überschleift die Öffnungen c_2, und die Druckluft gelangt von c_a über c_2, c_1 weiter zum Bremszylinder *C*. Auch das Lösen der Bremse erfolgt auf demselben Wege über das Steuerventil *St*. Im Gefälle bleibt das Führerbremsventil der selbsttätigen Bremse in Fahrtstellung stehen. Die durch das Führerbremsventil der direkten Bremse, als welches in der Schweiz das Ventil nach Abb. 152 verwandt wird, in die Leitung L_d eingelassene Luft strömt direkt über die

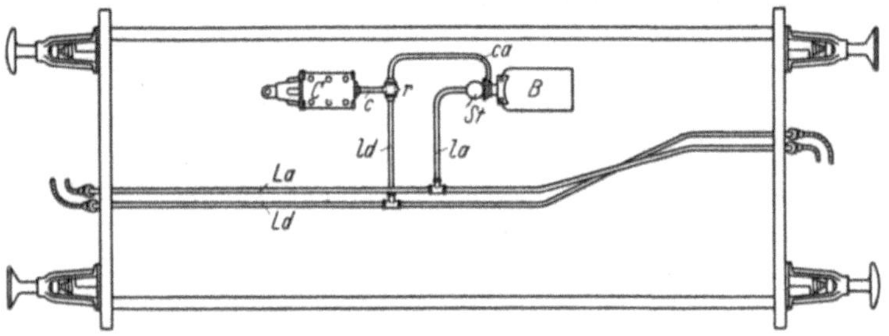

Abb. 161. Doppelbremse von Westinghouse (Schweiz).

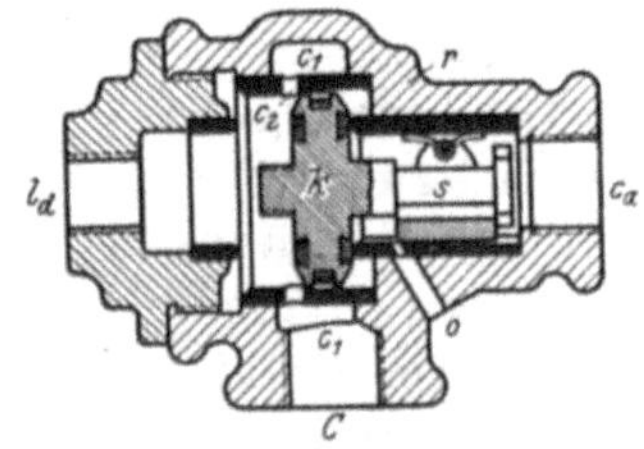

Abb. 162. Doppelrückschlagventil für die Doppelbremse von Westinghouse.

Zweigleitung l_d zum Doppelrückschlagventil *r*, verschiebt in diesem den Kolben *k* nach rechts in die in der Abb. 162 gezeigte Stellung und gelangt weiter über die Öffnungen c_2 und Leitung c_1 zum Bremszylinder *C*. Die Entlüftung des Bremszylinders geschieht auf demselben Wege über die Leitung L_d und das Führerventil der direkten Bremse, und da die Verbindung zwischen diesem und dem Bremszylinder des Zuges eine unmittelbare ist, ist es möglich, die Bremswirkung in jeder Weise nach oben und unten abzustufen. Das Kolbenventil *K* bleibt dabei in der gezeichneten Stellung unverändert stehen. In dieser deckt der mit dem Kolbenventil *K* verbundene Schieber *s* den ins Freie führenden Kanal *o* auf, so daß die während des direkten Bremsens durch Undichtigkeit vom Steuerventil *St* herkommende Druckluft ins Freie entweichen kann. Die Einrichtung stammt von der Bahn Paris — Lyon — Méditerranée her und soll die Entleerung der Hilfsluftbehälter von der Lokomotive aus ermöglichen, so daß es nicht nötig ist, vor dem Verschieben eines Zuges an jedem Wagen die Bremse zu entleeren. Zu diesem Zweck wird die Leitung der direkten Bremse unter Druck gesetzt und die Luft aus der Leitung der selbsttätigen Bremse ausgelassen. Die Luft der Hilfsluftbehälter entweicht dann durch den aufgedeckten, ins Freie führenden Kanal *o*.

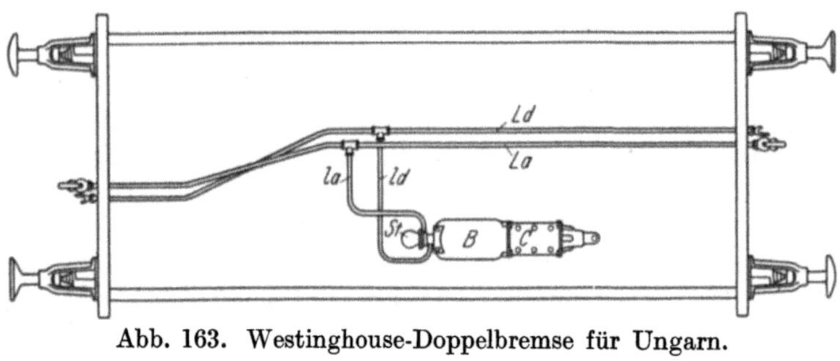

Abb. 163. Westinghouse-Doppelbremse für Ungarn.

β) Eine andere Anordnung der zweiten Leitung für direkte Bremsung (Abb. 163) wurde von der Westinghouse-Gesellschaft für die Versuche mit der Westinghouse-Güterzugbremse in Ungarn gewählt. Diese Anordnung beeinflußt die selbsttätige Bremse in keiner Weise, so daß auch die normale Verbindung von Steuerventil *St*, Hilfsluftbehälter *B* und Bremszylinder *C* beibehalten werden konnte. Nur der Auslaßkanal des Steuerventils führt nicht unmittelbar ins Freie, sondern ist durch Zweigleitung l_d mit der zweiten durchgehenden Leitung L_d verbunden, die am Führerstand in dem Führerventil der direkten Bremse mündet. Beim Fahren in der Ebene befindet sich dieses in der Stellung, in der die Leitung L_d mit der freien Luft in Verbindung steht, so daß sich die Lösung der selbsttätigen Bremse ungehindert in normaler Weise vollzieht. Beim Befahren eines Gefälles wird zunächst die selbsttätige Bremse durch Auslassen von Druckluft aus der Leitung L_a angezogen. Dann wird die selbsttätige Bremse wieder gelöst, das Ventil für direkte Bremse dabei aber in Abschlußstellung gehalten. Die Bremszylinder werden also über die Muscheln der Steuerventilschieber mit der durchgehenden Leitung L_d verbunden, und nunmehr kann der Führer durch Betätigung des Führerventils für direkte Bremsung den Druck in den Bremszylindern beliebig erhöhen oder vermindern.

So vorteilhaft diese Verbindung einer direkten Bremse mit der selbsttätigen Bremse dadurch erscheint, daß die Hilfsluftbehälter der automatischen während der Benutzung der direkten Bremse stets aufgeladen erhalten werden, die selbsttätige Bremse also immer in voller Reserve bleibt, so wurde diese Lösung wegen der die Unterhaltung der Bremse sehr erschwerenden zweiten Leitung doch als für den europäischen Güterzugbetrieb ebenso unanwendbar angesehen wie die vorher beschriebenen unvollkommenen Einrichtungen. Man war deshalb immer wieder bestrebt, die Abstufung des Lösens in vollkommenerer Weise zu erreichen.

3. Beeinflussung des Steuerventils durch den Bremszylinderdruck.

Die grundsätzliche Schwierigkeit für die Abstufbarkeit des Lösens bei den im Betriebe erprobten Einkammer-Druckluftbremsen liegt darin, daß das Steuerorgan nur durch Leitungs- und Hilfsbehälterdruck beeinflußt wird, der zu regelnde Druck des Bremszylinders aber gar keinen Einfluß auf die Steuerung ausübt.

Es gibt indes eine ganze Gruppe von Konstruktionen, bei denen in der Hauptsache der Bremszylinderdruck die Steuerung beeinflußt. Daß diese Konstruktionen sich bei den Vollbahnen bisher noch keinen Eingang verschaffen konnten, ist darauf zurückzuführen, daß ihr Grundprinzip von dem der eingeführten Bremsen abweicht und die Hilfsmittel, deren sie bedürfen, nicht genügende Betriebssicherheit bieten.

α) Das englische Patent Nr. 3167 von Humphrey.

Das diesen Einrichtungen zugrunde liegende Prinzip ist schon durch das englische Patent Nr. 3167 vom Jahre 1892 bekannt geworden.

Die Abb. 164 zeigt das Schema der Bremse aus der Patentschrift.

An die durchgehende Bremsleitung L sind durch die Zweigleitung l_1 zwei Behälter A und B und durch die Zweigleitung l_2 das Steuerventil St angeschlossen. Die Behälter A und B werden von der Leitung L aus über die Rückschlagventile r_1 bzw. r_2 gefüllt. In dem Steuerventil bewegt sich der Differentialkolbensatz k_1—k_2 und die mit diesem verbundenen Kolbenschieber $s_1\, s_2$. Die Feder f hat nur die Aufgabe, das Gewicht der Steuerungsteile auszugleichen, bzw. den Kolbensatz in seiner obersten Stellung zu halten, wenn kein Druck vorhanden ist. Der Behälter A ist nur Steuerbehälter. Er ist über a_1 mit dem Raum a_2 über dem Steuerkolben k_1 verbunden. Die in ihm enthaltene Druck-

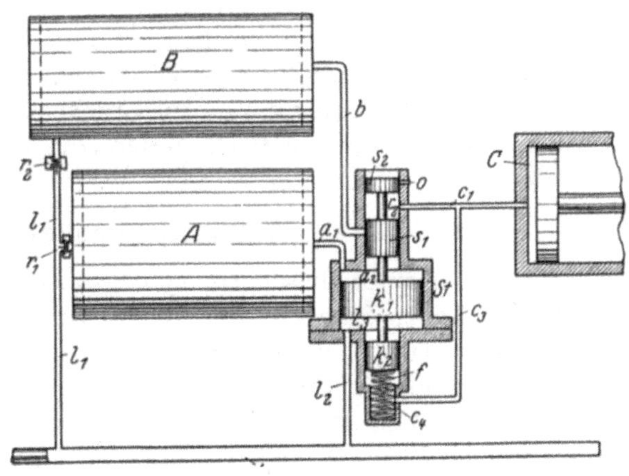

Abb. 164. Bremse nach dem Patent Humphrey.

luft bleibt stets erhalten, und etwaige Verluste durch Undichtigkeiten werden während der Fahrt aus der Leitung über das Ventil r_1 ergänzt. Der Behälter B dagegen, der über b mit dem Steuerventil verbunden ist, ist der Brems- oder Hilfsluftbehälter, aus dem die Druckluft für die Füllung des Bremszylinders C entnommen wird. Seine Nachspeisung erfolgt über Ventil r_2 auch während des Bremsens, so daß in ihm immer ein großer Luftvorrat enthalten ist, der mindestens den Druck der Leitung besitzt. Der Druck der Leitung steht im Raum l_3 unter dem großen Kolben k_1 und über dem kleinen Steuerkolben k_2. Der Bremszylinderdruck herrscht über c_1, c_3 in dem Raum c_4 unter dem kleinen Kolben k_2 und in dem Raum c_2 zwischen den Steuerschiebern s_1 s_2.

Ist der Bremszylinder C leer und der Druck in der Leitung und im Steuerbehälter A der gleiche, also während der Fahrt, so heben sich die in den Räumen l_3 und a_2 herrschenden auf die Flächen der Kolben k_1—k_2 und des Schiebers s_1 wirkenden Drücke auf. Der Kolbensatz ist deshalb in seiner höchsten Stellung, und der Raum c_2 zwischen den Schiebern s_1—s_2 verbindet den Bremszylinder C über o mit der freien Luft.

Wird zum Zweck einer Bremsung der Leitungsdruck vermindert, so sinkt auch der Druck im Raum l_3, derjenige im Raum a_2 dagegen bleibt erhalten. Der Kolbensatz sinkt herunter, der Schieber s_2 verdeckt zunächst die Auslaßöffnung o, und dann legt der Schieber s_1 die Mündung des Kanals b frei. Die Druckluft des Behälters B strömt infolgedessen über b, c_2 und c_1 in den Bremszylinder. Der in diesem entstehende Druck teilt sich über c_3 auch dem Raum c_4 unter dem kleinen Steuerkolben mit. Steigt der auf den kleinen Kolben k_2 von unten wirksame Druck über den Unterschied der in a_2 und l_3 auf den Kolben k_1 wirksamen Drücke, so geht der Kolbensatz so weit in die Höhe, daß der Schieber s_1 den Kanal b abschließt. Damit ist eine Bremsstufe abgeschlossen. Durch mehrfaches Auslassen von Druckluft aus der Leitung kann die Bremskraft des Bremszylinders C beliebig stufenweise erhöht werden.

Wird andererseits nach einer Bremsung der Leitungsdruck um einen Betrag erhöht, so wächst der Druck auch im Raum l_3 und treibt den Kolbensatz nach oben, bis die Leitung c_1 und damit der Bremszylinder mit der Öffnung o verbunden wird. Die Druckluft des Bremszylinders strömt ins Freie. Damit vermindert sich auch der Druck im Raum c_4 unter dem kleinen Steuerkolben. Wird die Druckverminderung auf den Kolben k_2 von unten größer als die vorangegangene Druckvermehrung auf den großen Kolben k_1 von unten, dann geht der Kolbensatz nach unten, und der Schieber s_2 verschließt die Auslaßöffnung o. Damit ist eine Lösestufe abgeschlossen. Durch stufenweises weiteres Einlassen von Druckluft in die Leitung kann die Bremswirkung darnach auch beliebig stufenweise verringert werden.

Dieses Prinzip ist außerordentlich einleuchtend, indes ergeben sich bei der konstruktiven Durchbildung große Schwierigkeiten. Da zwischen den Räumen c_4, l_3, a_2, c_2 und der Außenluft nicht nur kurz vorübergehende, sondern dauernde Druckunterschiede vorhanden sind, so müssen insbesondere die Kolben k_1—k_2 für dauernde Dichtigkeit gebaut werden.

β) Das Steuerventil von Soulerin.

Einen Vorläufer dieser Art von Bremseinrichtungen bildet die Soulerin-Bremse, die bei französischen Straßen- und Kleinbahnen Verwendung gefunden hat.

Das Steuerventil dieser Bremse ist in Abb. 165 dargestellt.

Abweichend von der im englischen Patent beschriebenen Einrichtung sind für den Lufteinlaß in den Bremszylinder und für den Luftauslaß aus diesem zwei getrennte Steuerkolben k_1 und k_2 angeordnet. Bei L ist die Leitung angeschlossen, bei C der Bremszylinder, bei B der Hilfsluftbehälter. Bei gelöster Bremse strömt die Luft aus der Leitung über Kanal l_1 nach der Kammer l_2. Sie drückt an den beiden Kolben k_1 und k_2 die Ledermanschetten zurück und gelangt über Kanal b_1 zum Behälter, bis dieser den gleichen Druck zeigt wie die Leitung. Da auch die beiden Kammern b_2 und b_3 diesen Druck annehmen, so wird das Einlaßventil v_1 mit dem auf seine Fläche wirkenden Behälterdruck angepreßt und der Kolben k_2 mit dem auf dem Gegenkolben k_3 ruhenden Behälterdruck in der oberen Lage gehalten. In dieser Lage kann sich das Ventil v_2 frei vom Sitz bewegen, und infolgedessen ist der Bremszylinder C über Kanal c_3 und Kammer c_4 entlüftet.

Wird beim Einleiten einer Bremsung Luft aus der Leitung ausgelassen, so sinkt auch der Druck in der Kammer l_2. Da der Durchmesser des Kolbens k_2 etwas größer ist als der des Kolbens k_1, andererseits der Gegenkolben k_3 etwas kleiner ist als die Sitzfläche des Ventils v_1, so bewegt sich der Kolben k_2 zuerst nach unten und drückt das Auslaßventil v_2 auf seinen Sitz. Dann erst hebt sich der Kolben k_1 und öffnet das Ventil v_1, so daß Luft aus dem Hilfsluftbehälter B über Kanal b_1, Kammer b_3, das Ventil v_1, Kammer c_2, Kanal c_1 zum Bremszylinder C strömt. Der im Bremszylinder herrschende Druck belastet nun auch den Kolben k_4 und bewirkt ein Schließen des Ventils v_1, sobald der Druck auf den Kolben k_4 von oben die Druckdifferenz zwischen dem Druck des Leitungsdruckes auf den Kolben k_1 von oben und dem Druck des Hilfsluftbehälterdruckes auf diesen Kolben von unten übersteigt. Die Flächen der Kolben von k_1 und k_4 sind so bemessen, daß, wenn der Druck in der Leitung um 1 Atm. gesunken ist, Ausgleich zwischen dem Hilfsluftbehälter und dem Bremszylinder stattfindet. Bis zu diesem Ausgleich kann die Bremswirkung durch stufenweises Auslassen von Leitungsdruck stufenweise erhöht werden.

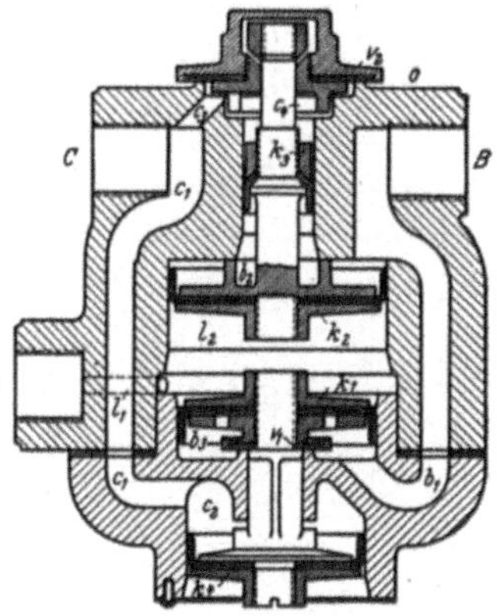

Abb. 165 Steuerventil von Soulerin.

Wird nach einer Bremsung der Druck in der Leitung erhöht, so hebt sich der Kolben k_2 und entlastet damit das Ventil v_2. Der in der Kammer c_4 herrschende Bremszylinderdruck hebt das Ventil v_2 an, und die Bremszylinderluft strömt über c_3, c_4 ins Freie. Sobald infolgedessen der Druck im Bremszylinder und in der Kammer c_4 um einen Betrag gesunken ist, der die Wirkung der Druckerhöhung in der Leitung L und der Kammer l_2 auf den Kolben k_2 übersteigt, so wird der Kolben k_2 wieder nach unten verschoben und schließt das Ventil v_2 ab. Der Bremsdruck kann also durch stufenweise Erhöhung des Leitungsdruckes auch stufenweise bis auf 0 ermäßigt werden.

Feine Abstufungen sind mit dem Ventil allerdings kaum zu bewerkstelligen, da einerseits die Steuerkolben durch die Manschettendichtung sehr träge gehen, andererseits die Unabhängigkeit der Löseeinrichtung von der Fülleinrichtung eine Unsicherheit mit sich bringt, der durch entsprechende Bemessung der Kolben und Ventile Rechnung getragen werden muß. Für den Betrieb langer Züge kann dieses Steuerventil deshalb nicht in Frage kommen.

γ) Die Steuerventile von Lipkowski.

Die von Lipkowski konstruierten Bremsbauarten sind im Prinzip vollständig identisch mit dem englischen Patent (Abb. 164). Sie benutzen allerdings nicht die bei dem englischen Patent vorhandene direkte Nachspeisung des Bremsluftbehälters von der Bremsleitung her und bedeuten deshalb eigentlich einen Rückschritt gegen das englische Patent. Im übrigen unterscheiden sich die verschiedenen Konstruktionen der Lipkowski-Bremse unter sich und von dem englischen Patent in der Hauptsache durch die Wahl der Kolbendichtung und der Steuerorgane. In der Erkenntnis, daß Ventile als Steuerorgane unzuverlässig wirken, da jede Verunreinigung des Ventilsitzes gleichbedeutend mit Undichtigkeit ist, hat Lipkowski bei seinen Steuerventilen grundsätzlich an der Verwendung eines Steuerschiebers festgehalten. Als Kolbendichtung dagegen verwendet er einmal Biegehäute, ein andermal Lederstulpen.

Das Steuerventil von Lipkowski aus dem Jahre 1911 ist in den Abb. 166—168 dargestellt.

Der Kolbensatz k_1—k_2 und die Stopfbüchse r scheiden 4 Räume voneinander, die — wie bei dem englischen Patent — mit der Bremsleitung, dem Steuerbehälter, dem Bremszylinder und der freien Luft verbunden sind. Bei L ist die Leitung angeschlossen. Die Leitungsluft dringt über l_1 und l_2 in die Kammer l_3 unter dem Kolben k_1. Außerdem strömt sie in der in der Abbildung dargestellten Lösestellung des Ventils über l_4 durch die kleine Öffnung l_5 im Schieberspiegel in die Kammer a_2 über dem Kolben k_1 und in den an diese über a_1 angeschlossenen Steuerbehälter A, der etwa 6 Liter Inhalt hat. Sodann gelangt die Luft über die Mulde n im Schieberspiegel und die Höhlung e_2 im Schieber s nach der Öffnung b_2 im Schieberspiegel und von dort über Kanal b_1 zum Bremsluftbehälter B. Der bei C angeschlossene Bremszylinder, der über c_1 mit dem Raum c_2 unter dem kleinen Steuerkolben k_2 verbunden ist, ist über c_1, Kanal c_3, Öffnung c_4 im Schieberspiegel, Höhlung e_1 im Schieber s und Öffnung o_1 im Schieberspiegel nach 0 entlüftet. Der Raum o_2 über dem kleinen Kolben k_2 steht mit der freien Luft in Verbindung. Wird aus der Leitung L Luft ausgelassen, so teilt sich die Druckverminderung dem Raum l_3 unter dem Kolben k_1 mit, während die Druckluft aus dem Steuerbehälter über die kleine Öffnung l_5 nicht so schnell folgen kann. Der Kolbensatz k_1—k_2 wird infolgedessen nach unten getrieben und nimmt den Schieber s mit. Dieser deckt zunächst die Öffnung l_5 und die Winkelnut e_2 gegen die Mulde n ab, so daß die Verbindung zwischen der Leitung und dem Steuerbehälter einerseits und zwischen dem Steuerbehälter und dem Bremsluftbehälter andererseits unterbrochen wird. Sodann verbindet die Nut e_2 des Schiebers die Öffnungen b_2 und c_4 im Schieberspiegel. Die Druckluft des Bremsluftbehälters strömt infolgedessen über b_1, b_2 zur Muschel e_2 des Schiebers, Öffnung c_4 und Kanal c_3 nach c_1 und zum Bremszylinder C. Der im Bremszylinder sich einstellende Druck teilt sich auch der Kammer c_2 unter dem kleinen Kolben k_2 mit und sucht den Kolbensatz nach oben zu drücken. Sobald der in dieser Richtung wirkende Druck des Bremszylinders den durch Ermäßigung des Leitungsdruckes auf den Kolben k_1 von unten verminderten Druck aufwiegt, wird der Kolbensatz k_1—k_2 gehoben und unterbricht durch den Schieber s die Verbindung zwischen den Öffnungen b_2 und c_4 im Schieberspiegel, so daß die Ausströmung der Druckluft aus dem Bremsluftbehälter in den Bremszylinder aufhört. Durch wiederholtes Auslassen von Leitungsluft kann der Druck im Bremszylinder stufenweise bis zum Druckausgleich zwischen dem Bremsluftbehälter und dem Bremszylinder verstärkt werden.

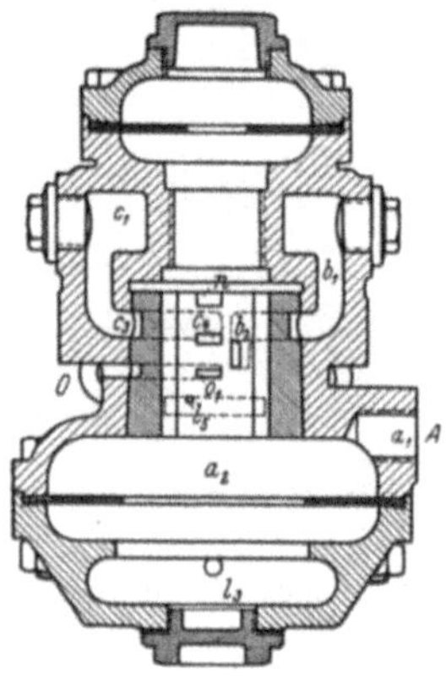

Abb. 166.

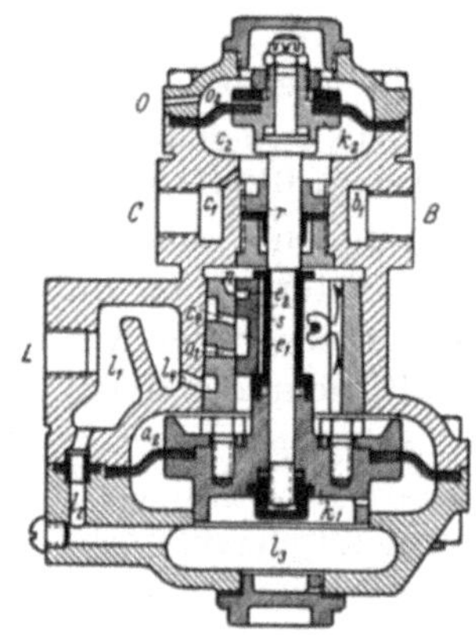

Abb. 167.

Abb. 168.

Abb. 166—168. Steuerventil von Lipkowski von 1911.

Wird der Druck in der Leitung L erhöht, so steigt der Druck auch in der Kammer l_3, und der Kolbensatz k_1—k_2 wird nach oben in Lösestellung getrieben, bis der Schieber s mit seiner Muschel e_1 die Kanäle c_4 und o_1 im Schieberspiegel verbindet. Die Öffnung l_5 soll dabei noch nicht freigelegt und durch die Muschel e_2 noch nicht mit der Mulde n verbunden werden. Die Luft aus dem Bremszylinder strömt infolgedessen über c_1, c_3, c_4, e_1 und o_1 ins Freie. Dabei vermindert sich auch der Druck in der Kammer c_2. Wird durch diese Druckminderung die Druckerhöhung in der Kammer l_3 aufgehoben, so geht der Kolbensatz k_1—k_2 so weit abwärts, daß die Verbindung zwischen den Kanälen c_4 und o_1 unterbrochen wird. Damit hört die Ausströmung der Luft aus dem Bremszylinder ins Freie auf. Durch stufenweises Erhöhen des Leitungsdruckes kann die Bremswirkung auf diese Weise stufenweise vermindert werden. Die wirksamen Flächen der Kolben k_1 und k_2 sind so bemessen, daß der höchste Bremsdruck zur Wirkung kommt, wenn der Leitungsdruck um etwa 1 Atm. vermindert wird. Es ist dabei gleichgültig, wie hoch der Druck im Bremsluftbehälter ist, da dieser an der Steuerung nicht teilnimmt. Der Bremsluftbehälter ist deshalb bei dieser Bremsbauart so groß bemessen, daß eine Erschöpfung bei mehrmaligem Bremsen nicht zu befürchten ist.

Die Größe des kleinen Steuerluftbehälters A spielt für die Steuerung keine Rolle, da die Raumverhältnisse in der Kammer a_2 bei der Bewegung des Kolbensatzes nur wenig verändert werden und infolgedessen auch bei dem kleinen Steuerbehälter von 6 Litern Inhalt mit einem gleichbleibenden Druck gerechnet werden kann.

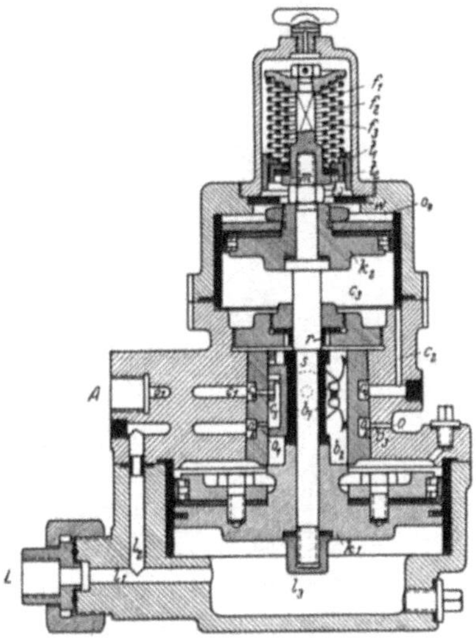

Abb. 169.

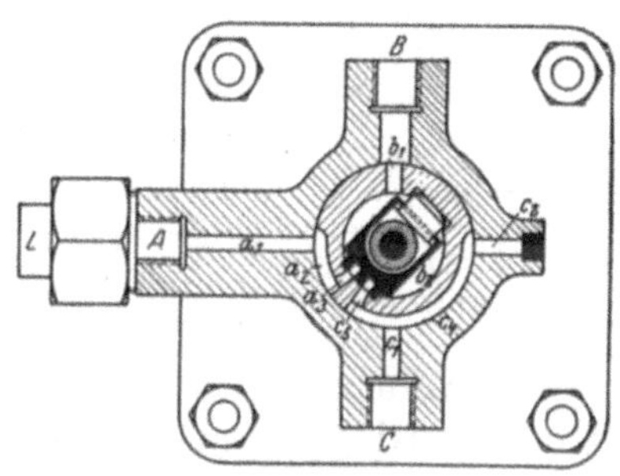

Abb. 170.
Steuerventil von Lipkowski von 1918.

Die Biegehäute der beiden Kolben k_1 und k_2 waren aus Gummi hergestellt. Die Erfahrungen haben gezeigt, daß Biegehäute, die aus diesem Stoff hergestellt sind, ihre Form verändern, insbesondere wenn sie zeitweise nur einseitig belastet sind, und daß dadurch der Wirkungsgrad des auf der Biegehaut lastenden Druckes verändert wird. In dieser Erkenntnis ist Lipkowski bei seiner nächsten Steuerventil-Konstruktion zur Verwendung von Kolben übergegangen, die mit Ledermanschetten gedichtet sind. Abgesehen davon, daß solche Kolben nie vollständig dicht werden können, war mit diesen gegenüber der Verwendung von Biegehäuten noch ein anderer Nachteil verbunden. Bei der Biegehaut verändert sich der Wirkungsgrad. Wenn die Einspannungsstelle am Kolben in derselben Ebene liegt wie die Einspannungsstelle am Gehäuse, kann man mit dem größten Wirkungsgrad rechnen. Mit der Durchbiegung der Biegehaut nimmt er ab und wird gleich 0, wenn die Biegehaut vollständig durchgedrückt ist. Die Folge dieser Eigenschaft der Biegehaut ist, daß der von ihr gesteuerte Schieber alsbald zum Stehen kommt, wenn keine weiteren Druckveränderungen vorgenommen werden.

Anders verhält sich ein mit Ledermanschette gedichteter Kolben. Da die ruhende Reibung der Ledermanschette wesentlich größer ist als die gleitende, so schießt der Steuerkolben leicht über die gewollte Stellung hinaus, wenn nicht durch besondere Mittel dafür gesorgt wird, daß er in der betreffenden Stellung festgehalten wird. Zu diesem Zweck hat Lipkowski bei dem Ventil, welches er im Jahre 1918 herausbrachte, besondere Belastungsfedern angebracht, die die verschiedenen Stellungen des Steuerschiebers sichern sollen. Die Bauart des Ventils (Abb. 169—171) ist im großen ganzen der des Jahres 1911 (Abb. 167) ähnlich, nur daß der Bremsluftbehälter B auch gleichzeitig den Steuerbehälter bildet und der kleine Behälter A das erste Auffüllen des Bremszylinders besorgt, wie dies in dem Abschnitt über die Bremsdruckschaulinie (Abb. 104) dargestellt ist.

Der Druck der Bremsleitung L steht über l_1 in der Kammer l_3 unter dem großen Steuerkolben k_1 und dringt weiter über Kanal l_2, Öffnung im Schieberspiegel l_4 (Abb. 171 Stellung I), Bohrung b_4 und Kanal b_3 im Schieber in den Raum b_2 über dem großen Steuerkolben k_1. Von dort gelangt er über b_1 zu dem Bremsluftbehälter B. Gleichzeitig wird über den Kanal b_3 und Bohrung b_5 im Steuerschieber s auch der kleine Luftbehälter A über a_3, a_2, a_1 aufgefüllt. Die Kammer c_3 unter dem kleinen Kolben k_2 und der Bremszylinder stehen über Kanal c_2, c_4, Bohrung im Schieberspiegel c_5, Bohrung e_2 und Höhlung e_1 im Schieber s, Bohrung o_1 im Schieberspiegel, Kanal o_2, o_3 mit der freien Luft in Verbindung. Der Raum o_4 über dem kleineren Kolben ist dauernd mit der freien Luft verbunden. Die die beiden Kolben k_1—k_2 verbindende Stange ist zwischen den Räumen b_2 und c_3 durch eine Ledermanschette r gedichtet. Da die unter dem im Bremsluftbehälter B herrschenden Druck stehende obere Fläche des Kolbens k_1 um den Querschnitt der Kolbenstange geringer ist als die untere unter dem gleich hohen Leitungsdruck stehende Fläche, so steht bei Druckgleichheit der Kolbensatz k_1—k_2 unter einem entsprechenden Druck nach oben, d. h. es bedarf beim Einleiten einer Bremsung eines größeren Druckabfalls, damit sich der Kolbensatz nach unten in Bewegung setzt. Die Spannung der drei Federn f_1, f_2, f_3 ist in der Lösestellung unwirksam, da sie sich oben gegen den gemeinsamen an der Kolbenstange befestigten Federteller stützen und nach unten unter der Vermittlung der beweglichen Federteller t_1, t_2, t_3 an dem Bund m der Kolbenstange anliegen.

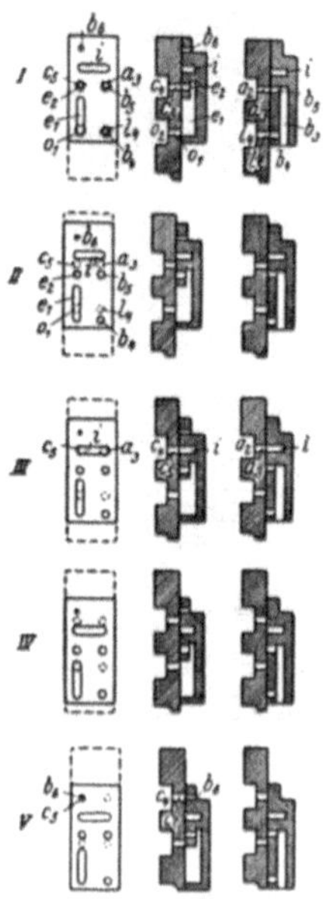
Abb. 171. Schieberstellungen des Steuerventils von Lipkowski von 1918.

Wird ganz allmählich Luft aus der Leitung ausgelassen, so soll der Vorgang folgender sein: Auch der Druck in der Kammer l_3 sinkt, da der Druck in dem großen Behälter B durch die engen Öffnungen des Schiebers nicht so schnell folgen kann. Dieser verschiebt infolgedessen den Kolbensatz k_1—k_2 nach unten zunächst in die Stellung II (Abb. 171), in welcher sämtliche Kanäle voneinander abgeschlossen sind. In dieser Stellung wird der Schieber kurz aufgehalten, da der Ring t_1 sich auf der ein Widerlager bildenden Scheibe w aufsetzt und damit die Spannung der Feder f_1 der weiteren Bewegung des Kolbensatzes entgegenwirkt. Bei fortschreitender Druckverminderung in der Leitung und Kammer l_3 wird diese Spannung überwunden, und der Kolbensatz geht in die Stellung III herunter. In dieser verbindet die Quermuschel i im Schieber die beiden Bohrungen c_5 und a_3 im Schieberspiegel, so daß Druck aus dem kleinen Behälter A über a_1, a_2, a_3, Höhlung i, Bohrung c_5 und Kanäle c_4, c_1 zum Bremszylinder strömt. Der sich im Bremszylinder bildende Druck wird auch über Kanal c_2 dem Raum c_3 mitgeteilt, so daß der Bremszylinderdruck auf den kleinen Kolben k_2 nach oben zur Wirkung kommt.

Die Stellung III wird wiederum dadurch gesichert, daß nun die Feder f_2 durch Aufsetzen des Ringes t_2 auf das Widerlager w zur Wirkung kommt. Der kleine Behälter A ist so bemessen, daß sein Inhalt genügt, um den Kolben des Bremszylinders vorzutreiben und damit die Bremsklötze am Wagen zum Anliegen zu bringen. Bei weiterer Druckverminderung in der Kammer l_3 geht der Schieber nochmals in eine Abschlußstellung IV, in der er wieder durch Inkrafttreten der Feder f_3 kurz festgehalten wird. Endlich gelangt der Schieber in die Stellung V, die dadurch gesichert ist, daß der Kolben k_2 sich an seine untere Hubbegrenzung anlegt. In der Stellung V liegt die enge Bohrung b_6 im Schieber über der Bohrung c_5 im Schieberspiegel. Die Luft des Bremsluftbehälters strömt entsprechend langsam in den Bremszylinder über.

Bei stufenweisem Ermäßigen des Leitungsdruckes nimmt der Schieber s absatzweise die Stellungen bis zur Stellung V ein. Der Druck in der Kammer c_3 steigt dabei, und sobald er einen Betrag angenommen hat, der die Druckminderung in der Kammer l_3 ausgleicht, so wird der Steuerschieber in die Stellung IV zurückbewegt. Auch diese Rückwärtsbewegung wird wiederum durch Federwirkung begrenzt, indem sich der Ansatz m des Steuerkolbens an den auf dem Widerlager w ruhenden Federteller t_3 anlegt, wodurch dann die Wirkung der Feder f_3 auf die Kolbenstange aufhört. Wird nach einer Bremsung der Druck in der Leitung um einen Betrag erhöht, so bewegt sich der Kolbensatz k_1—k_2 in seine oberste Stellung I, in welcher der Bremszylinder C über die Kanäle c_1, c_3, c_4 und Bohrung c_5 im Schieberspiegel sowie Bohrung e_2 und Höhlung e_1 im Schieber, Bohrung o_1 und Kanal o_2 und o_3 mit der freien Luft verbunden wird. Der Druck im Bremszylinder sinkt und ebenso auch in dem Raum c_3 unter dem kleineren Kolben. Ist der Druck im Bremszylinder und damit seine Wirkung auf den Kolben k_2 nach oben stärker vermindert, als die Wirkung des Leitungsdruckes auf den Kolben k_1 nach oben erhöht wurde, so geht der Kolbensatz in die Abschlußstellung II zurück, so daß die Lösung der Bremse unterbrochen wird.

Offenbar wegen der Unsicherheit der Manschettenkolben und der Komplikation der Stufenfedern zur Sicherung der Schieberstellung ist Lipkowski bald wieder zu der Verwendung von Biegehäuten zurückgekehrt.

Sein Steuerventil vom Jahre 1921, welches im Abschnitt II über die Form der Bremsdruckschaulinie Seite 74, Abb. 106 dargestellt ist, zeigt wieder genau die gleichen konstruktiven Einzelheiten wie das Steuerventil vom Jahre 1911, nur hat Lipkowski auf die Anordnung eines besonderen Steuerbehälters verzichtet und den Schieberraum zwischen dem großen Kolben und der Stopfbüchse mit dem Bremsluftbehälter verbunden. Um den Einfluß zu vermeiden, den die Verminderung des Druckes in diesem Behälter durch die Bremsluftentnahme auf die Steuerung ausüben könnte, wurde dem Bremsluftbehälter ein großer Inhalt gegeben, so daß mehrere Bremsungen gemacht werden konnten, ohne daß der Druck in dem Behälter zu stark abnahm.

Auch mit dieser letzten Form seines Steuerventils hat Lipkowski nichts erreichen können. Trotzdem sich der mit Lipkowski-Bremsen ausgerüstete Versuchszug bei den französischen Vergleichsversuchen im Jahre 1921 im Gefälle gut bewährt haben soll, wurde der Westinghouse-Bremse wegen stoßlosen Bremsens in der Ebene der Vorzug gegeben und damit die Lipkowski-Bremse endgültig erledigt.

δ) Die Steuerventile von Bozic.

Auch die Konstruktionen von Bozic sind durch die Unsicherheit über die Wahl der Kolbendichtung beherrscht. In der ersten Bauart seines Steuerventils hat er die Membran ganz vermieden und die Manschettendichtung nur bei dem kleinen Kolben k_2 angewandt. Da dieser einerseits unter Bremszylinder-, andererseits unter Atmosphärendruck steht, spielt die Dichtigkeit keine so große Rolle, wobei zu berücksichtigen ist, daß der Bremsluftbehälter — genau wie bei dem englischen Patent — ständig von der Leitung über ein Kugelrückschlagventil nachgespeist wird. Für die Abdichtung des großen Kolbens hat er der Beweglichkeit halber einen in einem Ölbad arbeitenden Liderungskolben angewandt (Abb. 172).

Als Steuerorgan benutzt Bozic Ventile mit Ledersitz. Auch deren etwaige Undichtigkeit erschien ihm wegen der ständigen Nachspeisung weniger bedenklich.

Bei L ist die Leitung angeschlossen. Die Leitungsluft gelangt durch den Umstellhahn U einerseits über l_2 in den Raum l_3 über dem großen Kolben k_1, andererseits über l_4 zum Auslaßventil l_5 des mit dem Steuerventil verbundenen Beschleunigers, der hier nicht weiter berücksichtigt werden soll. Die Druckluft im Raum l_3 treibt das diesen zunächst füllende Öl über die in der untersten Stellung des Kolbens k_1 wenig geöffnete Ringnut n unter den Kolben und in die durch seinen Innenraum gebildete Steuerkammer A, die darin enthaltene Luftmenge auf die Höhe des Leitungsdrucks zusammenpressend. Der Kolben k_2 befindet sich bei Druckgleichheit zwischen L und A in seiner untersten Stellung, so daß die vom Raum c ins Freie führende Öffnung von dem Ventil v_2 freigelegt ist. Der Raum c ist über C mit dem Bremszylinder verbunden. Dieser ist also über c, o_1, o_2 und O entlüftet.

Von dem Raum l_3 führt ein in der Abbildung nicht sichtbarer Kanal über ein Rückschlagventil direkt zum Raum b, der über B mit dem Bremsluftbehälter verbunden ist.

Der Durchgang zwischen dem Raum b und dem Raum c wird durch das mit dem Auslaßventil v_2 starr verbundene Ventil v_1 überwacht, das durch den Behälterdruck auf seinen Sitz gepreßt ist.

Wird Druckluft aus der Leitung L ausgelassen, so sinkt auch der Druck im Raum l_3, während der Druck in der Kammer A aufrecht erhalten wird. Infolgedessen hebt sich der Kolben k_1 und verschiebt den Kolben k_2 ebenfalls nach oben. Dieser trifft zunächst auf das Ventil v_2 und schließt den Durchgang vom Bremszylinder ins Freie, sodann lüftet er das Ventil v_1, so daß Behälterluft über b und c in den Bremszylinder strömt. Der Bremszylinderdruck wirkt auch auf den Kolben k_2 von oben nach unten, und sobald die hieraus sich ergebende, nach unten auf den Kolben k_1 wirkende Kraft größer wird als der Unterschied der auf den Kolben k_1 von unten vor und nach der Druckminderung in der Leitung wirkenden Kräfte, so wird der Kolbensatz k_1—k_2 so weit nach unten verschoben, daß sich das Ventil v_1 schließt und damit die Zuströmung von Behälterluft zum Bremszylinder unterbrochen wird. Das Ventil v_2 hält aber gerade noch die Bohrung o_1 im Kolben k_2 geschlossen. Durch stufenweises Auslassen von Luft aus der Leitung kann der Druck im Bremszylinder stufenweise bis auf den im Bremsluftbehälter B herrschenden Druck erhöht werden. Die Durchmesser der Kolben k_1 und k_2 sind so bemessen, daß die Höchstwirkung eintritt, wenn der Druck in der Leitung wie bei den gebräuchlichen Einkammerbremsen um ca. 1 Atm. gesunken ist.

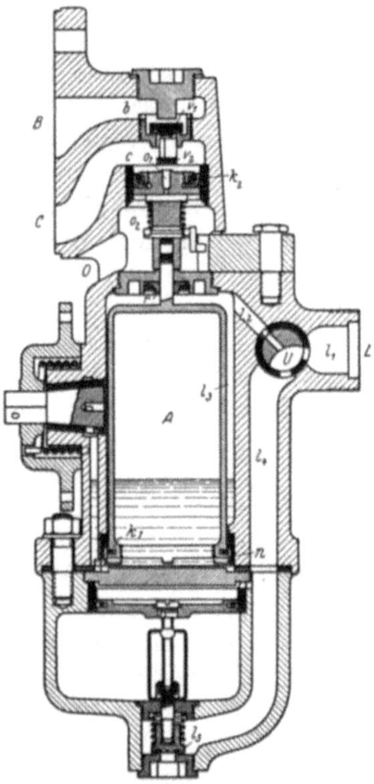

Abb. 172. Steuerventil von Bozic mit Ölabdichtung.

Wird der Leitungsdruck erhöht, so wird der Kolben k_1 durch die zusammenwirkenden Kräfte des Leitungs- und des Bremszylinderdruckes nach unten verschoben. Der Kolben k_2 hebt sich von dem Ventil v_2 ab, so daß der Weg vom Bremszylinder über c, o_1, o_2 ins Freie geöffnet wird. Dabei sinkt auch der Druck auf den Kolben k_2 von oben, und sobald dieser zusammen mit dem erhöhten Leitungsdruck niedriger wird als die Kraft, die von der in der Kammer A eingeschlossenen Druckluft auf den Kolben k_1 von unten ausgeübt wird, so steigt der Kolbensatz k_1—k_2 nach oben und schließt den Durchgang o_1 ins Freie.

Durch stufenweises Erhöhen des Leitungsdruckes kann so die Bremskraft auch stufenweise vermindert werden. Fällt durch öfteres Bremsen und Lösen der Druck im Behälter B unter den Leitungsdruck, so strömt aus der Leitung über das Rückschlagventil Druckluft in den Bremsbehälter nach, so daß der Druck in diesem in der Höhe des Leitungsdrucks aufrecht erhalten wird. Vorausgesetzt dabei ist natürlich eine entsprechende Einrichtung im Führerventil, die den Druck in der Leitung auch während des Bremsens aufrecht erhält.

Bozic erkannte bei den Versuchen bald, daß die Anwendung der Ölabdichtung ein Fehlschlag war. Das Öl blieb nicht im Steuerventil, sondern wurde durch die Luftströmung mitgerissen, und es blieb schließlich nur noch die Dichtung durch den Kolbenring übrig, die den Druckunterschied zwischen der Kammer A und der Leitung beim Bremsen nicht aufrecht erhalten konnte.

Bozic ist deshalb bei seiner weiteren Steuerventil-Bauart (Abb. 173) zur Biegehaut zurückgekehrt. Diese wendet er aber nur für den großen Steuerkolben k_1 an, während er für den kleinen Kolben k_2 die Stulpendichtung beibehalten hat. Im übrigen sind die Steuerungseinzelheiten genau die gleichen geblieben. Die Auffüllung des Bremsluftbehälters B erfolgt von der Bremsleitung her über den Kanal l_4, das Rückschlagventil v_3

und Kanal b_2, während der Steuerbehälter A über Kanal l_3 und die sich von dem feststehenden Ventil v_4 abhebende Biegeplatte m aufgeladen wird.

Die Wirkungsweise ist genau dieselbe, wie sie für die Einrichtung nach Abb. 172 angegeben wurde, nur ist noch die Feder f eingefügt worden, deren Druck auf den Kolben k_1 den Unterschied der dem Kammerdruck und der dem Leitungsdruck ausgesetzten Kolbenflächen von k_1 ausgleichen soll. Ohne diese Feder bleibt bei Ausgleich der Drücke in A und L eine Kraft übrig, die den Kolbensatz nach links zu verschieben sucht, so daß das Ventil v_2 geschlossen und die vollständige Entlüftung von C, d. h. der vollständige Rückgang des Bremskolbens verhindert wird.

Die richtige Bemessung dieser Feder ist demnach ausschlaggebend für das zuverlässige Arbeiten des Steuerventils. Ihre Anfangsspannung muß so groß sein, daß sie nicht nur die Wirkung des Leitungs- bzw. Steuerbehälterdrucks auf den Querschnitt der Stopfbüchse, sondern auch die Reibung der beiden Lederstulpen k_2 und r und den Widerstand der Biegehaut k_1 mit Sicherheit zu überwinden vermag. Der hierzu in Rechnung zu setzende Überschuß an Spannung wirkt natürlich andererseits zusammen mit den erwähnten Reibungswiderständen der Bewegung der Steuerkolben beim Einleiten einer

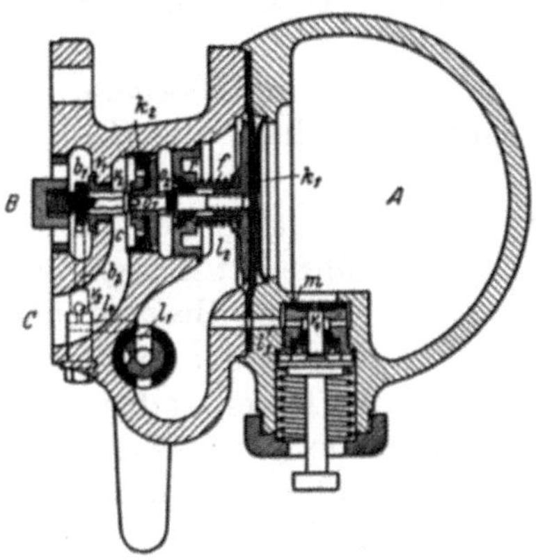

Abb. 173. Steuerventil von Bozic mit Biegehaut.

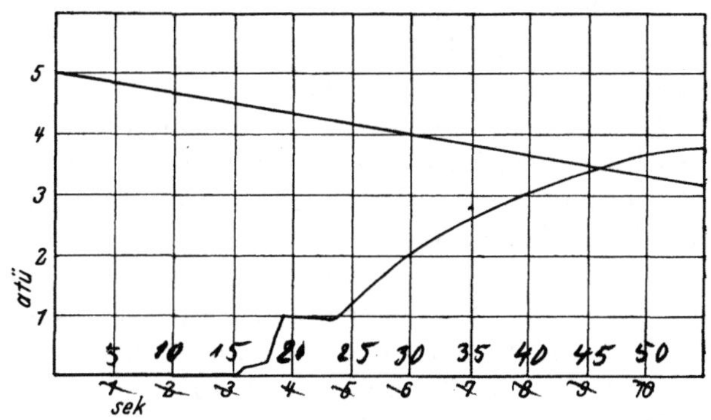

Abb. 174. Leitungs- und Bremsdruckschaulinien des Bozic-Ventiles.

Bremsung entgegen. Daher kommt es, daß ein derartiges Ventil erst bei wesentlich größerem Leitungsdruckabfall anspricht als die Steuerventile der eingeführten Einkammerbremsen.

Die Druckschaulinie (Abb. 174) zeigt den Anstieg des Bremsdruckes an einem 10″-Bremszylinder mit einem einfachen Bozic-Ventil (Abb. 173) beim Leitungsdruck-Abfall von 0,2 Atm. in 6 Sek. Erst nach einem Abfall von beinahe ½ Atm. und nach 15 Sek. haben sich die Kolben k_1—k_2 so weit bewegt, daß das Einlaßventil geöffnet wird.

Der hier zutage tretende Bewegungswiderstand ist nicht überraschend. Er setzt sich zusammen aus der Steifigkeit der Biegehaut, dem Widerstand des Lederstulps des Kolbens k_2, der Stopfbuchse r und der Vorspannung der Feder f. Diese Widerstände müssen sich auch beim Abstufen des Bremszylinderdrucks stark geltend machen, so daß feinere Abstufungen mit diesem Ventil kaum möglich sein dürften.

Aber auch Biegehäute allein bringen starke Bewegungswiderstände, wenn nicht ihr Hub im Verhältnis zu ihrem Durchmesser sehr gering ist. Metall-Biegehäute scheiden von vornherein aus, da diese einem Hub, wie er im vorliegenden Fall in Frage kommt, auf die Dauer überhaupt nicht gewachsen sind. Eine aus dehnbarem Stoff (Leder, Gummi) hergestellte Biegehaut kann aber nicht freitragend eingespannt werden, sondern muß sich auf einen festen Teller auflegen können, der den Hub mitmacht. Mit der Bewegung dieses Tellers verändert sich die Auflage der Biegehaut auf ihn, und damit verändert sich der Durchmesser der Fläche, auf die der auf der Biegehaut lastende Druck als wirkend in Rechnung gestellt werden kann, bzw. es tritt eine Zugwirkung in der Biegehaut auf, die der Weiterbewegung Widerstand leistet.

Wenn man bedenkt, daß sich diese Bewegungswiderstände bei langsamem Druckabfall in der Leitung, wie er bei Betriebsbremsungen am Ende eines längeren Zuges eintritt, besonders geltend machen, so ist zu verstehen, daß gerade Betriebsbremsungen bei derartigen Bremskonstruktionen die größten Schwierigkeiten machen.

ε) Die Steuerventile von Drolshammer.

Unter die Gruppe von selbsttätigen Druckluftbremsen, bei welchen der Bremszylinderdruck die Steuerung beeinflußt, gehört auch die Drolshammer-Bremse. Die erste Form des Drolshammer-Ventils unterscheidet sich dadurch grundsätzlich von allen anderen Steuerungen selbsttätiger Druckluftbremsen, daß die Steuerkammer bzw. der von dem Druck einer Steuerkammer auf die Steuerung ausgeübte Einfluß durch die Spannung einer Feder ersetzt ist. Damit suchte Drolshammer die schädliche Wirkung von Undichtigkeiten der Steuerkammer zu vermeiden, die unter Umständen die Erhaltung eines eingestellten Bremsdruckes unmöglich machte. Auf der anderen Seite brachte er aber durch die Verwendung von Regulierfedern neue Glieder der Unsicherheit in die Steuerung.

Die Schwierigkeiten, die durch Verwendung von Ventilen als Abschlußorgane unvermeidlich sind, hat Drolshammer zuerst durch eingeschliffene Kolben und Kolbenschieber zu umgehen gesucht.

Den Ausgangspunkt der Drolshammer-Bremse bildet das schon lange bei Fördermaschinen gebräuchliche Steuerungsprinzip, wie es in seinem Führerventil rein zur Anwendung kommt. Drolshammer ergänzte dies dadurch zu einem Bremssteuerventil für Wagen, daß er die bei jenem von Hand bewirkte Einstellung der Steuerung durch die Wechselwirkung des Leitungsdrucks einerseits und einer Feder andererseits auf einen Steuerkolben ersetzte. Durch Veränderung des Leitungsdrucks war es dadurch möglich, die Steuerung einer ganzen Reihe von Bremsen gleichmäßig so einzustellen, wie dies bei der Fördermaschine durch die Hand des Führers geschieht.

In der Abb. 175—177 ist das von Drolshammer zuerst nach diesem Grundsatz angegebene Steuerventil dargestellt. Es ist mit seinen Anschlüssen so eingerichtet, daß es an Stelle des schnellwirkenden Steuerventils von Westinghouse oder Knorr ohne weiteres mit den vorhandenen Bremsapparaten verbunden werden kann.

Bei L ist die Bremsleitung angeschlossen. Die Leitungsluft tritt in den Raum l_1 ein und gelangt über das Kugel-Rückschlagventil r_1, das federbelastete Rückschlagventil r_2 und den Kanal b_1 in den Bremsluftbehälter. Andererseits strömt Leitungsluft über die Höhlung l_2 des Umstellhahns U und Kanal l_3 in den Ringraum l_4, um die Büchse des Steuerventils und über l_5 in den Raum l_6 oberhalb des Steuerkolbens k_1. Gegen den von oben auf diesen Kolben wirksamen Leitungsdruck wirken durch Vermittelung der Druckstange t von unten die Federn f_1; diese sind so bemessen, daß der Steuerkolben k in seine unterste Lage gedrückt wird, wenn in der Leitung der normale Druck von 5 Atm. herrscht.

Eine zweite Bohrung b_2 führt vom Bremsluftbehälter über den Umschalthahn U in den Ringraum b_3. Der bei C angeschlossene Bremszylinder steht über Kanal c_1 und über die Öffnungen c_2 mit den inneren Ringräumen c_3 und c_5 um den Schieber s sowie mit dem Raum c_6 zwischen dem Schieber und der Unterseite des Kolbens k_1 in Verbindung.

Die Druckstange t des Steuerkolbens führt mit Labyrinthdichtung durch den Schieber s und stützt sich auf den von den Federn f_1 belasteten Federteller k_2. Auf dem unteren Ende der Druckstange t ist ein Federteller befestigt, auf den sich die den Schieber s in seiner obersten Stellung haltende Feder f_2 stützt. Die Stellung der Steuerkolben k_1—k_2 wird lediglich durch die Wechselwirkung der Federn f_1 auf den Kolben k_2 einerseits und des Leitungsdruckes auf den Kolben k_1 andererseits bestimmt. Der Bremszylinderdruck übt keinen Einfluß auf die Stellung der Steuerkolben k_1—k_2 aus, da der auch auf die untere Fläche des Kolbens k_1 wirkende Bremszylinderdruck durch den auf den Schieber s von oben wirkenden Bremszylinderdruck aufgehoben wird, der sich über die Feder f_2 auf den Kolben k_2 überträgt.

Die Spannung der Federn f_1 soll, wie das von Drolshammer angegebene Federdiagramm Abb. 178 zeigt, so eingestellt sein, daß sich die Kolben k_1—k_2 in der in der Abb. 176 dargestellten Lage befinden, wenn in der Leitung und damit im Raum l_6 ein Druck von 5 Atm. herrscht. Der Schieber verbindet dann durch die Löcher c_4 den Ringraum c_3 und damit über Löcher c_2 und Kanal c_1 den Bremszylinder C mit der Ringnut o_1 und über o_2, o_3 mit der freien Luft. Außer dem Bremszylinder sind auch die Räume c_5 und c_6 entlüftet.

Wird der Leitungsdruck vermindert, so treibt die Doppelfeder f_1 die Kolben k_1-k_2 nach oben. Dabei entspannt sie sich nach dem Federdiagramm und, diesem folgend, nehmen die Kolben k_1-k_2 bei jedem Leitungsdruck eine ganz bestimmte Stellung ein.

Beim Aufwärtsgang der Kolben k_1—k_2 folgt der Schieber s unter dem Druck der Feder f_2 nach, unterbricht dabei zunächst die Verbindung des Bremszylinders mit der freien Luft, indem die Löcher c_4 die Ringnut o_1 überschleifen, und im weiteren Verlaufe deckt er die Bohrungen b_4 auf und verbindet damit den Bremsluftbehälter B über b_2, b_3, b_4, c_3, c_2, c_1 mit dem Bremszylinder, so daß dieser sich mit Druckluft füllt. Der Bremszylinderdruck wirkt nun auch auf den Schieber s nach unten und verschiebt diesen auf der Druckstange t, die Feder f_2 zusammenpressend.

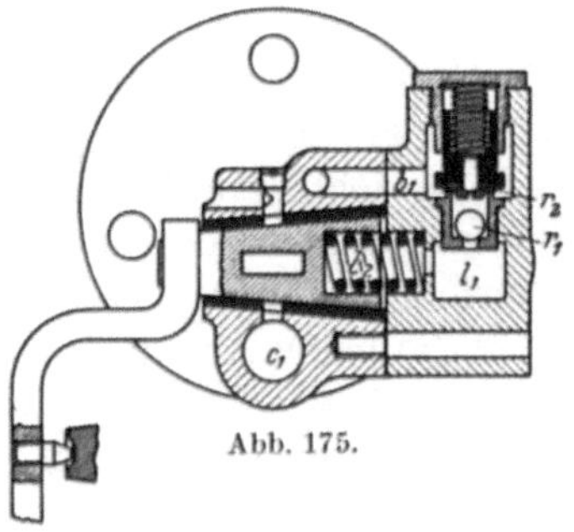

Abb. 175.

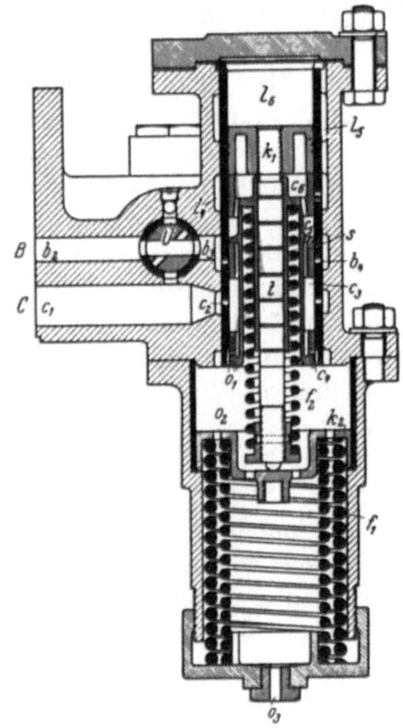

Abb. 176.

Abb. 175—177. Steuerventil von Drolshammer mit Feder.

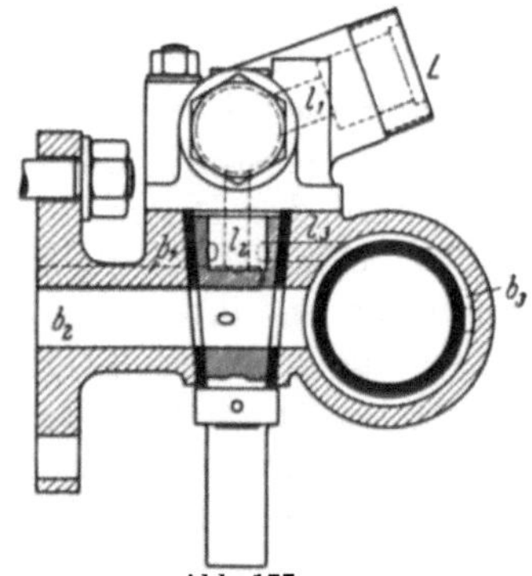

Abb. 177.

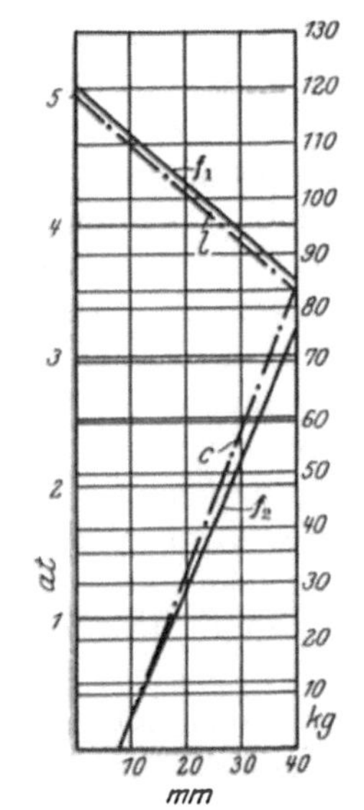

Abb. 178. Feder-Leitungs- und Bremsdruckdiagramme des Drolshammerventils mit Feder.

Bei dieser Bewegung überschleift der Schieber s die Löcher b_4 und unterbricht damit die Verbindung des Bremsluftbehälters mit dem Bremszylinder. Wird der Leitungsdruck nochmals um einen gewissen Betrag vermindert, so schieben die Federn f_1 das ganze, aus den Kolben k_1-k_2, dem Schieber s und der Feder f_2 bestehende System unverändert in ihrer gegenseitigen Lage so weit nach oben, daß die entspannte Doppelfeder f_1 mit dem Leitungsdruck in Gleichgewicht kommt. Der Schieber s öffnet dabei wieder die Verbindung zwischen Bremsluftbehälter und Bremszylinder, so daß sich der Druck im

Bremszylinder weiter erhöht und seinerseits wieder den Schieber so weit herunterdrückt, daß die vom Bremszylinderdruck auf den Schieber von oben wirkende Kraft gleich der Spannung der Feder f_2 wird. Dabei schließt er erneut die Löcher b_4 und unterbricht die Erhöhung des Bremsdruckes. Auf diese Weise kann der Bremsdruck stufenweise erhöht werden. Wird andererseits der Leitungsdruck erhöht, so geht das Kolbensystem nach unten und preßt die Federn f_1 so weit zusammen, daß ihre Spannung der vom Leitungsdruck auf den Kolben k_1 ausgeübten Kraft das Gleichgewicht hält. Der Schieber s wandert dabei ebenfalls mit, bis die Löcher c_4 die Ringnut o_1 überschleifen. Infolgedessen strömt Bremszylinderluft über c_1, c_2, c_3, c_4 nach o_1 und weiter ins Freie. Dabei vermindert sich der über dem Schieber herrschende Druck, so daß die Feder f_2 das Übergewicht bekommt und den Schieber s auf der Stange gegen den Kolben k_1 zu verschiebt. Die Löcher c_4 werden wieder verdeckt und der Lösevorgang unterbrochen. Durch stufenweises Erhöhen des Leitungsdruckes kann der Bremsdruck stufenweise ermäßigt werden, bis alle Teile wieder die in der Zeichnung dargestellte normale Lage einnehmen.

Über die Wirkungsweise der Einrichtung gibt das von Drolshammer gegebene Feder- und Druckdiagramm (Abb. 178) die beste Auskunft. Wenn der Druck in der Leitung von 5 Atm. auf etwa 3,6 Atm. fällt, so macht der Steuerkolben k einen Hub von etwa 40 mm. Dabei nimmt die Kraft der Federn f_1 von 120 kg auf 85 kg ab und bleibt dabei in ihrer Wirkung auf den Kolben k_1 im Gleichgewicht mit der Wirkung des Leitungsdruckes.

In der Normallage des Steuerkolbens und des Steuerschiebers ist die Feder f_2 spannungslos. Sobald der Schieber die Verbindung zwischen Bremsluftbehälter und Bremszylinder herstellt, steigt der Bremsdruck zugleich mit der Federspannung an, bis der Höchstwert von etwa 3½ Atm. erreicht ist. Wenn man von Reibungseinflüssen absieht, kann man demnach aus dem Diagramm ohne weiteres den Bremsdruck feststellen, der einem bestimmten Druckabfall in der Leitung entspricht, oder mit anderen Worten: genau gleiche Federdiagramme vorausgesetzt, hat der Bremsdruck an allen Bremsapparaten eines Zuges genau die gleiche Höhe.

Diese sehr vorteilhaft erscheinende Eigenschaft der Drolshammer-Bremse bringt indes im Betriebe den sehr schwer wiegenden Mißstand mit sich, daß die Bremse nur bei einem ganz bestimmten Druck richtig arbeitet, der durch die Spannung der Federn f_1 einerseits und der Feder f_2 andererseits festgelegt ist. Sobald der Druck in der Leitung durch irgendeinen Umstand, z. B. durch ungenaues Arbeiten des Leitungsdruckmanometers am Führerstand, um einige Zehntel Atmosphären höher ist, so wirkt die Bremse verspätet, weil der Druck in der Leitung erst unter den tiefer liegenden Normaldruck gesunken sein muß, bis die Bremse anspringt. Ist der Druck in der Leitung andererseits niedriger, wie dies z. B. am hinteren Ende eines langen Zuges durch die in der Leitung vorhandenen Undichtigkeiten vorkommen kann, so springt die Bremse vorzeitig an, bzw. sie kann nicht ordnungsmäßig gelöst werden.

Aber auch bei normalem einheitlichen Druck in der ganzen Bremsleitung arbeitet das Drolshammer-Ventil beim Einleiten einer Bremsung grundsätzlich verschieden von den gebräuchlichen Steuerventilen der Einkammerbremsen, wie sie im Abschnitt A III Seite 17, gekennzeichnet wurden. Die Steuerung ist nicht beeinflußt durch den Druckunterschied zwischen der Leitung und einer Druckluftkammer, der einen vollen Hub des Steuerkolbens bewirkt, sobald er einen bestimmten Betrag überschreitet, sondern durch den Druckunterschied zwischen der Leitung und einer Feder, der sich mit dem Hub des Steuerkolbens verändert, und der der mit dem Hub abnehmenden bzw. zunehmenden Federspannung entsprechend eine weitere Abnahme bzw. Zunahme des Leitungsdrucks verlangt.

Bei der in Abb. 175—177 dargestellten Bauart der Drolshammer-Bremse muß der Steuerschieber einen Hub von 10 mm machen, bis er anfängt, die Verbindung zwischen dem Bremsluftbehälter und dem Bremszylinder herzustellen. Bei diesem Hub sinkt die Kraft der Federn f_1 von 120 auf 110 kg und der Leitungsdruck muß, um die Bewegung durchzuführen, von 5 Atm. auf 4,5 Atm., also um eine volle halbe Atmosphäre,

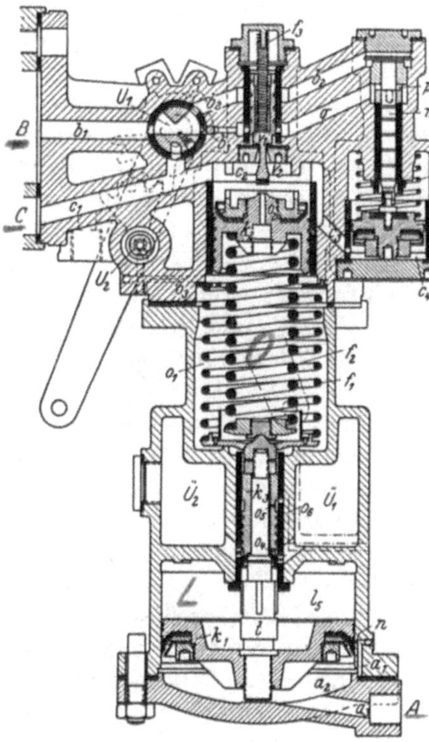

Abb. 179.

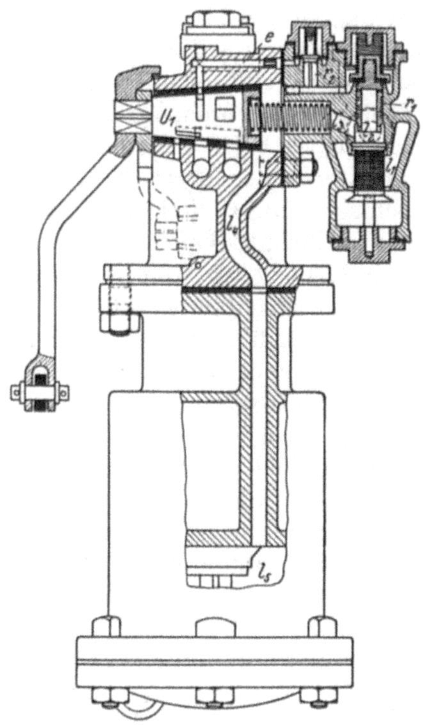

Abb. 180.

Abb. 179—182.
Steuerventil von Drolshammer mit Feder und Steuerkammer.

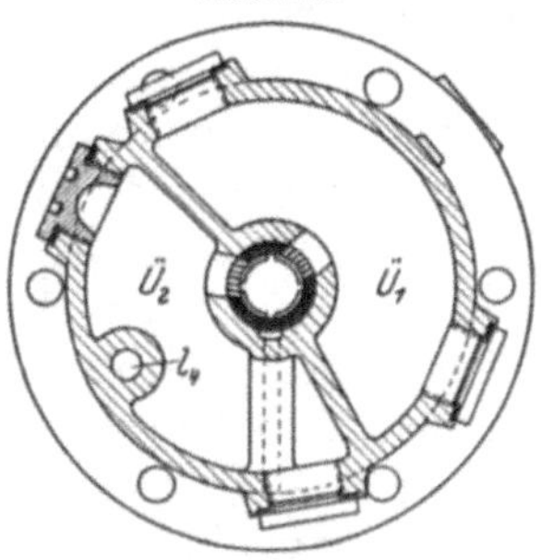

Abb. 181.

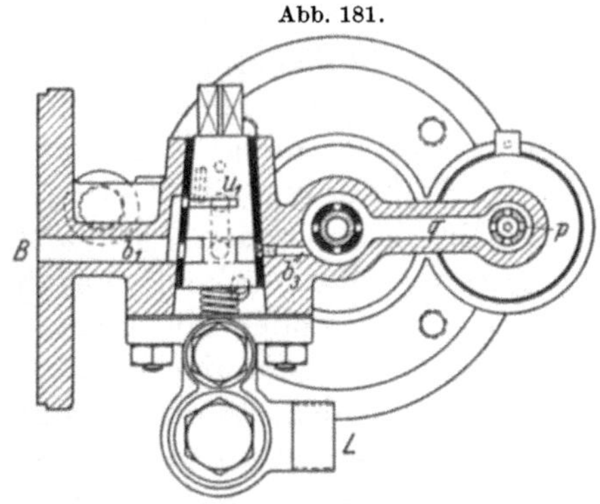

Abb. 182.

gesenkt werden. Bei den normalen Steuerventilen von Westinghouse und Knorr dagegen beginnt die Bremsung schon bei einem Druckabfall von 0,1—0,15 Atm. in der Leitung.

Da ein einwandfreies Zusammenarbeiten dieser Form der Drolshammer-Bremse mit den bei den Vollbahnen eingeführten Druckluftbremsen nicht zu erwarten war, hat Drolshammer sein erstes Steuerungsprinzip fallen lassen und ist zur Verwendung einer Steuerkammer zurückgekehrt, die im Normalzustand mit Leitungsluft gefüllt wird und den Steuerkolben ständig belastet, der auf der anderen Seite mit Leitungsdruck beaufschlagt ist. Die Abb. 179—182 zeigen die letzte Form des nach diesem Prinzip gebauten Steuerventils, bei dem auch die von Westinghouse und Knorr angegebenen Mittel zur Fortpflanzung der Bremswirkung und zur Erlangung des richtigen Güterzugdiagramms angewendet sind. Den eingeschliffenen Rundschieber hat Drolshammer als Aus- und Einlaßorgan aufgegeben. Wie aus dem Vergleich der Abb. 179 mit der Abb. 173 hervorgeht, benutzt er dafür das Doppelventil des Bozic-Steuerventils in den wesentlichsten Teilen. Durch die Änderungen fällt das neue Drolshammer-Ventil unter das Steuerungsprinzip des englischen Patents vom Jahre 1893. Der Unterschied besteht lediglich darin, daß der Steuerkolben k_1 nicht starr mit dem vom Bremszylinderdruck beaufschlagten Gegenkolben k_2 verbunden, sondern die Feder f_2 dazwischen geschaltet ist, die eine gewisse unabhängige Bewegung der beiden Kolben gestattet.

Das Steuerventil soll — wie das der ersten Konstruktion — an Stelle des Westinghouse- oder Knorr-Schnellbremsventils an die normale Bremsausrüstung angeschraubt werden. Die Leitung ist bei L angeschlossen. Die Leitungsluft strömt über den Kanal l_1 durch ein Luftfilter in den Raum l_2. Von dort gelangt sie über die hintereinander geschalteten Rückschlagventile r_1 und r_2 und über Kanal e und den Umstellhahn U_1 zum Kanal b_1 und zum Hilfsluftbehälter B. Andererseits steht die Leitung über die Kanäle l_3 und l_4 mit dem Raum l_5 in ständiger Verbindung, und die Leitungsluft drückt den Steuerkolben k_1 in seine unterste Stellung. Dabei deckt dieser die Bohrung n auf, so daß der Leitungsdruck sich über Kanal a_1 auch dem Raum a_2 unter dem Steuerkolben und dem an diesen durch Kanal a_3 angeschlossenen Steuerbehälter A mitteilt. Die Stange t des Steuerkolbens k_1 führt, durch einen kleinen Gegenkolben k_3 abgedichtet, nach oben in den mit der freien Luft in Verbindung stehenden Raum o_1. Dort ist sie mit zwei Federn f_1 und f_2 belastet. Die Feder f_1 stützt sich nach oben gegen das Gehäuse und hat den Zweck, die Wirkung des Luftdruckes auf den Gegenkolben k_3 von unten aufzuheben. Die Spannung dieser Feder muß natürlich einen gewissen Überschuß haben, da sie imstande sein muß, außerdem die Reibung der Kolben k_1 und k_3 zu überwinden.

Die Feder f_2 stützt sich oben gegen den Steuerkolben k_2 und soll auf diesen die Bewegung des Steuerkolbens k_1 übertragen. Der Raum c_2 über dem Kolben k_2 steht über c_1 mit dem Bremszylinder C in Verbindung. Das durch den Kolben k_2 betätigte Doppelventil v_1—v_2 dient wie beim Bozic-Ventil (Abb. 173) dazu, den Bremszylinder mit dem Hilfsluftbehälter oder mit der freien Luft zu verbinden oder auch von beiden zu trennen. Um für die zwischen den beiden ersten Stellungen liegende Abschlußstellung einen Anpressungsdruck des Auslaßventils v_2 zu sichern, ist das Doppelventil außer durch den Hilfsbehälterdruck durch den Druck einer Feder f_3 belastet, deren Spannung natürlich auch einigermaßen genau abgestimmt sein muß. Die Entlüftung des Bremszylinders geschieht durch das Ventil v_2 über die Mittelbohrung o_2 des Kolbens k_2 und den Raum o_1, der über Kanal o_3 und den Umstellhahn U_2 ständig mit der freien Luft verbunden ist.

Die beiden Übertragungskammern $Ü_1$ und $Ü_2$ sind in der untersten Stellung des Kolbens k_1 durch die Öffnung o_4, die Nut o_5 in der Stange t sowie Kanal o_6 entlüftet.

Wird zum Zweck einer Bremsung der Leitungsdruck verringert, so teilt sich der Druckabfall unmittelbar dem Raum l_5 über dem Steuerkolben k_1 mit. Sobald der Druckunterschied zwischen den Räumen l_5 und a_2 so groß geworden ist, daß die Reibung der Kolben k_1 und k_3 sowie der Überdruck der Feder f_1 über die Wirkung des Kolbens k_3 überwunden wird, hebt sich der Kolben k_1 und schließt die Überströmnut n ab. Nach einem Hub von 5 mm legt der Lederstulp des Kolbens k_3 die zur Übertragungskammer $Ü_1$ führenden Bohrungen frei, so daß sich diese Kammer mit Leitungsluft füllt und die weitere Bewegung des Steuerkolbens, auf die der sich vergrößernde Druck der Feder f_1 aufhaltend wirkt, beschleunigt wird. Nach weiteren 2 mm Hub tritt dieselbe Wirkung nochmals durch Aufdecken der nach der zweiten Übertragungskammer $Ü_2$ führenden Bohrungen ein.

Schließlich stößt der Kolben k_2 am Ventil v_2 an, so daß die Verbindung des Bremszylinders mit der freien Luft unterbrochen wird, und wenn auch der auf dem Ventil v_1 ruhende Behälterdruck, vermehrt um den Druck der Feder f_3, überwunden wird, wird das Ventil v_1 gelüftet und verbindet den Hilfsluftbehälter mit dem Bremszylinder. Die Überströmung der Druckluft in diesen erfolgt auf zwei getrennten Wegen, einmal von b_1 und dem Umschalthahn U_1 über den Kanal b_2, die Öffnungen p und Kanal q und zweitens über die enge Düse des Kanals b_3. Der erste Weg wird durch den Kolbenschieber m geschlossen, wenn der über Kanal c_3 in dem Raum c_4 unter dem Kolben d des Mindestdruckventils herrschende Bremszylinderdruck den von oben auf dem Kolbenschieber m lastenden Behälterdruck, vermehrt um den Druck der Feder f_4, überwindet, so daß der weitere Druckanstieg im Bremszylinder dann nur noch über die Düse des Kanals b_3 erfolgt.

Der im Bremszylinder sich einstellende Druck wirkt zusammen mit dem Druck der Feder f_3 und dem Druck des Behälters B auf das Ventil v_1 von oben auf den Kolben k_2 und drückt diesen nach unten. Damit wird die Feder f_2 gespannt, und wenn deren Druck auf den Steuerkolben k_1 zusammen mit der Erhöhung der Spannung der Feder f_1 den Betrag annimmt, der der Minderung des Leitungsdruckes in ihrer Wirkung auf den Kolben k_1 entspricht, endet dessen Bewegung nach oben. Der Abwärtsbewegung des Kolbens k_2 entsprechend senkt sich auch das Ventil v_1 auf seinen Sitz, und damit hört die Mitwirkung der Feder f_3 und des Behälterdrucks auf das Ventil v_1 für die Bewegung des Kolbens k_2 auf, und dieser kommt zum Stehen. Wird andererseits der Druck in der Leitung um ein bestimmtes Maß erhöht, so bekommen die von oben auf das Kolbensystem k_1—k_2 wirkenden Kräfte das Übergewicht und verschieben es nach unten. Dabei wird der vom Bremszylinder ins Freie führende Kanal o_2 aufgedeckt und der Druck im Bremszylinder nimmt so lange ab, bis die Wirkung der Druckabnahme die Wirkung der Druckerhöhung in der Leitung aufwiegt. Dann geht der Kolben k_2 wieder nach oben und unterbricht den Lösevorgang.

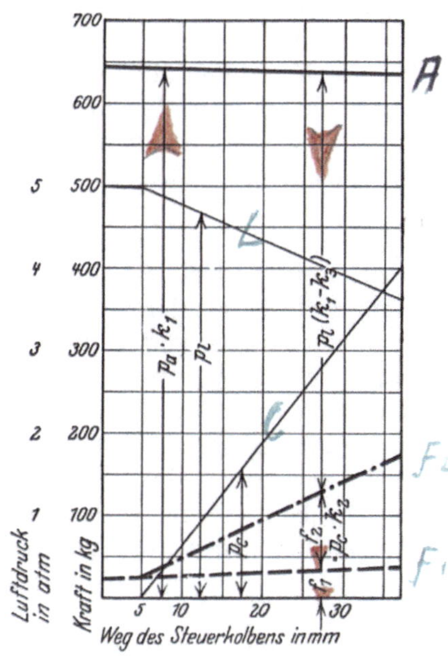

Abb. 183. Kräfte- und Federdiagramme des Drolshammerventils mit Feder und Steuerkammer.

Während bei der ursprünglichen Drolshammer-Bremse der Steuerkolben nur vom Druck der Leitung einerseits, andererseits von dem einer Feder bewegt wird, steht er bei der neuen Form unter dem Druck einer Kammer, der Leitung und des Bremszylinders. Dadurch, daß die Bewegungsübertragung zwischen den beiden Kolben k_1 und k_2 nicht durch eine starre Verbindungsstange, sondern durch eine Feder f_2 erfolgt, sind die Bewegungen der beiden Kolben nicht genau die gleichen. Der Hauptsteuerkolben k_1 muß der Spannung der Feder f_2 entsprechend auch bei allen Bewegungen des kleinen Kolbens k_2 folgen, nur werden diese Bewegungen kleiner sein und können bei kleinen Druckunterschieden durch die Reibung des großen Stulpkolbens unterdrückt werden, so daß dann die Brems- oder Lösestufen nur durch die Bewegung des kleinen Kolbens abgeschlossen werden. Bei Einleitung einer Brems- oder Lösestufe dagegen muß zunächst der große Kolben bewegt werden, dem dann durch Vermittlung der Feder f_2 bzw. des Bremszylinderdrucks der kleine Kolben folgt.

Die Abb. 183 zeigt die Kräfte- und Federdiagramme der letzten Drolshammer-Bremse, die in der Anordnung von der von Drolshammer gegebenen Beschreibung etwas abweichen.

Bei dem größten Hub des Steuerkolbens von 37 mm fällt der Druck p_a in der Steuerkammer A durch Expansion nur um ca. 0,2 Atm. Der Druck der Feder f_1, der die Wirkung des Gegenkolbens k_3 ausgleichen soll, steigt von 22 auf 38 kg. Der Druck der Feder f_2 dagegen, die bis zu einem Hub des Steuerkolbens von 5 mm ungespannt bleibt, wächst von da an direkt mit dem auf dem Kolben k_2 lastenden Bremszylinderdruck p_c. Die Größe der vom Leitungsdruck auf den Steuerkolben ausgeübten Kraft ergibt sich aus dem Diagramm unmittelbar als Unterschied zwischen dem Druck des Steuerbehälters und dem der beiden Federn f_1 und f_2.

Wird der Druck in der Leitung langsam ermäßigt, so bewegt sich der Steuerkolben zunächst so, daß der Druck der Feder f_1 gerade so viel zunimmt, als die Wirkung des

Leitungsdrucks p_l abnimmt. Nach einem Hub von 5 mm wird das Ventil für die Einströmung der Druckluft in den Bremszylinder geöffnet. Von da an steigt der Druck p_c im Bremszylinder beinahe in demselben Maße, wie der Druck in der Leitung abnimmt, da die Zunahme des Druckes der Feder f_1 und die Abnahme des Druckes im Steuerbehälter A von geringem Einfluß sind. Es entspricht also, wenn man von anderen Einflüssen absieht, jedem Leitungsdruck ein bestimmter Bremszylinderdruck. Neben der im Betrieb sehr wechselnden und unzuverlässigen Reibung der Ledermanschetten an den drei Kolben muß aber berücksichtigt werden, daß die Einrichtung nicht nur bei einem normalen Leitungsdruck von 5 Atm., sondern auch bei einem um ½ Atm. nach oben oder unten abweichenden Leitungsdruck einwandfrei arbeiten soll. Die Feder f_1 muß deshalb, dem höheren Druck von 5,5 Atm. entsprechend, mit einem stärkeren Anfangsdruck vorgesehen werden und hält dann bei einem Leitungsdruck von 4,5 Atm. den Steuerkolben im Anfang der Bewegung auf. Jedenfalls ist auch bei dieser Einrichtung das Grundprinzip der selbsttätigen Einkammer-Druckluftbremse, wie sie sich im Betriebe bewährt hat, nicht gewahrt. Ein einwandfreies Zusammenarbeiten der neuen Drolshammerbremse mit dieser dürfte deshalb nicht zu erwarten sein.

Auch hat sich die Verwendung von Regulierfedern, von denen besonders die Feder f_2 genau abgestimmt sein muß, und von Ventilen an Stelle der allein im Betriebe bewährten Steuerschieber bisher nicht als zweckmäßig erwiesen.

4. Besondere Steuerventile für den Luftauslaß.

Bei einer vierten Gruppe von Einrichtungen, die es ermöglichen sollen, auch lange, steile Gefälle mit der selbsttätigen Einkammerbremse zu befahren, werden ähnliche Konstruktionsmittel verwendet, wie sie den Steuerventilen der vorigen Gruppe zugrunde liegen; indes werden sie nur dazu benutzt, um den Bremszylinderdruck auf das Auslassen der Bremszylinderluft einwirken zu lassen, dagegen bleibt das Steuerventil selbst ganz unberührt, so daß die Art des Ansprechens der Bremse im Gegensatz zu der vorigen Gruppe nicht verändert wird.

Die Einrichtung wird genau wie das Rückhaltventil der ersten Gruppe in die vom Auspuffkanal des Steuerventils ins Freie führende Leitung eingeschaltet und steht, wie die Prinzipskizze (Abb. 184) zeigt, einerseits unter dem Leitungsdruck und dem vom Auslaßkanal des Steuerventils kommenden Bremszylinderdruck, andererseits unter dem Druck einer Feder.

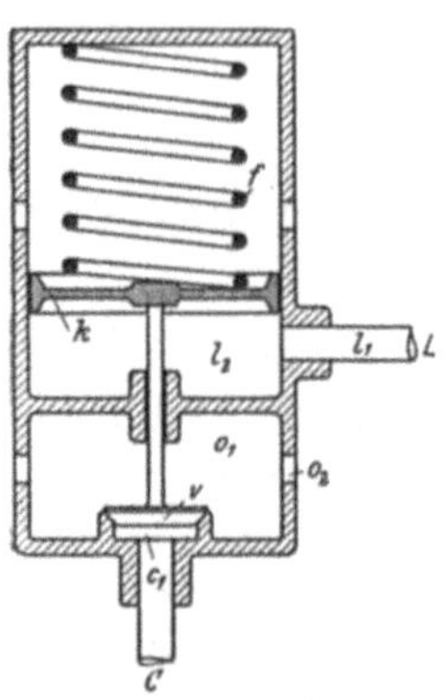

Abb. 184. Besonderes Steuerventil für den Luftauslaß.

Der bei C angeschlossene Bremszylinder-Auslaßkanal des Steuerventils bringt die im Bremszylinder eingeschlossene Druckluft in den Raum c_1 unter dem Ventil v, sobald der Druck in der Leitung zwecks Lösens der Bremse um ein weniges erhöht und dadurch das Steuerventil in Lösestellung umgeschaltet wird. Der Druck der bei L angeschlossenen Bremsleitung wirkt in der Kammer l_2 in der gleichen Richtung auf den Kolben k wie der Bremszylinderdruck auf das mit diesem fest verbundene Ventil v. Dagegen wirkt die auf der anderen Seite des Kolbens k lastende Feder f so, daß sich Leitungsdruck und Bremszylinderdruck stets ergänzen müssen, um dem Druck der Feder das Gleichgewicht zu halten. Das Verhältnis der von Druckluft belasteten Flächen des Kolbens k und des Ventils v zu der Kraft der Feder f ist so abgestimmt, daß einerseits der normale Leitungsdruck für sich allein imstande ist, den Federdruck zu überwinden, andererseits der verminderte Leitungsdruck, wie es der größten Bremswirkung entspricht, mit dem Bremszylinderdruck zusammen der Federspannung das Gleichgewicht hält.

Wird z. B. der Durchmesser des Kolbens mit 54 mm bemessen, des Ventils v mit 28 mm und der Feder eine Spannung von 110 kg gegeben, dann bleibt das Ventil v bei

3,75 Atm. in der Bremsleitung und im Bremszylinder gerade eben geschlossen. Bei Erhöhung des Drucks in der Leitung auf 4 Atm. wird der Bremszylinderdruck auf ca. 3 Atm. ermäßigt, und bei Erhöhung des Leitungsdruckes auf 4,5 Atm. sinkt der Bremszylinderdruck auf etwas über 1 Atm. Bei einem Leitungsdruck von 4,8 Atm. hält dieser der Feder f schon allein das Gleichgewicht, so daß das Ventil beim normalen Leitungsdruck von 5 Atm. mit Sicherheit geöffnet erhalten wird.

Da bei der stufenweisen Erhöhung des Leitungsdruckes auch der Druck des Bremsbehälters auf die gleiche Höhe steigt, ist dieser immer wieder richtig aufgefüllt, wenn die Bremse gelöst ist.

So einfach und zweckmäßig diese Lösung der Aufgabe erscheint, so schwierig war die betriebssichere Durchbildung der Einrichtung.

α) Die Entbremsventile von Westinghouse.

Abb. 183 zeigt das Entbremsventil, welches von Westinghouse für die Versuche mit der Westinghouse-Güterzugbremse in Ungarn vorgeschlagen wurde. Weil ein Kolben entweder nicht dicht genug ist oder zu schwer geht, hat man auch hier wieder zu einer Biegehaut gegriffen, die den Steuerkolben k_1 dichtet. Bei C ist der Bremszylinderauslaß angeschlossen

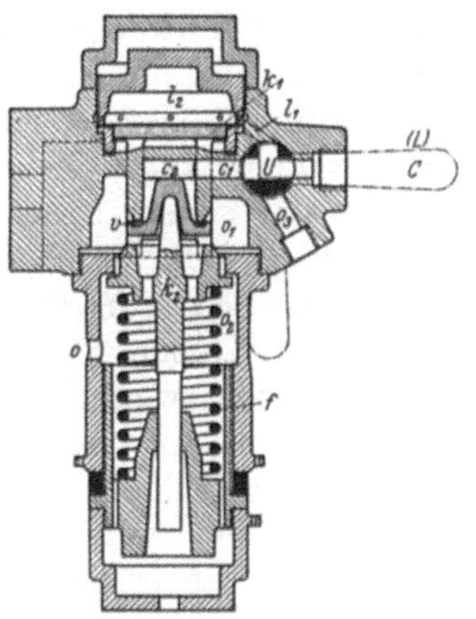

Abb. 185. Entbremsventil von Westinghouse.

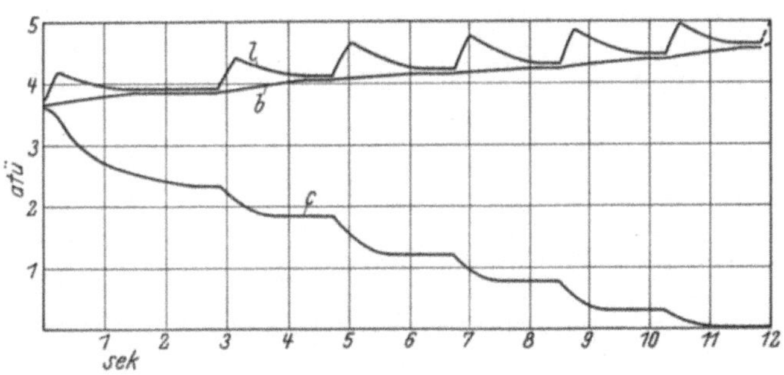

Abb. 186. Bremsdruck-, Leitungs- und Hilfsbehälterdruckschaulinien beim Lösen mit dem Entbremsventil von Westinghouse nach Abb. 185.

und dahinterliegend die Leitung L. Der Leitungsdruck pflanzt sich über Kanal l_1 in den Raum l_2 über den Biegehautkolben k fort. Der Auslaßdruck des Bremszylinders steht durch den Umschalthahn U und Kanal c_1 im Raum c_2 über dem Ventil v. Der Kolben k_1 ist nach unten sattelförmig ausgebildet. Er reicht zu beiden Seiten um den Raum c_2 herum und drückt direkt auf zwei entsprechende seitliche Ausladungen des Ventils v. Von unten ist dieses unter Vermittlung des Tellers k_2 durch die Feder f belastet. Der Raum o_1 unter dem Veutil v steht über o_2 mit der Außenluft in Verbindung. Der Umschalthahn U dient dazu, das Entbremsventil gegebenenfalls auszuschalten und dabei den Auslaßkanal c des Steuerventils über o_3 direkt mit der freien Luft zu verbinden.

An sich hat das Ventil einwandfrei gearbeitet. Die Schaulinien des Druckes im Bremszylinder, in der Leitung und im Hilfsluftbehälter (Abb. 186) zeigen, daß mit dem Ventil auf dem Prüfstand durchaus brauchbare Abstufungen gemacht werden können. Wird nach einer Bremsung der Druck der Leitung erhöht, so geht das Steuerventil in die Lösestellung, und die Druckluft des Bremszylinders strömt über das Entbremsventil ins Freie. Nach Unterbrechung der Luftzufuhr zur Leitung gleicht sich der Druck in dieser mit dem des Hilfsluftbehälters aus. Der Abschluß des Entbremsventils erfolgt, wenn die Verminderung des Bremszylinderdruckes die Wirkung der sich durch Überströmen der Druckluft in den Hilfsluftbehälter vermindernden Druckerhöhung in der Leitung des Entbremsventils übersteigt. Natürlich besteht auch hier wie bei der ursprünglichen Form der Drolshammer-Bremse der Mißstand, daß stets mit einem gleichbleibenden Normaldruck von 5 Atm. in der Leitung gerechnet werden muß, weil mit Rücksicht auf die eingestellte Spannung der Feder die Bremse bei einem geringeren Leitungsdruck nicht mehr vollständig ausgelöst wird. Die völlige Lösung der Bremse findet der Sicherheit halber schon bei einem Leitungsdruck von 4,6 Atm. statt.

Ganz abgesehen hiervon, zeigten indes die Versuche mit der Westinghouse-Güterzugbremse in Ungarn, daß es nicht möglich war, die Federn bei den vielen Apparaten eines langen Zuges gleichmäßig einzustellen und eingestellt zu erhalten. Man hat deshalb darauf verzichtet, dieses Entbremsventil für Güterzüge zu verwenden, und hat lieber zu der zweiten Leitung gegriffen (vgl. Abb. 163).

Eine Weiterbildung des Entbremsventils durch Westinghouse zeigt Abb. 187. Bei diesem ist die Biegehaut verlassen. Sowohl der Leitungsdruck als der Bremszylinderdruck wirken auf eingeschliffene Kolben. Die Leitung ist bei L angeschlossen, und der Leitungsdruck steht über l_1 im Raum l_2 unter dem Kolben k_1. Dem Leitungsdruck entgegen wirkt die Feder f_1, die für sich durch die Schraube r_1 eingestellt werden kann. Der Auspuff des Steuerventils ist bei C mit dem Entbremsventil verbunden. In der Lösestellung des Steuerventils steht demnach der Bremszylinder über Kanal c_1 mit dem Raum c_2 unter dem Kolben k_2 in Verbindung. Dem Bremszylinderdruck entgegen wirkt die Feder f_2, deren Druck durch die Schraube r_2 eingestellt werden kann. Die beiden Kolben wirken durch die Stangen d_1, d_2 auf den zweiarmigen Hebel q, in dessen Mitte die Stange d_3 angreift. Diese ist unter Zwischenschaltung der Feder f_3 mit dem Auslaßventil v verbunden, unter welchem über Kanal c_3 und c_4 ebenfalls der Bremszylinderdruck steht. Der in der Stange d_3 vorgesehene Schlitz gestattet dieser eine der Schlitzlänge entsprechende freie Bewegung gegen den in der hohlen Ventilstange eingesetzten Mitnehmerkeil.

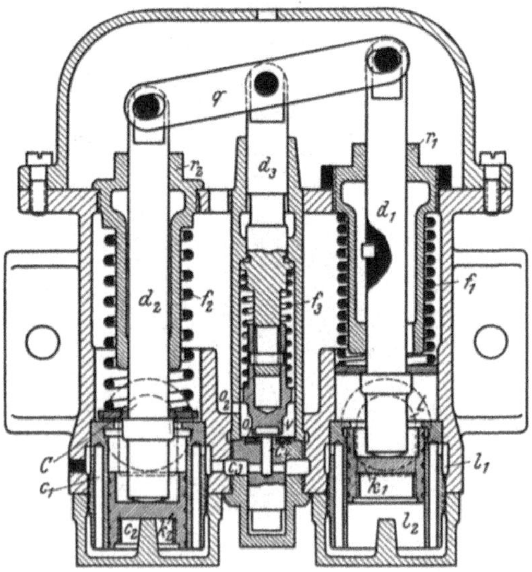

Abb. 187. Entbremsventil von Westinghouse.

Bei gelöster Bremse und bei normalem Leitungsdruck nimmt die Einrichtung die in der Abbildung dargestellte Lage ein. Der Kolben k_1 ist vom Leitungsdruck in seiner obersten Stellung festgehalten. Der Kolben k_2 wird, da im Bremszylinder keine Druckluft vorhanden ist, durch die Feder f_2 in seine untere Stellung gedrückt. In dieser Lage ist das Ventil v von seinem Sitz abgehoben. Wird aus der Leitung Druckluft ausgelassen, so sinkt der Druck im Raum l_2; der Kolben k_1 senkt sich entsprechend und schließt unter Vermittlung der Druckstange d_1, des Hebels q und der Druckstange d_3 das Ventil v, während die Druckstange d_2 durch die Feder f_2 noch in ihrer Lage festgehalten wird.

Wenn die Bremswirkung stufenweise erhöht wird, senkt sich der Kolben k_1 mit abnehmendem Leitungsdruck und setzt sich schließlich auf die untere Hubbegrenzung auf. Im übrigen bleibt die Einrichtung unverändert. Wird zwecks teilweiser Lösung der Bremse der Druck in der Leitung um einen gewissen Betrag erhöht, so überträgt sich diese Druckerhöhung auch nach dem Raum l_2 unter dem Kolben k_1 und verschiebt den Kolben k_1 um einen der Druckerhöhung entsprechenden Betrag nach oben. Hierdurch wird das Ventil v mit Rücksicht auf das Spiel des Keils im Schlitz der Ventilstange noch nicht gelüftet, sondern nur die Feder f_3 etwas entlastet. Gleichzeitig wird aber das Hauptsteuerventil in Lösestellung umgeschaltet und damit durch den Steuerschieber der Bremszylinder mit dem Raum c_2 unter dem Kolben k_2 verbunden. Der Kolben k_2 wird gegen den

Druck der Feder f_2 angehoben, und nun wird das Ventil v gelüftet, so daß der Bremszylinderdruck über c_1, c_3 nach o_1, o_2 ins Freie entweicht. Hierdurch sinkt der Druck im Bremszylinder und im Raum c_2, und die Feder f_2 drückt den Kolben k_2 entsprechend nach unten, bis das Ventil v wieder geschlossen wird. Wird der Druck in der Leitung erneut erhöht, so wird nunmehr durch Aufwärtsbewegung des Kolbens k_1 das Ventil v wieder von seinem Sitz abgehoben und damit der Bremszylinder mit der freien Luft verbunden. Durch die dabei entstehende Verminderung des Bremszylinderdruckes wird der Kolben k_2 durch die Feder f_2 wieder weiter nach unten verschoben, so daß das Ventil v wiederum abgeschlossen wird. Während der stufenweisen Lösung der Bremse wandert demnach der Kolben k_1 stufenweise bis in seine höchste Stellung, während der Kolben k_2 stufenweise in seine unterste Stellung übergeht, wobei abwechselnd das Ventil v geöffnet und wieder geschlossen wird, bis die Einrichtung bei dem normalen Leitungsdruck die in der Abb. 187 dargestellte Lage einnimmt.

Durch diese neue Bauart des Entbremsventils wird zwar die Verwendung der Metallbiegehaut der ersten Bauart vermieden und damit die Unsicherheit, die durch Brechen dieser Biegehaut eintrat, behoben, die Vermehrung der Federn dagegen macht die Einstellung noch schwieriger und infolgedessen die Verwendung der Einrichtung bei langen Zügen unmöglich. Dieses Entbremsventil hat deshalb auch nur bei den kurzen Zügen von Untergrundbahnen Verwendung gefunden.

β) Das Löseventil von Rihosek-Leuchter

Während die Entbremsventile von Westinghouse hauptsächlich durch die Verwendung von Regulierfedern im Betrieb Schwierigkeiten machen, ist das neuerdings von Rihosek-Leuchter konstruierte Löseventil von solchen Regulierfedern frei und die Bewegung der Teile erfolgt nur durch Druck oder Flächenunterschiede (Abb. 188). Neben dem Druck des Bremszylinders und dem der Leitung wirkt auch der Druck des Bremsluftbehälters steuernd mit.

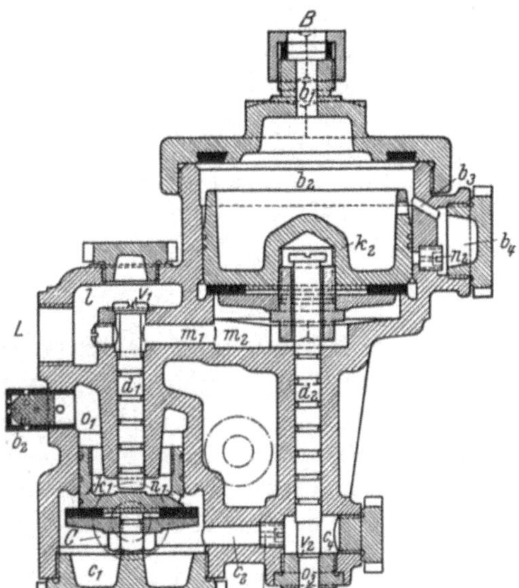

Abb. 188. Löseventil von Rihosek-Leuchter.

Bei C ist die Auslaßöffnung des Steuerventils angeschlossen, bei L die Leitung und bei B der Bremsluftbehälter.

Im Ruhezustand bei gelöster Bremse und auf den Leitungsdruck aufgefülltem Bremsluftbehälter befinden sich die Teile des Löseventils in der in der Zeichnung dargestellten Lage. Der Kolben k_1 liegt an der unteren Hubbegrenzung an, so daß etwa im Bremszylinder durch Undichtigkeit sich ansammelnde Druckluft über die kleine Öffnung n_1 nach o_1 und o_2 entweichen kann. Das Ventil v_1 wird durch den im Raum l herrschenden Leitungsdruck auf seinen Sitz gedrückt. Der Kanal m_1 und der Raum m_2 unter dem großen Kolben k_2 können sich an den eingeschliffenen Druckstangen d_1 und d_2 entlang entlüften. Infolgedessen wird durch den im Raum b_2 über Kanal b_1 herrschenden Druck des Bremsluftbehälters der Kolben k_2 mit seinem Ledersitz fest an seine untere Hubbegrenzung angedrückt. Das Ventil v_2 ist geschlossen.

Wird durch Minderung des Leitungsdruckes eine Bremsung ausgeführt, so bleiben die Teile des Löseventils in der gleichen Lage. Wird dagegen die Bremse gelöst, so wird im Steuerventil der Bremszylinder mit der Auslaßöffnung verbunden, also über den Anschluß C mit dem Raum c_1 unter dem Kolben k_1 im Löseventil. Bei der Kleinheit der

Bohrung n_1 wird das Kolbenventil k_1 gehoben und gegen seine obere Hubbegrenzung dichtend angedrückt. Dabei wird unter Vermittlung der Druckstange d_1 das Ventil v_1 gelüftet und damit die Leitung über l_1, l_2, m_1 mit dem Raum m_2 unter dem großen Kolben k_2 verbunden. Da der Leitungsdruck bei Einleitung einer Lösestufe höher ist als der Druck im Bremsluftbehälter, wird der Kolben k_2 angehoben und dichtend gegen seine obere Hubbegrenzung gedrückt. Dabei lüftet er unter Vermittlung der Ventilstange d_2 das Ventil v_2, so daß nunmehr die Bremszylinderluft über Kanal c_2, die Düse c_3, Raum c_4 nach o_3 ins Freie entweichen kann. Gleichzeitig tritt auch Leitungsluft aus dem Raum m_2 über die Düse n_2, Raum b_4, Kanal b_3 und über b_2, b_1 zum Bremsluftbehälter über, während zugleich auch im Steuerventil über die Empfindlichkeitsnut um den Kolben herum Luft aus der Leitung in den Bremsluftbehälter übertritt. Sobald sich der Druck zwischen beiden Räumen auszugleichen beginnt, senkt sich der Kolben k_2 unter dem auf den Querschnitt der Stange l_2 wirkenden Leitungsdruck, und das Ventil v_2 wird geschlossen. Damit wird der Lösevorgang unterbrochen. Das Kolbenventil k_1 dagegen verbleibt in seiner oberen Lage. Bei weiterer stufenweiser Erhöhung des Leitungsdruckes wiederholt sich der Vorgang, indem sich der Kolben k_2 anhebt, das Ventil v_2 lüftet, bis sich der Druck zwischen der Leitung und dem Bremsluftbehälter ausgeglichen hat.

Durch Bemessung der Düse c_3 soll die Zeit für das Lösen der Bremse so bemessen werden, daß die Bremse gelöst ist, wenn der normale Druck in der Leitung und im Bremsluftbehälter wieder erreicht ist.

Bei kurzen Zügen macht diese Abstimmung keine Schwierigkeiten, bei langen Zügen dagegen kann es leicht vorkommen, daß die Bremsen am hinteren Zugende nicht vollständig gelöst werden. Die erste Lösestufe wird meistens bis zum Ende durchdringen, so daß der Kolben k_2 angehoben und das Ventil v_2 gelüftet wird, da sich, sobald der auf das Kolbenventil k_1 wirkende Bremszylinderdruck das Ventil v_1 öffnet, ein plötzlicher Druckstoß auf die untere Seite des Kolbens k_2 bemerkbar machen wird. Bei den weiteren Lösestufen dagegen und besonders bei solchen, die sehr schwach bis zum Zugende durchdringen, kann es sehr leicht eintreten, daß die Druckerhöhung in der Leitung gerade ausreicht, um das Steuerventil umzuschalten, dagegen nicht, um den Kolben k_2 gegen den auf dem Querschnitt des Ventils v_2 ruhenden Druck zu heben. Der Druck der Leitung gleicht sich dann mit dem Druck des Bremsluftbehälters über die Empfindlichkeitsnut des Steuerkolbens im Steuerventil aus, ohne daß der Bremszylinder entlüftet wird. Die Entlüftung des Bremszylinders erfolgt also nicht zwangläufig mit der Auffüllung des Hilfsluftbehälters.

5. Rückstellung des Steuerventils ohne Bremszylinderdruck.

Die einzige bei langen Zügen brauchbare Lösung der Aufgabe kann nur in einem Mittel gefunden werden, durch das man, ohne die Art der Steuerung beim Bremsen zu verändern, den Steuerkolben des Steuerventils selbst in eine Löseabschlußstellung zurückbewegt und damit den Lösevorgang unterbricht, wenn nur eine teilweise Lösung der Bremse erwünscht ist und zu dem Zweck der Leitungsdruck nur wenig erhöht wird.

α) Rückstellung durch Feder von Knorr.

Knorr hat schon im Jahre 1892 einen Vorschlag in dieser Richtung gemacht, der aus Abb. 189 ersichtlich ist. Knorr hat damals auf die Verwendung eines besonderen Abstufungsschiebers verzichtet und die Rückstellung des einfachen Flachschiebers aus der Bremsstellung in die Bremsabschlußstellung durch einen federnden Anschlag bewirkt. Ganz in der gleichen Weise hat er nach der anderen Seite einen federnden Anschlag geschaffen, der den Schieber aus der Lösestellung in eine Löseabschlußstellung bringt, wenn die Druckerhöhung in der Leitung unterbrochen wird. Wird der Leitungsdruck erhöht, so tritt Druckluft von L her über die Kanäle l_1, l_2, l_3 in den Raum l_4 auf der rechten Seite des Steuerkolbens k und verschiebt diesen in seine linke Endstellung, indem er die Feder f_2

zusammendrückt. Dabei wird einerseits der mit dem Bremsluftbehälter B verbundene Raum b_1 über den Winkelkanal b_2 im Schieber mit der Öffnung l_5 im Schieberspiegel verbunden. Infolgedessen strömt Druckluft aus der Leitung über das Rückschlagventil v, Kanal l_5 und b_2 zum Bremsluftbehälter. Andererseits wird der Bremszylinder C über die Kanäle c_3, c_2 und Schieberhöhlung e_2 mit der zur freien Luft führenden Bohrung o verbunden, der Bremszylinder also entlüftet. Wird die Druckerhöhung in der Leitung unterbrochen, dann gleicht sich der Druck in der Leitung mit dem des Bremsluftbehälters aus, und sobald der Druck vor und hinter dem Kolben k annähernd der gleiche ist, verschiebt die Feder f_2 den Kolben k samt Schieber s in die in der Abbildung gezeigte Lage und unterbricht damit die Verbindung des Bremszylinders mit der freien Luft und die zwischen der Leitung und dem Bremsluftbehälter. Der Lösevorgang wird also unterbrochen. Der Vorgang beim Abstufen der Bremswirkung nach oben ist der gleiche, indem die Feder f_1 den Kolben k mit Schieber s aus der Bremsstellung in die Bremsabschlußstellung zurückbewegt, sobald durch Abströmen von Druckluft aus dem Bremsluftbehälter über die durch den Schieber freigelegte Öffnung c_2 nach dem Bremszylinder der Druck in jenem auf den der Leitung sinkt.

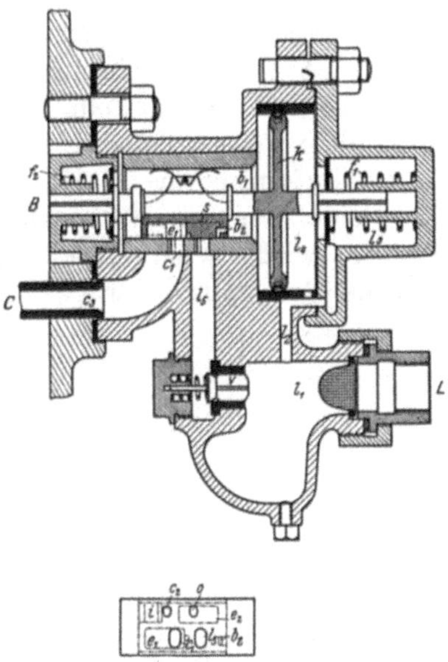

Abb. 189. Steuerventil mit Rückstellfeder von Knorr.

Während aber die Verwendung einer Rückstellfeder — abgesehen davon, daß Federn nicht dauernd zuverlässig arbeiten — beim Bremsvorgang keine wesentlichen Nachteile mit sich bringt, ist ein schädlicher Einfluß beim Abstufen des Lösens nicht zu vermeiden, denn wenn man auch für einen bestimmten Bremskolbenhub das Verhältnis der Durchgänge von der Leitung zum Bremsluftbehälter bzw. vom Bremszylinder ins Freie so bemessen kann, daß der Druck im Bremsluftbehälter wieder hergestellt ist, wenn die Druckluft aus dem Bremszylinder entwichen ist, so stimmt dies Verhältnis nicht für andere Kolbenhübe und wird mehr oder weniger beeinflußt durch die Dichtigkeit des Steuerkolbens k. Es kann dann leicht der Fall eintreten, daß die Feder f_2 den Steuerkolben in Löseabschlußstellung zurückschiebt, bevor die Bremse ganz gelöst ist, und das vollständige Lösen kann dann nur von Hand oder durch Erhöhung des Leitungsdruckes über den normalen bewirkt werden. Dies muß sich vor allem bei einer Güterzugbremse bemerkbar machen, bei der für stoßloses Lösen die Lösezeit sehr stark verlängert ist. Bei einem langen Güterzug läßt sich eine Gleichmäßigkeit im Auffüllen und Lösen der Bremsen nicht erreichen, da die Druckunterschiede in einer langen Leitung, die von einer Seite unter Druck gesetzt wird, ziemlich beträchtlich sind und die Füllzeit, d. h. die Überströmung der Leitungsluft in den Hilfsluftbehälter beeinflussen.

β) Lösebehälter von Westinghouse.

Eine bessere Lösung der Aufgabe wird von der amerikanischen Westinghouse-Gesellschaft bei neueren Personenzugbremsen angewandt. Sie besteht in der Anordnung eines besonderen Zusatzbehälters der bei gelöster Bremse gleichzeitig mit dem Bremsluftbehälter aus der Leitung gefüllt wird, beim Bremsen seinen Druck beibehält und bei stufenweisem Lösen Druckluft an den Bremsluftbehälter abgibt und so auf der Hilfsluftbehälterseite des Steuerkolbens im Steuerventil den Überdruck zum Umsteuern in eine Löseabschlußstellung erzeugt. Abb. 190 zeigt die Gesamtanordnung, die sich äußerlich durch die Hinzufügung des Zusatzbehälters A von der normalen Anordnung unterscheidet.

Abb. 191 zeigt in schematischem Schnitt das Personenzug-Steuerventil, Type LN, bei welchem das Prinzip zum erstenmal zur Anwendung gekommen ist. Die Abbildung zeigt das Steuerventil in Lösestellung unter Fortlassung der für diese Stellung nicht in Betracht kommenden Kanäle. Die Leitung ist bei L angeschlossen. Der Leitungsdruck steht über Kanal l_1, das Rückschlagventil v_r, Raum l_2 und Kanal l_3 in der Öffnung l_4 des Schieberspiegels, außerdem über Kanal l_5 im Raum l_6 rechts vom Steuerkolben k_1. Die Leitungsluft kann einerseits über die durch den Abstufungsschieber s_a freigelegte Öffnung p im Grundschieber s zur Kammer b und damit über B zum Bremsluftbehälter gelangen, außerdem aber auch über die Nut n um den Steuerkolben k_1 herum. Von dem Bremsluftbehälter gelangt die Druckluft beim ersten Auffüllen der Bremse über die Öffnung r im Schieber s und Kanal a_3, Raum a_2, Kanal a_1 zum Zusatzbehälter A. Der bei C angeschlossene Bremszylinder steht über Kanal c, Bohrung i im Schieber s, Höhlung e im Abstufungsschieber, Bohrung m im Grundschieber und über o mit der freien Luft in Verbindung.

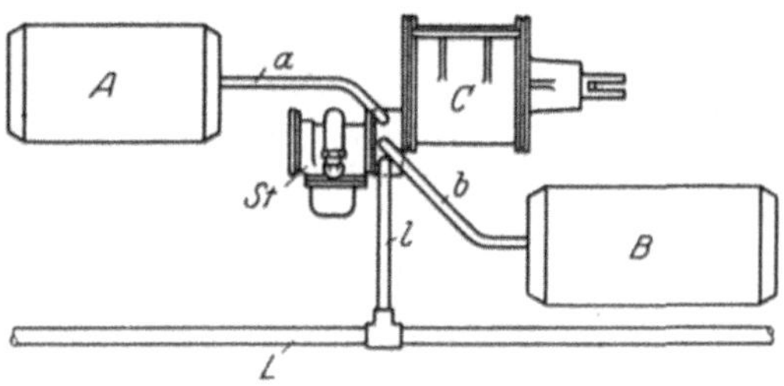

Abb. 190. Bremse mit Lösebehälter der amerikanischen Westinghouse-Gesellschaft.

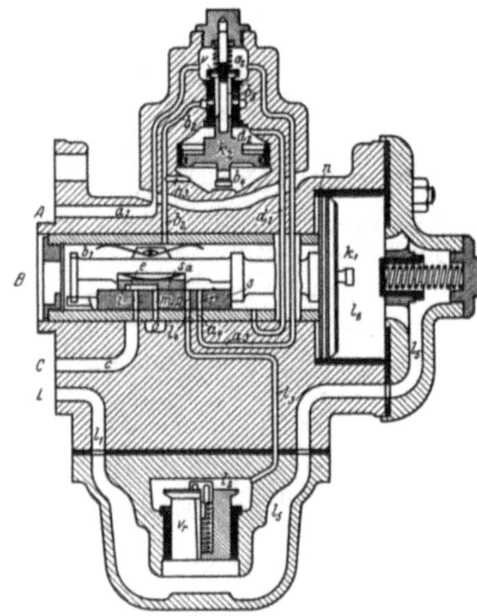

Abb. 191. Steuerventil der amerikanischen Bremse mit Lösebehälter.

Bei einer gewöhnlichen Bremsung wird der Bremsluftbehälter allein mit dem Bremszylinder verbunden, so daß nur in ihm der Druck abnimmt. Aus dem Zusatzbehälter A findet dagegen keine Luftentnahme statt, da die Öffnung a_4 im Schieberspiegel durch den Schieber s abgedeckt wird. Wird darauf zwecks stufenweisen Lösens der Leitungsdruck um einen gewissen Betrag erhöht, so geht der Steuerkolben k_1 in die dargestellte Lösestellung. Dabei wird der Zusatzbehälter A über a_1, a_2, a_3, a_4 und r mit dem Bremsluftbehälter verbunden, während gleichzeitig der Bremszylinder über c, i, e, m und o sich entlüftet. Der Zusatzbehälter A gibt daher Druckluft an den Bremsluftbehälter ab und erhöht den Druck in diesem über den nur wenig erhöhten Leitungsdruck. Der Kolben k_1 wird deshalb so weit nach rechts geschoben, bis die Kolbenstange mit dem Anschlag an den Schieber s stößt. Dabei wird einerseits die Verbindung des Zusatzbehälters A mit dem Bremsluftbehälter B verschlossen, andererseits die Verbindung zwischen dem Bremszylinder und der freien Luft. Das Lösen der Bremse wird demnach unterbrochen. Werden weitere Lösestufen gemacht, dann wiederholt sich der Vorgang, bis der Druck zwischen dem Zusatzbehälter A sich mit dem des Bremsluftbehälters ausgeglichen hat. Dieser Ausgleichdruck liegt naturgemäß unter dem normalen Leitungsdruck, so daß die Lösestufen nicht bis zur vollen Aufladung der Bremse fortgesetzt werden können. Das Maß des Druckunterschiedes zwischen dem Ausgleichdruck und dem normalen Leitungsdruck hängt einmal von dem Verhältnis der Rauminhalte von A und B ab und dann von der Häufigkeit der Brems- und Lösestufen, die gemacht werden, bis die Behälter wieder voll aufgefüllt werden können. Bei lang anhaltenden Gefällen, die durch viele Kurven unterbrochen sind und deshalb ein starkes Wechseln des Bremsdrucks beim Herabfahren verlangen, sinkt der Druck im Zusatzbehälter immer weiter herunter, und daher wird auch der

Bremsluftbehälter nicht mehr genügend aufgefüllt. Die Bremse ist also nicht als unerschöpfbar anzusehen. Auch wird die Abstufung gerade bei den geringen Bremswirkungen fraglich, da mit abnehmendem Druckunterschied zwischen dem Zusatzbehälter und dem Bremsluftbehälter die Überströmung der Luft aus jenem in diesen abnimmt.

Einwandfrei arbeitet dieses Prinzip der Löse-Abstufung dann, wenn der Lösebehälter durch eine zweite Leitung ständig nachgefüllt bzw. durch eine zweite Leitung ersetzt werden kann. Dies ist ohne weiteres bei Triebwagenzügen möglich, in denen diese zweite Leitung schon als Ausgleichleitung zwischen den Hauptluftbehältern der in einem Zuge vereinigten Triebwagen vorhanden ist.

Der Zusatzbehälter hat im übrigen bei dem System LN noch die zweite Aufgabe, bei Schnellbremsungen den Bremsdruck im Bremszylinder zu verstärken. Bei Schnellbremsungen wird der Kanal d_1 durch eine entsprechende Höhlung im Schieber s entlüftet und damit auch die Kammer d_2 oberhalb des Kolbens k_2. Der unter ihm in Kammer b_4 herrschende Druck des Bremsbehälters hebt den Kolben k_2 an, der seinerseits das Ventil v aufstößt. Infolgedessen strömt die Druckluft des Zusatzbehälters A über a_1, a_2, b_5 und b_2 zum Bremsluftbehälter und verstärkt dessen Wirkung.

γ) Das Steuerungsprinzip der Kunze Knorr-Bremse.

Von ganz anderen Gesichtspunkten ist man bei der Ausbildung der zuerst Verbundbremse genannten Kunze Knorr-Bremse ausgegangen. Von Anfang an hatte Kunze den Gedanken, den zur Umsteuerung der Steuerung zum Abstufen des Lösens der Bremse erforderlichen Überdruck durch die Organe der Bremse selbst jedesmal erzeugen zu lassen, wenn zum Zweck des Lösens der Bremse der Leitungsdruck erhöht wurde. Zu diesem Zweck verband er mit der Einkammerbremse einen Zweikammerzylinder, der einmal als Hilfs- oder Bremsluftbehälter für die Einkammerbremse diente, dann selbst gemeinsam mit dem Einkammerzylinder bremsend wirkte, der aber im besonderen die zur Bewegung des Steuerkolbens erforderlichen Druckunterschiede hergeben sollte.

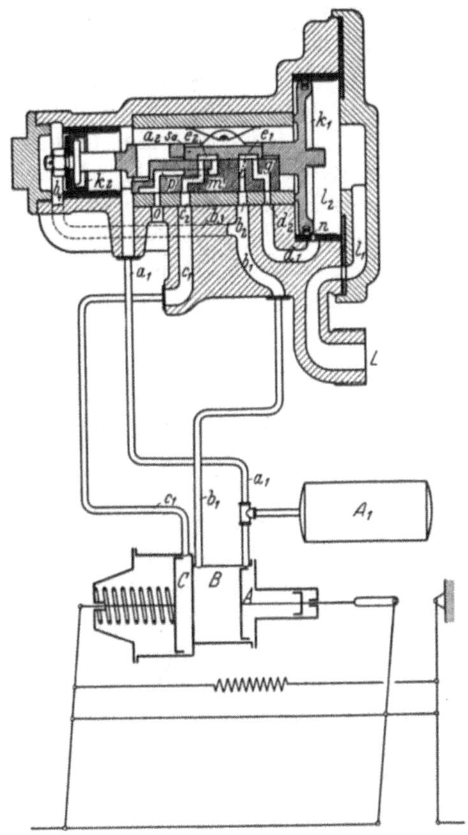

Abb. 192. Erste Form der Kunze Knorr-Bremse.

So entstand zunächst die in Abb. 192 schematisch dargestellte Vorläuferin der Kunze Knorr-Bremse.

Dem Einkammerbremszylinder C parallel arbeitet der Zweikammerzylinder A—B auf das gleiche Bremsgestänge. Die beiden Kammern A und B des Zweikammerzylinders sind dabei so mit dem Steuerventil verbunden, daß die in ihnen herrschenden Drücke gemeinsam gegen den Leitungsdruck auf die Steuerung wirken. Zu diesem Zweck ist der Steuerkolben als Differentialkolben k_1—k_2 ausgebildet und scheidet dadurch das Innere des Steuerventils in 3 Räume, von denen je einer mit der Leitung, mit dem Raum A und dem Raum B des Zweikammerzylinders verbunden ist.

Bei L ist die durchgehende Bremsleitung angeschlossen. Die Druckluft tritt aus dieser über Kanal l_1 in die Kammer l_2 rechts vom Steuerkolben k_1 ein und schiebt den Steuerkolben in die in der Abbildung dargestellte Lösestellung. Sie gelangt dann weiter durch die Empfindlichkeitsöffnung n in den Kanal d_1 und zur Bohrung d_2 im Schieberspiegel und weiter über Kanal g des Grundschiebers s, Höhlung e_1 des Abstufungsschiebers s_a, Kanal i des Grundschiebers zur Öffnung b_2 des Schieberspiegels, die über Kanal b_1 mit dem Raum B des Zweikammerbremszylinders in Verbindung steht. Außerdem ist durch Zweigkanal b_3 der Raum b_4 links vom kleinen Steuerkolben k_2 mit dem Raume B des Zweikammerbremszylinders verbunden. Der Raum A des Zweikammerzylinders, der durch den Behälter A_1 erweitert ist, und der über den sich abhebenden Lederstulp des größeren Kolbens von B aus gefüllt wird, steht über Kanal a_1 mit dem Raum a_2 zwischen den beiden Steuerkolben k_1 und k_2 in ständiger Verbindung. In der Lösestellung des Steuerventils stehen demnach alle drei Steuerräume im Steuerventil unter dem gleichen Luftdruck. Der Raum C des Einkammerbremszylinders ist über den Kanal c_1, die Öffnung im Schieberspiegel c_2 und weiter über Kanal m, Höhlung e_2, Kanal p nach o entlüftet.

Wird zum Zweck einer Bremsung etwas Luft aus der Leitung ausgelassen, so sinkt entsprechend auch der Druck im Raum l_2 rechts des großen Steuerkolbens, während der Druck in den übrigen Räumen noch bestehen bleibt. Der Kolbensatz k_1—k_2 wird infolgedessen in die äußerste Stellung rechts getrieben, wo er sich gegen die Lederscheibe im Deckel des Steuerventils dichtend anlegt. Er nimmt dabei zunächst den Abstufungsschieber s_a mit und nach Durchlaufen des Spiels zwischen dem Kolbenanschlag und dem großen Grundschieber s auch diesen. Dadurch wird der Raum B des Zweikammerzylinders über b_1, b_2 und über entsprechende Kanäle des Grundschiebers s und des Abstufungsschiebers mit den zum Bremszylinder C führenden Kanälen c_2, c_1 verbunden. Die Druckluft aus B strömt daher in den Raum C des Einkammerzylinders, treibt den Einkammerkolben vor und bringt durch das Bremsgestänge die Bremsklötze zum Anliegen. Durch die Luftentnahme aus B sinkt der Druck in diesem Raum; der Druck in A bleibt dagegen zuerst bestehen, da der als Rückschlagventil wirkende Lederstulp die Druckluft nicht aus A nach B zurücktreten läßt. Infolgedessen wandert der Differentialkolben des Zweikammerzylinders unter dem Überdruck in A nach links. Da diese Bewegung der Bewegung des Einkammerkolbens nacheilt, so wird sie zunächst nicht durch das Bremsgestänge aufgehalten, sondern es bildet sich ein Abstand zwischen der Schleife in der Stange des Zweikammerkolbens und dem Angriffspunkt am Bremsgestänge, der erst aufgehoben wird, wenn sich zwischen den Räumen A und B ein größerer zur Unterstützung der Bremsung ausnutzbarer Druckunterschied gebildet hat. Infolge der Bewegung des Zweikammerkolbens sinkt auch der Druck im Raum A, und der in B und A eintretende Druckabfall wirkt auch in den Räumen b_4 bzw. a_2 des Steuerventils. Wird die nach rechts auf den Steuerkolben wirkende Kraft des in A herrschenden Luftdrucks auf die durch den Unterschied der beiden Kolben k_1—k_2 gebildete Ringfläche, vermehrt um die ebenfalls niedriger gewordene Kraft, die durch den Druck in B auf den kleinen Kolben k_2 ausgeübt wird, geringer als die vom Leitungsdruck auf die Fläche des großen Kolbens k_1 ausgeübte Kraft, dann wird der Kolben nach links verschoben, bis sein Anschlag durch die Reibung des großen Schiebers s aufgehalten wird. Dabei wird die Verbindung zwischen B und C durch den Abstufungsschieber s_a unterbrochen. In der gleichen Weise kann die Bremswirkung beliebig nach oben abgestuft werden.

Wird zum Zweck des Lösens der Leitungsdruck erhöht, so wird der Kolbensatz k_1—k_2 nach links in die in der Abbildung dargestellte Lage verschoben. Dabei wird, wie vorher gezeigt, einerseits der Bremszylinder C über c_1, c_2, m, e_2, p, o mit der freien Luft verbunden, andererseits wird dem Raum B des Zweikammerzylinders aus der Leitung über die Bohrung n, Kanäle d_1, d_2, g, e_1, i, b_2, b_1 Druckluft zugeführt. Der wachsende Druck in B komprimiert durch den A und B trennenden Differentialkolben die Luft in A, so daß der Druck in A immer etwas höher ist als der in B. Gleichzeitig wird auch der Druck im Raum b_4 hinter dem kleinen Kolben k_2 des Steuerventils erhöht. Sobald diese Drucksteigerung die Wirkung der Vergrößerung des Leitungsdruckes überwiegt, geht der Kolbensatz k_1—k_2 nach rechts, bis er mit seinem Anschlag an den Grundschieber s anstößt. Dabei wird durch den Abstufungsschieber s_a die Verbindung des Bremszylinders C

mit der freien Luft und diejenige der Leitung mit dem Raum B unterbrochen. Durch die Einrichtung kann also auch das Lösen der Bremse abgestuft werden.

Diese erste Bauart der Verbundbremse krankte indes an dem Nachteil, der auch die anderen mit Manschettenkolben arbeitenden Bremsen nicht aufkommen ließ. Zwar wurde die Manschettendichtung nur an dem kleinen Kolben k_2 angewandt, aber schon hier bewirkte sie eine so starke Unempfindlichkeit in der Steuerung, daß die Abstufungen sowohl beim Lösen als beim Bremsen viel zu grob ausfielen. Auch konnte der mit Kolbenring gedichtete große Kolben k_1 die wenn auch verhältnismäßig kleinen Druckunterschiede zwischen den Räumen l_2 und a_2 auf die Dauer nicht genügend aufrecht erhalten. Die Verwendung des Differentialkolbens k_1—k_2 mußte deshalb verworfen werden. Es wurde jedoch festgestellt, daß man der unmittelbaren Mitwirkung der Druckerhöhung im Raum B des Zweikammerzylinders gar nicht bedurfte. Dadurch, daß der Kolben des Zweikammerzylinders beim Lösen der Bremse infolge Erhöhung des Druckes im Raum B nach dem Raum A hin verschoben wird, wird der Druck in diesem durch Kompression ebenfalls erhöht, und diese Druckerhöhung, die sich über die Verbindung a_1 auch dem Raum a_2 mitteilt, reicht in ihrer Wirkung auf die Fläche des Steuerkolbens k_1 vollständig aus, um diesen in die Löseabschlußstellung zu verschieben. Wenn andererseits beim Bremsen aus dem Raum B Druckluft entnommen wird, bewegt sich der Zweikammerkolben in umgekehrter Richtung und erzeugt auch im Raum A eine Druckverminderung, welche den Steuerkolben k_1 in die Bremsabschlußstellung bewegt. Der Kolben k_2 und die Zweigverbindung b_3 wurden deshalb weggelassen, und damit entstand die jetzige Kunze Knorr-Bremse. Bei ihr wird der nur durch einen Kolbenring gedichtete Steuerkolben durch vorübergehende kleine Druckunterschiede bewegt. Die Kunze Knorr-Bremse entspricht demnach vollständig dem Grundprinzip der bis jetzt eingeführten Einkammer-Druckluftbremse.

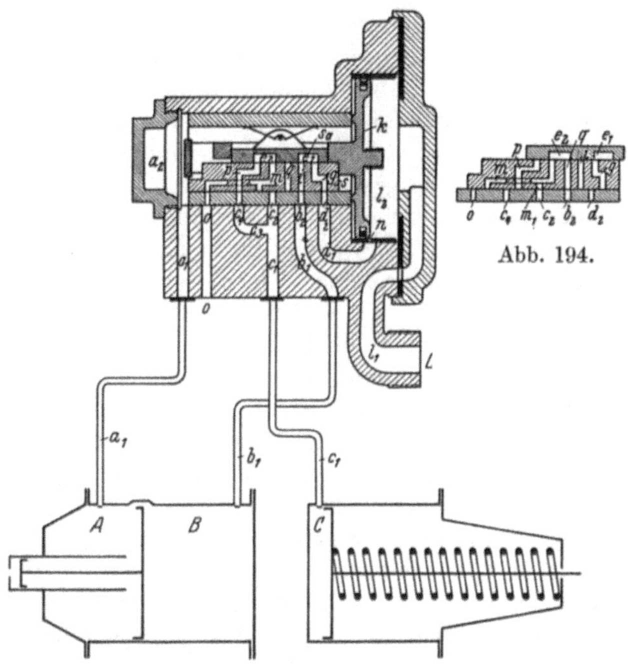

Abb. 193. Schema der Kunze Knorr-Bremse.

Abb. 194.

Der Grundgedanke der Kunze Knorr-Bremse ist aus der schematischen Abb. 193 ersichtlich.

Von den beiden Räumen A und B des Zweikammerzylinders ist nur der Raum A mit der Steuerkammer des Steuerventils verbunden. Der Druck im Raum B wirkt nicht steuernd mit. Dieser Raum gibt allein beim Bremsen Druckluft an den Bremszylinder C ab und wird beim Lösen der Bremse von der Leitung wieder aufgefüllt, während die im Raum A eingeschlossene Druckluftmenge erhalten bleibt und nur je nach der Bewegung des Zweikammerkolbens die Höhe ihres Druckes ändert.

Für die Steuerung des Steuerventils wirkt der Zweikammerzylinder infolgedessen nur als ein Mittel zur Druckübersetzung. Dadurch, daß die wirksame Kolbenfläche auf der der Kammer B ausgesetzten Seite um die Fläche des kleinen Kolbens größer ist als die wirksame Fläche auf der der Kammer A zugekehrten Seite, ist in der Gleichgewichtslage des Stufenkolbens der Druck in der Kammer A entsprechend größer als derjenige in Kammer B, die Luftpressungen sind umgekehrt proportional den wirksamen Kolbenflächen. Bei der Kunze Knorr-Bremse wird also eine Druckübersetzung benutzt, um beim Lösen der Bremse die zur Rückbewegung des Steuerkolbens in eine Löseabschlußstellung erforderliche Kraft im Steuerbehälter A zu erzeugen. An Stelle des Differentialkolbens im Zweikammerzylinder könnte zu diesem Zweck auch ein einfacher Kolben verwendet werden, der irgendwie auf der einen Seite belastet wäre, z. B. durch eine Feder. Die Spannung dieser Feder würde dann das Maß geben, um das der Druck in der einen Kammer denjenigen der anderen Kammer überstiege.

Im einzelnen ist die Wirkungsweise der Einrichtung die folgende: Von der bei L angeschlossenen Leitung strömt die Druckluft über Kanal l_1 in die Kammer l_2 und verschiebt den Steuerkolben k samt den Steuerschiebern s und s_a in die in der Abbildung gezeichnete Lage. In dieser ist die Füll- und Empfindlichkeitsbohrung n freigelegt. Die Druckluft strömt deshalb weiter über Kanal d_1, d_2, Kanal g im Grundschieber und die Muschel e_1 im Abstufungsschieber und weiter über Kanal i, b_2, b_1 in den Raum B des Zweikammerzylinders. Der Differentialkolben wird in seine linke Endstellung verschoben. Durch die dabei freigelegte Umgehungsnut strömt die Luft weiter in die Kammer A und von dort über a_1 in die Steuerkammer a_2 links vom Steuerkolben k. Der Raum C des Einkammerzylinders ist über die Kanäle c_1, c_3, c_4, die Kanäle p und m im Grundschieber und die Muschel e_2 im Abstufungsschieber, über o mit der Außenluft verbunden.

Wird zum Zweck einer Bremsung Druckluft aus der Leitung ausgelassen, so geht der Steuerkolben k in seine Endstellung rechts und nimmt die beiden Schieber mit, so daß sie am Ende der Bewegung unter sich und zu dem Schieberspiegel die in Abb. 194 dargestellte Lage einnehmen. In dieser ist der Raum B des Zweikammerzylinders über b_1, b_2, die Kanäle q, m, m_1 im Grundschieber und die Muschel e_2 im Abstufungsschieber mit der Öffnung c_2 im Schieberspiegel und weiter über den Kanal c_1 mit dem Bremszylinder C verbunden. Die Druckluft strömt infolgedessen aus dem Raum B nach dem Raum C, treibt den Kolben des Einkammerzylinders vor und bringt die Bremse zum Anliegen. Dabei sinkt der Druck im Raum B, und der Zweikammerkolben wandert unter dem im Raum A verbleibenden Druck nach rechts. Dadurch vermindert sich der Druck auch in A und damit in der mit ihm verbundenen Steuerkammer a_2. Fällt der Druck in dieser etwas unter den Leitungsdruck, so wird der Steuerkolben k mit dem Abstufungsschieber s_a so weit nach links verschoben, bis der Anschlag des Kolbens k an dem Grundschieber s anliegt. Hierdurch wird die Verbindung zwischen dem Raum B und dem Raum C unterbrochen. Durch weitere stufenweise Ermäßigung des Leitungsdrucks kann der Bremsdruck stufenweise erhöht werden, bis sich der Druck zwischen beiden Räumen B und C ausgeglichen hat. Dieser Ausgleichdruck entspricht der höchsten Bremswirkung.

Wird der Leitungsdruck nach einer Bremsung um einen Betrag erhöht, so geht der Steuerkolben mit dem Steuerschieber in die in der Abb. 193 gezeigte Lage. Dabei wird, wie oben gezeigt, der Raum C des Einkammerzylinders mit der freien Luft verbunden, so daß der Druck im Bremszylinder sinkt und die Bremswirkung vermindert wird. Gleichzeitig strömt Luft über die Füllbohrung n nach dem Raum B des Zweikammerzylinders, und der Druck im Raum A wird wieder entsprechend dem Verhältnis der Kolbenflächen über den Druck des Raumes B erhöht. Hört die Luftzuführung zur Leitung auf, so gleicht sich der Druck der Leitung mit dem des Raumes B aus. Da aber der Druck im Raum A und damit im Steuerraum a_2 etwas höher ist, so überwiegt der von links auf den Kolben k wirksame Druck den von rechts auf ihn wirkenden Leitungsdruck, und der Kolben k wird nach rechts so weit verschoben, bis sein Anschlag an den Grundschieber anstößt. Dadurch wird sowohl die Verbindung zwischen der Leitung und dem Raum B, als diejenige zwischen dem Raum C und der freien Luft unterbrochen. Durch stufenweise Erhöhung des Leitungsdruckes kann auf diese Weise die Bremswirkung stufenweise ermäßigt werden.

Die Verwendung eines Zweikammerzylinders als Steuerorgan ermöglicht also stufenweises Bremsen und Lösen, ohne daß das Grundprinzip der Einkammerbremse berührt wird.

Der die Steuerschieber im Steuerventil bewegende Kolben ist von der einen Seite durch Leitungsluft, von der anderen Seite durch die Druckluft der Kammer *A* des Zweikammerzylinders beaufschlagt, die nur ganz vorübergehende und geringe Druckunterschiede aufweisen. Zur Trennung dieser genügt der einfache metallische Kolbenring, der die leichte Beweglichkeit des Steuerkolbens nicht beeinträchtigt. Auf diese allein kommt es aber für das richtige Arbeiten der Bremsen eines langen Zuges und für das Zusammenarbeiten mit den vorhandenen Einkammerbremsen an. Die Verwendung von Kolben, die mit Lederstulpen gedichtet sind, für den als Steuerorgan wirkenden Zweikammerzylinder ist unbedenklich, da die Bewegung dieser Kolben mit der Durchschlagsgeschwindigkeit der Bremsen nichts zu tun hat und nur von der Luftbewegung im einzelnen Bremsapparat abhängt.

C. Die Kunze Knorr-Bremse.

Da die Art der Regelung des Bremsdruckes bei der Kunze Knorr-Bremse dem Grundprinzip der selbsttätigen Einkammer-Druckluftbremse, wie es durch die eingeführten Personenzugbremsen von Westinghouse, Knorr, Schleifer und New York Air Brake dargestellt ist, nicht widerspricht, so war ohne weiteres die Möglichkeit gegeben, sie nicht nur bei der Güterzugbremse, sondern auch bei den Bremsen für Personen- und Schnellzüge derart anzuwenden, daß die mit der Kunze Knorr-Bremse ausgerüsteten Wagen ohne Schwierigkeit in Züge eingestellt werden konnten, die mit den bisher eingeführten Einkammer-Bremsen versehen waren. Natürlich mußte auch die Kunze Knorr-Bremse den verschiedenen Betriebsbedingungen angepaßt werden, und es entstanden dadurch 3 verschiedene Formen, die zwar auf demselben Regelungsprinzip beruhen, aber je nach ihrem Verwendungszweck für Güter-, Personen- oder Schnellzüge verschiedene Mittel zur Beschleunigung der Bremswirkung und verschiedene Formen der Bremsdruckschaulinie besitzen. Dabei ist dafür gesorgt, daß durch entsprechende Umstellvorrichtungen die Form höherer Ordnung auch in die Form niedrigerer Ordnung umgewandelt werden kann, so daß Schnellzugwagen in Personen- und Güterzüge und Personenzugwagen auch in Güterzüge eingereiht werden können.

1. Die Kunze Knorr-Bremse für Güterzüge.

Die Kunze Knorr-Bremse wurde auf dem Wege zur Güterzugbremse gefunden; deshalb ist naturgemäß ihre älteste Form die Kunze Knorr-Bremse für Güterzüge.

Wie in dem Abschnitt über die Beschleunigung des Bremsdrucks dargetan wurde, ist bei unseren europäischen Verhältnissen die Wahl der Beschleunigungsvorrichtung für die Güterzugbremse dadurch bestimmt, daß diese Züge auch eine große Zahl solcher Wagen mitführen müssen, die keine Bremsausrüstung besitzen und auch keine Beschleuniger, sondern nur die durchgehende Druckleitung, und daß die Möglichkeit bestehen muß, solche Wagen in starken Gruppen in allen Teilen des Zuges zu vereinigen. Die bei den Personen- und Schnellzügen angewendete Vorrichtung, die einen starken Druckabfall in der Leitung hervorruft und daher nur bei Schnellbremsungen wirken darf, ist für diese Bedingung nicht brauchbar, weil sie hinter großen Gruppen von Leitungswagen nicht mehr anspringt. Andererseits aber verlangen lange Güterzüge auch für die Betriebsbremsungen eine Beschleunigungsvorrichtung oder vielmehr eine Einrichtung, die den Einfluß der Steuerkolbenbewegung auf den Druckabfall in der Leitung unschädlich macht. Dementsprechend hat das Steuerventil der Kunze Knorr-Bremse für Güterzüge nur eine einzige Bremsstellung, und die Beschleunigungsvorrichtung besteht in einer Kammer von 0,4 l Inhalt, die beim Übergang des Steuerkolbens von der Löse- in die Bremsstellung durch den Grundschieber mit der Bremsleitung verbunden wird. Die Kammer nimmt bei der Einleitung der Bremsung eine Luftmenge aus der Leitung auf, die etwas größer ist als der vom Steuerkolben des Steuerventils verdrängte Betrag. Die vom Führer in der Leitung hervorgerufene Druckminderung wird deshalb durch die

Wirkung der Übertragungskammer zwar etwas verstärkt, aber nicht so, daß nicht auch die kleinste, praktisch erwünschte Anfangsbremsstufe erreichbar wäre. Die Durchschlagsgeschwindigkeit beträgt bei einem aus 100 zweiachsigen Bremswagen bestehenden Zuge 115 m/Sek. Die Entlüftung der Kammer erfolgt erst bei völligem Lösen der Bremse, so daß, insbesondere nach vorangegangenem teilweisen Lösen der Bremse, durch Entlüftung der Leitung nach der Kammer kleine Bremsstufen nicht unmöglich gemacht werden.

Die Bremsdruckschaulinie wird gebildet durch einen kurzen Anstieg des Drucks auf ca. 0,6 Atm. und den weiteren langsamen Anstieg bis zum Volldruck. Diese Form der Druckschaulinie wird erreicht durch das Mindestdruckventil, wie es auf Seite 75 beschrieben ist, und eine in den vom Raum *B* des Zweikammerzylinders zum Einkammerzylinder *C* führenden Kanal eingeschaltete Verengung.

Ein besonderes Kennzeichen der Kunze Knorr-Güterzugbremse ist, daß der Kolben des Zweikammerzylinders zum Abbremsen der Last herangezogen wird, wie dies auch schon bei der in Abb. 192 dargestellten Übergangsform vorgesehen war. Die Kolbenstange des Zweikammerzylinders ist am äußeren Ende mit einer Schleife versehen, die eine freie Bewegung des Zweikammerkolbens gegen das Bremsgestänge so lange sichert, als sich der Druck zwischen dem Raum *B* und *C* noch nicht ausgeglichen hat, eine Abstufung des Druckes in *C* also noch in Frage kommt. Erst wenn der Druck in *B* auf den Ausgleichdruck gesunken und infolgedessen der Zweikammerkolben unter dem ebenfalls gesunkenen Druck in der Kammer *A* seinem Hubende nahe gekommen ist, legt sich die Schleife des Zweikammerkolbens an das Bremsgestänge an. Damit die in der Kammer *A* eingeschlossene Druckluft voll zur Wirkung kommen kann, muß die Druckluft aus der Kammer *B* ganz entweichen. Zu diesem Zweck ist zwischen dem Raum *B* einerseits und dem Raum *C* und der freien Luft andererseits ein mit einem kleinen Kolbenschieber verbundenes Zwischenventil eingeschaltet. Bei Beginn der Bremsung wird dieses durch den Druckunterschied zwischen *B* und *C* geöffnet und läßt die Druckluft von *B* nach *C* durchströmen. Sobald sich der Druck zwischen beiden Räumen ausgeglichen hat, schließt sich das Rückschlagventil und öffnet gleichzeitig durch den Kolbenschieber einen Weg von *B* ins Freie. Die Druckluft entweicht infolgedessen aus *B*, und nun kommt der ganze im Raum *A* zurückbleibende Druck zur Wirkung auf das Bremsgestänge.

Damit diese Einrichtung nur beim beladenen Wagen in Tätigkeit tritt, ist in dem von dem Zwischenventil zur freien Luft führenden Kanal ein Umstellhahn angeordnet, der bei leerem Wagen geschlossen ist, so daß dann nur der Einkammerzylinder auf das Bremsgestänge wirkt.

Der Einkammerbremszylinder bildet mit dem Zweikammerzylinder ein einziges Gußstück (Abb. 195—197). Seitlich ist das Steuerventil derart an diesem befestigt, daß die Verbindung der Bremszylinderräume mit dem Steuerventil durch Gußkanäle erfolgen kann und Rohrverbindungen vermieden werden. Auf der anderen Seite des Bremszylinders befindet sich die Auslösevorrichtung *y*, durch die zwecks Entleerens der Bremse die Räume des Bremszylinders unter sich bzw. mit der freien Luft in Verbindung gesetzt werden können. Der kleine Behälter A_1, der zur Vergrößerung des Raumes *A* dient, ist durch eine kurze Rohrleitung mit dem Zweikammerzylinder verbunden. Die Kolbenstange des Einkammerzylinders wird in üblicher Weise durch ein Rohr gebildet, das im vorderen Bremszylinderdeckel geführt ist. In ihm kann sich die Druckstange frei bewegen, die durch einen Kreuzkopf den Bremsdruck auf das Bremsgestänge überträgt. Der Kolben des Zweikammerzylinders wirkt in der Weise auf das Bremsgestänge ein, daß sich die von ihm ausgehenden Kräfte zu den Kräften des Einkammerzylinders addieren. Die am Ende der Kolbenstange angebrachte Schleife hat bei gelöster Bremse gegen den Bolzen des Bremsgestänges noch einen freien Hub von 50 mm, wie in der Abb. 197 angedeutet. Um dieses Maß ist der volle Hub des Zweikammerkolbens größer als der des Einkammerkolbens. Dieser Vorhub sichert einerseits das Überschleifen der

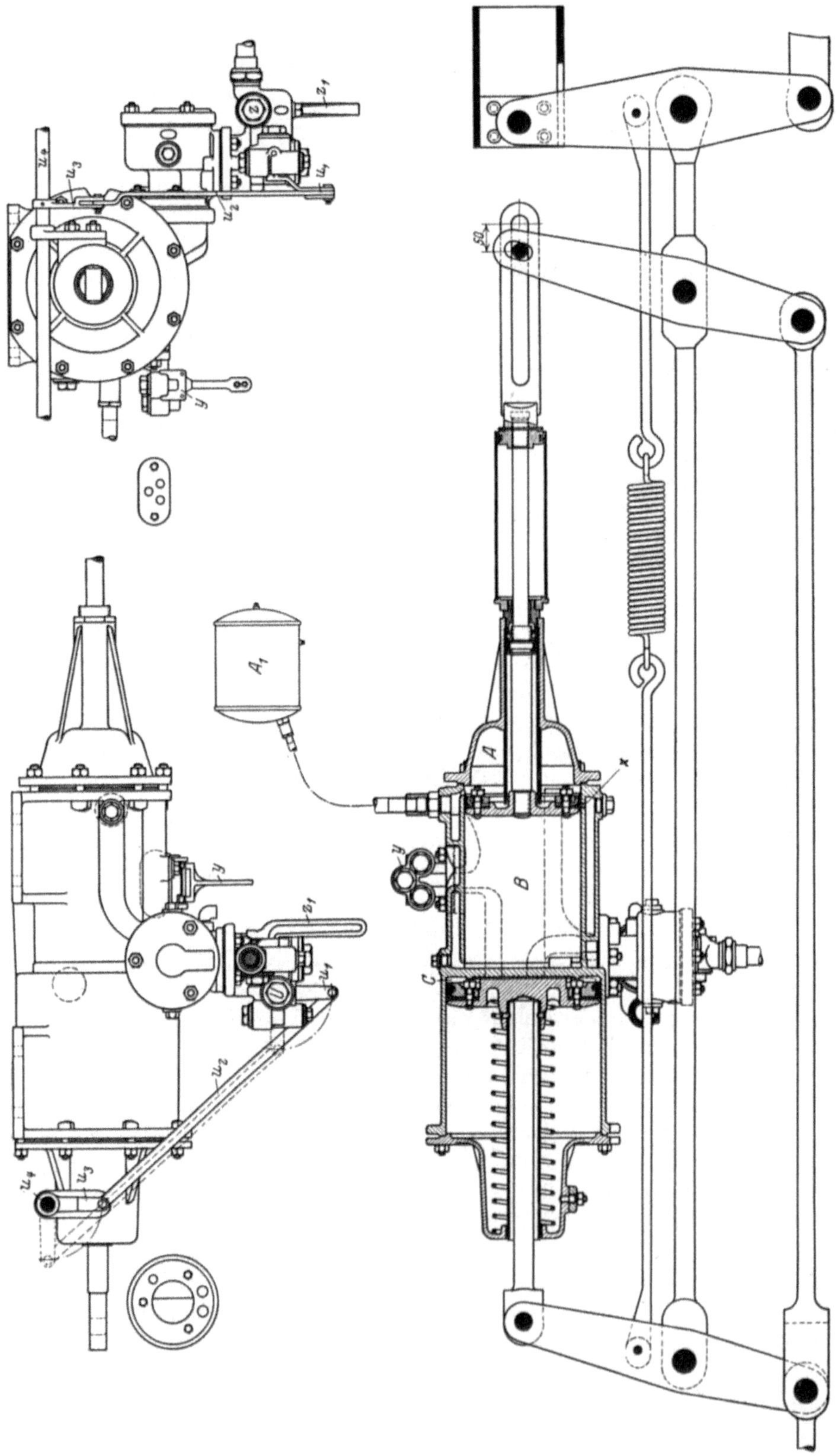

Abb. 196.

Abb. 195.

Abb. 197.

Abb. 195—197. Kunze Knorr-Bremse für Güterzüge.

Füllbohrung x durch den Zweikammerkolben auch für den Fall, daß das Bremsgestänge etwas schwer geht und infolgedessen der Angriffspunkt des Zweikammerkolbens am Bremsgestänge nicht schnell genug ausweicht. Andererseits wird durch die Hubvergrößerung des Zweikammerkolbens vermieden, daß dieser beim geringsten Hub des Einkammerkolbens von 100 mm zu früh durch das Bremsgestänge aufgehalten und damit die Abstufbarkeit der Bremswirkung des Einkammerzylinders begrenzt wird.

Der Umstellhahn U am Steuerventil, durch den die Bremse für leeren oder beladenen Wagen eingestellt werden kann, wird durch Hebel u_1, Zugstange u_2 und Hebel u_3 von der quer unter dem Wagen liegenden Umstellwelle u_4 aus bewegt.

Das Steuerventil (Abb. 198—200) enthält den Steuerkolben k, den Grundschieber s und den Abstufungsschieber s_a im Oberteil, im Unterteil das Mindestdruckventil m mit dem Stufenkolben d, das Zwischenventil v sowie den Absperrhahn z und den Umstellhahn U. Die Übertragungskammer $\ddot{U}$ wird durch einen um das Oberteil des Steuerventils

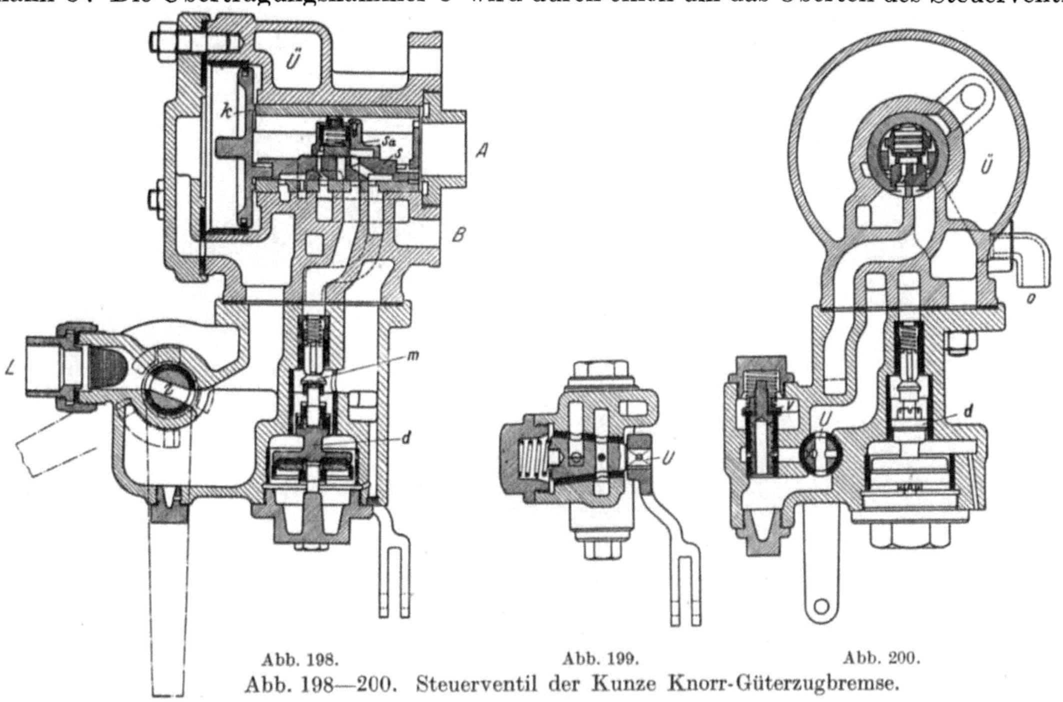

Abb. 198. Abb. 199. Abb. 200.
Abb. 198—200. Steuerventil der Kunze Knorr-Güterzugbremse.

gelegten Hohlraum gebildet. Der Absperrhahn z dient lediglich zur vollständigen Abstellung der Bremseinrichtung.

Abb. 201 und 202 zeigen das Schaltungsschema der Bremse. Der Übersichtlichkeit halber sind in diesem die einzelnen Organe des Steuerventils auseinandergezogen, und von den Schiebern s und s_a sowie dem Umstellhahn U sind die in Betracht kommenden je zwei Schnitte nebeneinander gezeichnet.

Die Bremse ist links in Lösestellung (Abb. 201) und rechts in Bremsstellung (Abb. 202) gezeigt. Bei gelöster Bremse tritt die Luft bei L durch den Anschluß l_1 ein, strömt über den Absperrhahn z, Kanal l_2 in die Kammer l_3 links vom Steuerkolben k. Außerdem tritt sie durch den Kanal l_4, den Kanal j im Grundschieber, den Querkanal d im Abstufungsschieber und Kanal f im Grundschieber über die Verbindung b zum Raum B des Zweikammerzylinders. Der Zweikammerkolben wird in seine Endstellung rechts verschoben und legt dabei die Bohrung x frei, durch die die Druckluft weiter über den Kanal x_1 in den Schieberraum a_2 des Steuerventils gelangt. Von dort strömt sie weiter über Kanal a_1 zum Raum A des Zweikammerzylinders und zu dem mit diesem zusammenhängenden kleinen Behälter A_1.

Durch den engsten Querschnitt des Kanals j im Grundschieber wird die Zeit für die Füllung der beiden Räume B und A bemessen. Außerdem bestimmt dieser Querschnitt

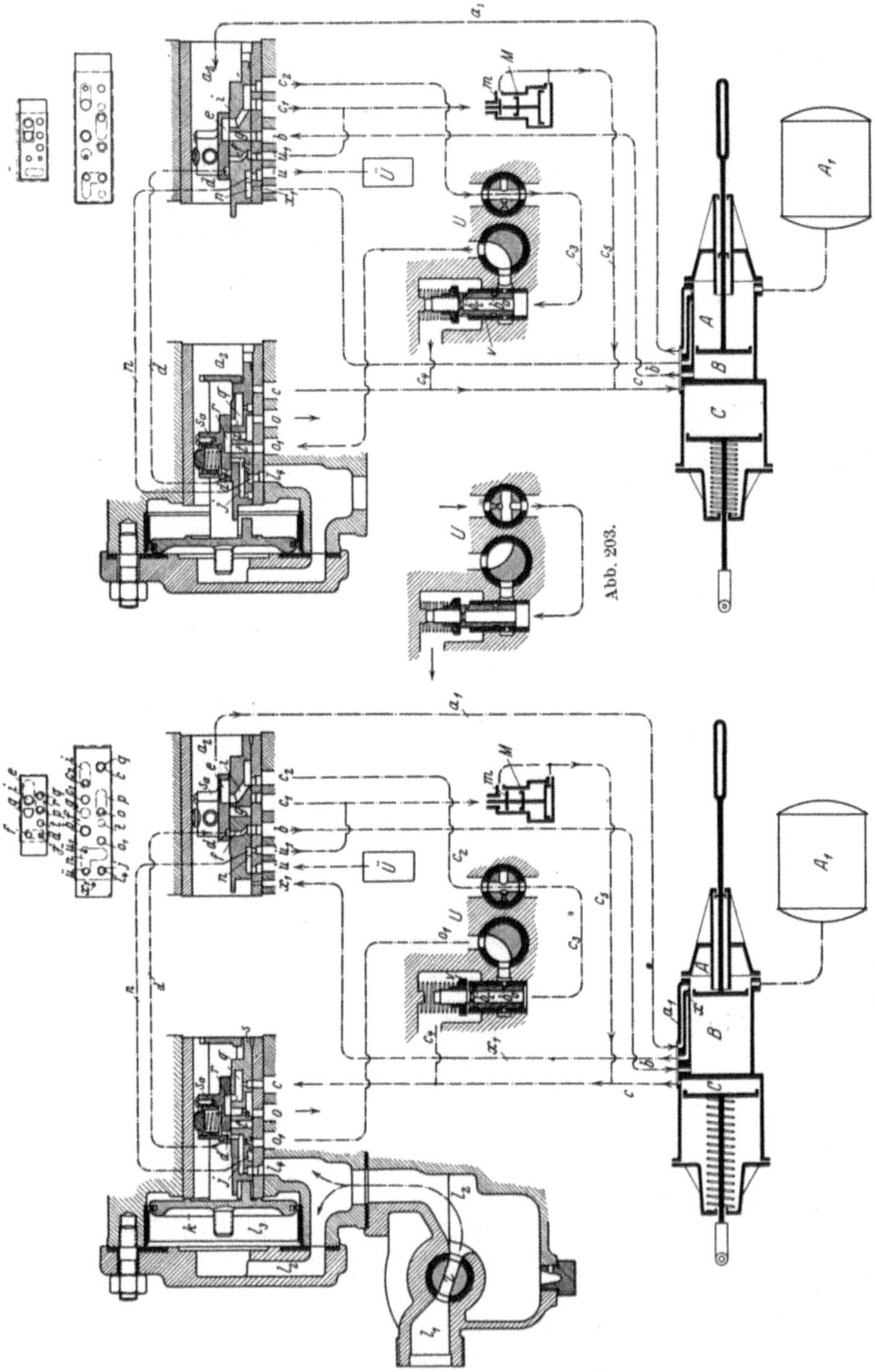

Abb. 201. Abb. 202. Abb. 203.

Abb. 201 bis 203. Schaltbild der Kunze Knorr-Bremse für Güterzüge.

zusammen mit der Größe der Bohrungen x und x_1 das Maß der Empfindlichkeit des Steuerventils.

Der Raum C des Einkammerzylinders ist über den Kanal c, den Kanal q im Grundschieber, die Höhlung r im Abstufungsschieber, Kanal p im Grundschieber nach dem zur freien Luft führenden Kanal o entlüftet. Die Übertragungskammer $\ddot{U}$ steht über die Muschel n im Grundschieber und Kanal $\ddot{u}_1$ mit dem Kanal c_1 und damit über das geöffnete Mindestdruckventil m und Kanal c_5 mit dem Kanal c und demnach ebenfalls mit der freien Luft in Verbindung.

Wird zum Zweck einer Bremsung Druckluft aus der Leitung ausgelassen, so wird der Druck auch in der Kammer l_3 vermindert, dagegen bleibt er in der Kammer a_2 erhalten, da die Druckluft nicht schnell genug durch den Kanal j und die Bohrungen x und x_1 folgen kann. Der Steuerkolben k geht deshalb in die in der Abb. 202 dargestellte Bremsstellung, in der er sich dichtend gegen die im Steuerkammerdeckel angeordnete Dichtungsscheibe anlegt. Der Steuerkolben nimmt zunächst den Abstufungsschieber s_a und dann den Grundschieber s in die in den beiden Querschnitten dargestellte Lage mit. Dabei wird die Bohrung x_1 überdeckt und damit die Verbindung zwischen den Räumen A und B unterbrochen, dann wird die Leitung über den Kanal l_4 und die winkelförmige Muschel n im Grundschieber mit dem zur Übertragungskammer $\ddot{U}$ führenden Kanal $\ddot{u}$ verbunden, so daß die Übertragungskammer mit Leitungsluft gefüllt wird. Endlich wird eine Verbindung zwischen dem von der Kammer B kommenden Kanal b über die Kanäle g und i im Grundschieber und die Muschel e im Abstufungsschieber mit den beiden Kanälen c_1 und c_2 hergestellt. Über den Kanal c_1 strömt die Druckluft nach dem Mindestdruckventil M und von dort über den Kanal c_5 zum Raum C des Einkammerzylinders. Durch Kanal c_2 strömt die Druckluft über den Umstellhahn U unter das Zwischenventil v, lüftet dieses und strömt dann ebenfalls weiter zum Raum C des Bremszylinders. Ist in diesem ein Druck von etwa 0,6 Atm. erreicht, so schließt sich das Mindestdruckventil M, und nun ist der Raum B mit dem Raum C nur noch durch den Umstellhahn und das Zwischenventil v verbunden. Dieses besteht aus einem durch Leder abgedichteten Rückschlagventil und dem darunter sich anschließenden Kolbenschieber, der hohl und mit den beiden Bohrungen b_c und b_o versehen ist. Die Größe der Bohrung b_c bestimmt das Maß der Überströmung der Luft von B nach C, nachdem das Mindestdruckventil geschlossen ist (bei der dargestellten Stellung des Umstellhahns U für beladenen Wagen).

Ist eine Vollbremsung beabsichtigt und infolgedessen der Leitungsdruck um etwa 1½ Atm. ermäßigt worden, so strömt die Druckluft von B nach C so lange über, bis in beiden Räumen der gleiche Druck herrscht. In diesem Augenblick wird das Zwischenventil durch die auf ihm lastende schwache Feder geschlossen und gleichzeitig durch den Kolbenschieber der Kanal c_3 über die Bohrung b_o, den Umstellhahn U, Kanal o_1, Kanal t und p im Grundschieber und die Muschel r im Abstufungsschieber mit dem zur freien Luft führenden Kanal o verbunden. Die noch im Raum B des Zweikammerzylinders enthaltene Druckluft strömt infolgedessen ins Freie aus, die Kolbenstange des Zweikammerzylinders legt sich mit der Schleife am Bremsgestänge an, und der in der Kammer A verbleibende Druck wirkt bremsend in Gemeinschaft mit der in die Kammer C eingelassenen Druckluft. Das Maß des Druckabfalls in der Kammer B ist dabei durch die Größe der Bohrung b_o in dem Zwischenventil v bestimmt. Der durch die Bohrung b_c festgelegte Druckanstieg in C und der durch die Bohrung b_o festgelegte Druckabfall in B ergeben zusammen die Länge der Bremsdruckschaulinie. Damit diese bei leerem Wagen annähernd gleich ist, ist in dem Umstellhahn U in der Stellung für leeren Wagen (Abb. 203) eine Verengung im Kanal c_2—c_3 vorgesehen, durch deren Wirkung zusammen mit der Wirkung der Bohrung b_c die Überströmung vom Raum B nach C entsprechend verlangsamt wird.

Die Abb. 204 zeigt die Bremsdruckschaulinien bei Einstellung des Hahns für leeren Wagen. Die Zeit, bis der volle Bremsdruck durch Ausgleich des Druckes zwischen den Kammern B und C erreicht ist, beträgt beim leeren Wagen und mittleren Kolbenhub 55 Sek.

In Abb. 205 ist die Bremsdruckschaulinie bei Einstellung des Umstellhahns für beladenen Wagen dargestellt. Die Mitwirkung des Zweikammerzylinders ist in der punktierten Linie dadurch gezeigt, daß der Wirkung des Einkammerzylinders die entsprechend umgerechnete Differenzwirkung zwischen den Räumen A und B hinzugefügt wurde. Durch Zusammenfügen der beiden Zylinderwirkungen erhält die Bremsdrucklinie einen Knick, der aber für die stoßlose Wirkung der Bremse bedeutungslos ist. Die Gesamtzeit, die bis zum Erreichen der höchsten Bremswirkung verstreicht, ist dagegen die gleiche wie bei der Bremsdruckschaulinie für den leeren Wagen.

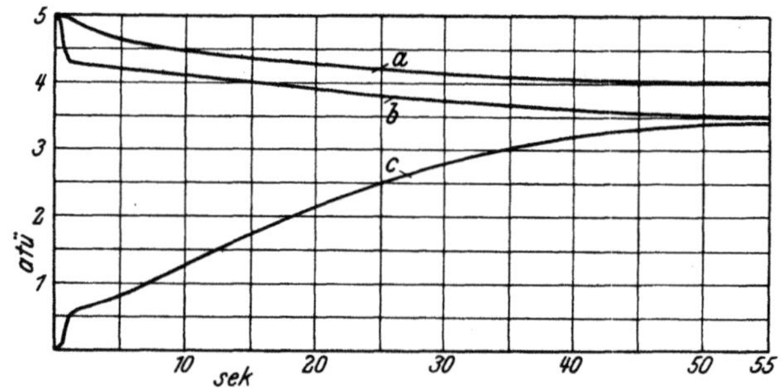

Abb. 204. Druckschaulinien der Räume A, B u. C für einen leeren Wagen mit Kunze Knorr-Güterzugbremse.

Ebenso wichtig wie die Art des Bremsdruckanstiegs für ein stoßloses Bremsen des Zuges ist, ist auch die Art des Lösens der Bremse. Bei den Versuchen mit der Knorr-Güterzugbremse war festgestellt worden, daß es nur dann möglich ist, während der Fahrt nach einer Bremsung die Bremsen stoßlos zu lösen, wenn das Lösen der Bremsen langsam erfolgt. Andererseits darf die Lösezeit auch nicht zu lang sein, weil sonst der Zug in der Ebene nicht schnell genug wieder beschleunigt werden kann. Das dabei erprobte Maß von 60 Sek. vom Beginn des Lösens bei einem voll angebremsten Zug bis zum Lösen der Bremse bei mittlerem Kolbenhub wurde für die Kunze Knorr-Bremse für Güterzüge beibehalten. Dieser Zeit wurde auch die Auffüllung der Räume des Zweikammerzylinders angepaßt.

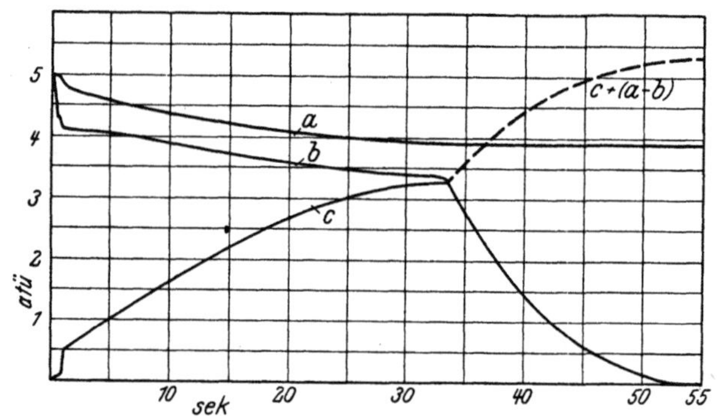

Abb. 205. Schaulinien für einen beladenen Wagen mit Kunze Knorr-Güterzugbremse.

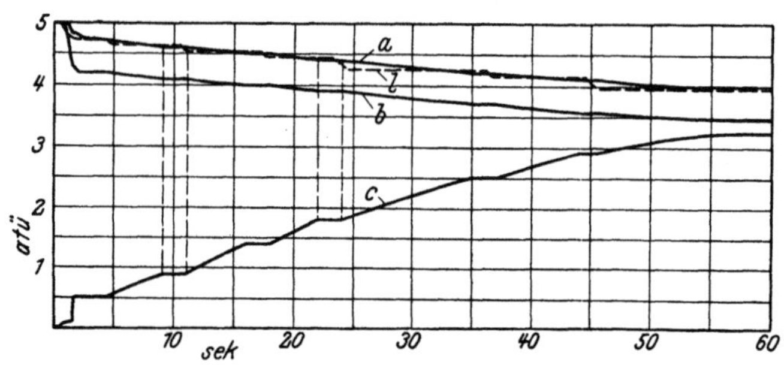

Abb. 206. Schaulinien der Kunze Knorr-Güterzugbremse bei stufenweisem Bremsen.

Die Abb. 206 und 207 zeigen die Druckverhältnisse in den Räumen A, B und C bei stufenweisem Anziehen und Lösen der Bremse am leeren Wagen.

Bei Druckverminderung in der Leitung um 0,3 Atm. (Abb. 206) steigt der Druck im Bremszylinder schnell auf 0,5 Atm. Dabei fällt der Druck im Raum A unter den Leitungsdruck, so daß dieser das Steuerventil in Abschlußstellung bringt. Bei der weiteren, in kleinen Stufen erfolgenden Ermäßigung des Leitungsdruckes steigt der Bremsdruck stufenweise langsam an. Die Unterbrechungen zeigen sich deutlich in den 3 Kurven a, b und c. Auch

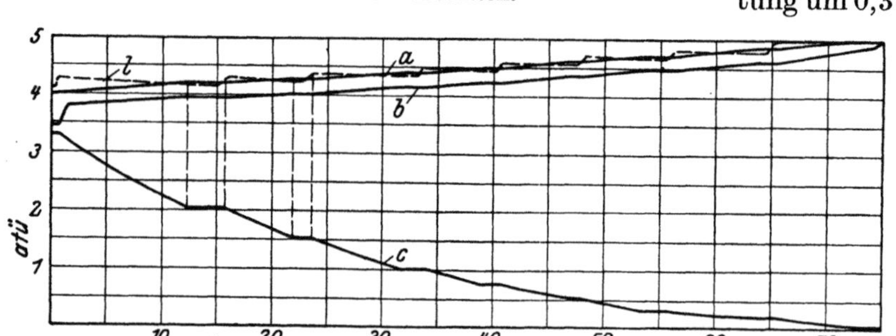

Abb. 207. Schaulinien der Kunze Knorr-Güterzugbremse bei stufenweisem Lösen.

bei diesen Betriebsbremsungen nimmt die Übertragungskammer bei der ersten Bremsstufe Leitungsluft auf, so daß sich die Druckverminderung mit Sicherheit bis zum Zugschluß fortpflanzt. In derselben Weise wie bei Vollbremsungen läßt auch das Mindestdruckventil so lange die Druckluft von B nach C durchströmen, bis in C ein Druck von ca. 0,5 Atm. erreicht ist.

Bei Erhöhung des Leitungsdruckes nach einer Vollbremsung (Abb. 207) steuert der Steuerkolben des Steuerventils in Lösestellung um. Der Druck in C sinkt langsam. Der Druck in B steigt zunächst ein kurzes Stück schnell an, bis sich der Kolben des Zweikammerzylinders in Bewegung setzt. Von da an steigt er dem größeren aufzunehmenden Luftvolumen entsprechend langsam. Gleichzeitig steigt auch der Druck in A, während der Druck in der Leitung L nach Abschluß des Führerventils sinkt, indem die Leitung Druckluft an den Raum B abgibt. Sinkt der Druck in L nur wenig unter den Druck in A, so wird der Steuerkolben in Abschlußstellung verschoben und der Lösevorgang unterbrochen. Die Wechselwirkung der Druckveränderung ist aus dem Diagramm deutlich sichtbar. Da der Druckabfall in der Sekunde bei fallendem Druck in C geringer wird, werden die Lösestufen bei gleichen Abstufungen des Leitungsdruckes immer kleiner, was gerade für das Befahren von schwachen Gefällen sehr vorteilhaft ist. Die Übertragungkammer $Ü$ wird dabei zunächst nicht entleert, da ihre Verbindung mit der freien Luft in der Lösestellung des Steuerventils über das Mindestdruckventil führt und dieses vom Bremszylinderdruck geschlossen gehalten wird. Infolgedessen wirkt sie bei Einleitung einer Bremsstufe nach einer Lösestufe nicht mit, und die Bremsstufe kann klein gehalten werden. Erst wenn der Druck im Bremszylinder unter ½ Atm. sinkt, wird das Mindestdruckventil geöffnet und die Druckluft kann auch aus der Übertragungskammer entweichen.

Die Abstufbarkeit des Bremsdruckes ist bei dieser Einrichtung auf die vom Einkammerzylinder ausgeübte Höchstwirkung beschränkt. Sie ist beim leeren Wagen vollkommen. Die Wirkung des Zweikammerzylinders dagegen ist nicht abstufbar. Wird beim beladenen Wagen der Leitungsdruck über das Maß gesenkt, bei dem sich der Druck in B mit dem in C ausgleicht, so entleert sich der Raum B vollständig, und die von dem Druck in A ausgeübte Kraft kommt gleich vollkommen zur Wirkung. Dieser Mangel ist belanglos, solange das Ladegewicht im Verhältnis zum Leergewicht des Wagens ein gewisses Maß nicht überschreitet.

Die Kolbenkraft des Einkammerzylinders beträgt bei leerem Wagen 1750 kg. Mit der des Zweikammerzylinders zusammen beträgt die Kraft 2850 kg, d. i. 61% mehr. Beträgt also das Ladegewicht 61% des Leergewichts, so kann der beladene Wagen ebenso wie der leere mit im Durchschnitt 80% abgebremst werden.

Da man andererseits nicht damit rechnen kann, daß der Wagen, wenn er als beladen gilt, sein volles Ladegewicht hat, so kann dieses für die Abbremsung nicht eingesetzt werden, sondern nur etwa 50%. Der Wagen gilt also als beladen, und die Bremse wird auf „beladen“ gestellt, wenn er mit 50% seines vollen Ladegewichts beladen wird.

Bei einem Wagen, dessen Ladegewicht seinem Eigengewicht gleich ist, würden demnach nur 50% von diesem mehr abzubremsen sein. Von der gesamten Bremskraft wären daher $^2/_3$ abstufbar, da durch den Einkammerzylinder ausgeübt, und nur $^1/_3$ nicht abstufbar. Da sich die Abstufungen der Bremskraft in Gefällen nur in der untersten Hälfte der Gesamtbremskraft bewegen, während die obere Hälfte nur für die Fälle zur Anwendung kommt, in denen der Zug zum Stehen gebracht werden soll, kommt die Abstufbarkeit der Bremskraft des Zweikammerzylinders für die meisten Wagengattungen nicht in Betracht.

Wesentlich anders liegen die Verhältnisse bei Wagen mit großem Ladegewicht, bei denen die Lastabbremsung durch den Zweikammerzylinder an sich nicht ausreicht. Bei Großraumgüterwagen beträgt das Gewicht der Last meist mehr als 61% des Leergewichts. Daher mußte für diese Wagen eine höhere Abbremsung vorgesehen werden, als sie der Zweikammerzylinder ermöglichte, um in starken Gefällen eine genügende Bremswirkung zu erreichen.

Für diese Fälle ist die **Kunze Knorr-Bremse für Güterzüge mit Zusatz-Bremszylinder** ausgebildet worden.

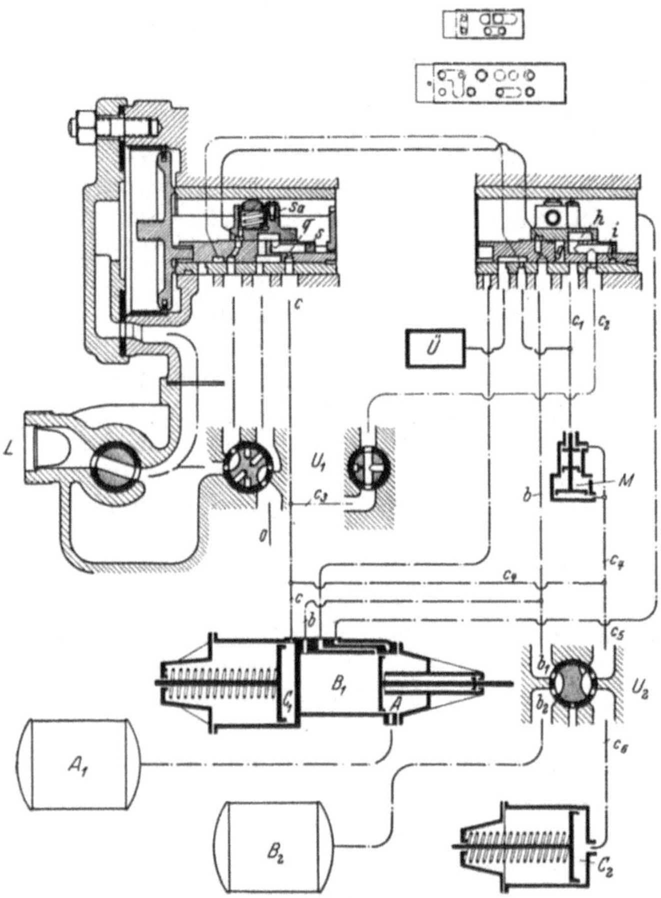

Abb. 208.

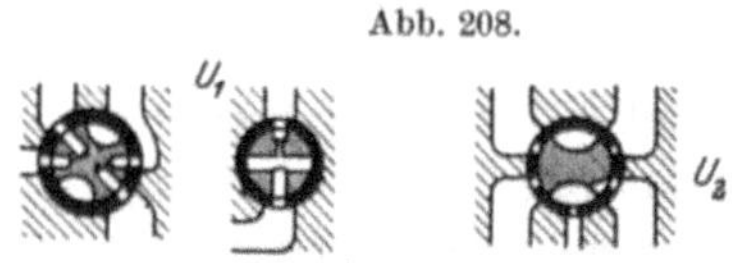

Abb. 209.

Abb. 208 und 209. Schema der Kunze Knorr-Bremse für Güterzüge mit Zusatzbremszylinder.

Dem normalen Einkammerzylinder der Kunze Knorr-Bremse für Güterzüge, der zur Abbremsung des Wageneigengewichts dient, wird beim beladenen Wagen zur Abbremsung des Ladegewichts ein zweiter Einkammerzylinder zugeschaltet. Die Größe dieses Zylinders kann ganz beliebig bemessen werden, so daß auch den ungünstigsten Verhältnissen Rechnung getragen wird. Die Kammer B des Zweikammerzylinders wird gleichzeitig durch Zuschalten eines der Größe des Zusatzzylinders entsprechenden Behälters derart vergrößert, daß der Druckausgleich zwischen den beiden Einkammerzylindern und dem vergrößerten Raum B bei dem gleichen Leitungsdruckabfall eintritt wie bei der normalen Güterzugbremse.

Da der Zweikammerzylinder nur dann bremsend mitwirkt, wenn der Druck in B durch abnormale Luftverluste sinkt, sonst aber nur als Steuerorgan wirkt, konnte die Einrichtung durch Weglassen des Zwischenventils v vereinfacht werden.

Das Schema Abb. 208 zeigt die Anordnung der Organe bei der Kunze Knorr-Bremse für Güterzüge mit Zusatzbremszylinder. Neben dem normalen Güterzugbremszylinder C_1 greift der Zusatzbremszylinder C_2 am Bremsgestänge des Wagens an, der durch den Umstellhahn U_2 zu- oder abgeschaltet werden kann. Durch das gleiche Organ wird auch der Zusatzbehälter B_2 mit dem Raum B_1 des Zweikammerzylinders verbunden oder von ihm getrennt. Für den Anstieg des Bremsdruckes sowohl als für die Lösezeit sind bei Einstellung für beladenen Wagen, wenn also der Bremszylinder C_2 und der Behälter B_2 durch Umstellhahn U_2 zugeschaltet sind, die Düsen in den Kanälen i und q des Grundschiebers s maßgebend. Beim leeren Wagen (Abb. 209) werden die betreffenden Durchgänge durch in dem Umstellhahn U_1 angeordnete Düsen weiter so gedrosselt, daß die Druckschaulinien bei beladenem und unbeladenem Wagen die gleichen sind.

Die Wirkungsweise der Einrichtung ist bei Stellung des Umstellhahns für leeren Wagen (Abb. 209) genau die gleiche wie bei der normalen Güterzugbremse in Leerstellung, nur daß die Drosselung für den Durchtritt der Luft von B nach C nicht im

Zwischenventil, sondern in dem Kanal i des Grundschiebers liegt. Die Bremsdruckschaulinie ist genau die gleiche wie bei der normalen Einrichtung.

Bei der Stellung für beladenen Wagen strömt bei einer Bremsung die Druckluft aus dem Behälter B_2 über Verbindung b_2, Umstellhahn U_2 und Kanal b_1 in den vom Raum B_1 kommenden Kanal b, und die Druckluft beider Räume gelangt über die Kanäle g und i im Grundschieber s und Muschel h im Abstufungsschieber s_a einerseits über c_1 zum Mindestdruckventil M und von dort über c_4 und c zum Bremszylinder C_1 und über Kanal c_5, den Umstellhahn U_2 und Kanal c_6 zum Bremszylinder C_2, andererseits über c_2, über den auf weite Öffnung eingestellten Umstellhahn U_1, Kanal c_3 und c zum Bremszylinder C_1 und über c_4, c_5, den Umstellhahn U_2 und Kanal c_6 zum Bremszylinder C_2. Die sich dabei ergebende Bremsdruckschaulinie ist in Abb. 210 gezeigt. Sie deckt sich beinahe vollkommen mit der Druckschaulinie Abb. 204 für den leeren Wagen.

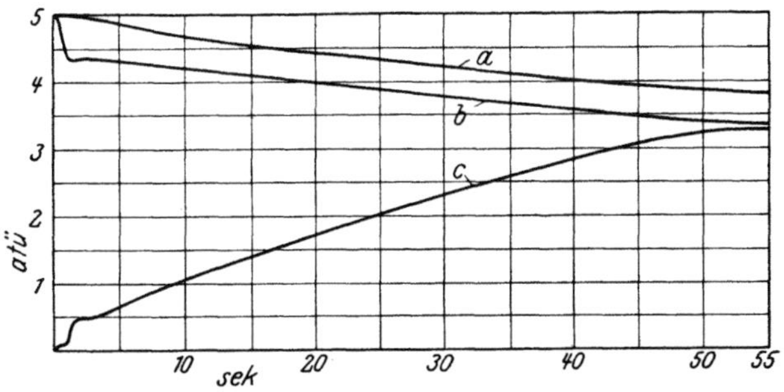

Abb. 210. Schaulinien der Kunze Knorr-Güterzugbremse mit Zusatzbremszylinder.

Auch bei der Abstufung des Bremsdruckes nach oben und unten zeigen sich keine Unterschiede gegen die normale auf Leerwagen eingestellte Güterzugbremse. Dies gilt aber auch für die Einstellung für beladene Wagen. Auch bei dieser ist die volle Bremskraft restlos abstufbar.

2. Die Kunze Knorr-Bremse für Personenzüge.

Für die Personenzüge waren zunächst die gleichen Bremszylinder und Steuerventile vorgesehen wie für die Güterzüge, nur sollte durch entsprechend größer bemessene Durchgangsquerschnitte ein rascherer Anstieg des Bremsdrucks und eine kürzere Lösezeit ermöglicht werden.

Es zeigte sich aber, daß diese erstrebte „Einheitsbremse" nicht unwesentlich größere Bremswege mit sich brachte, als sie die bisher angewandten Einkammerbremsen von Westinghouse und Knorr ermöglichten, und daß dies bei den mit Druckluftbremsen schon versehenen Ländern einen Rückschritt bedeuten würde.

Die mit den einfachen Übertragungskammern erreichbare Durchschlagsgeschwindigkeit ermöglichte zwar auch bei den Personenzügen von 80 Achsen stoßlose Betriebsbremsungen. Für Schnellbremsungen genügten sie indes nicht, um bei einem wesentlich steileren Anstieg des Bremsdrucks ein starkes Auflaufen der Wagen zu verhindern.

Es mußte deshalb zu einem besonderen Bremsbeschleuniger gegriffen werden, wie er schon für die Schnellzugbremse entwickelt worden war. Es ist dies der Beschleuniger, der in Abschnitt B I, Abb. 59 ausführlich behandelt wurde. Damit die Personenwagen auch in Güterzügen laufen können, ist der Beschleuniger abschaltbar eingerichtet, und zwar werden gleichzeitig mit seiner Abschaltung die die Bremsdruck- bzw. Löseschaulinien beeinflussenden Durchlässe verändert.

Da eine Lastabbremsung bei Personenwagen nicht in Frage kommt, wirkt normalerweise nur der Einkammerzylinder beim Bremsen, der Zweikammerzylinder ist Regelorgan; das Zwischenventil ist deshalb in Wegfall gekommen.

Abb. 211—213 zeigen die Anordnung des Bremszylinders mit den zugehörigen Apparaten: Beschleuniger, Steuerventil, Auslaßventil, Umstellvorrichtung usw.

Der Gußkörper des Bremszylinders entspricht in seinen Abmessungen genau dem der Güterzugbremse. Er hat nur, abweichend von diesem, seitlich zwei Flächen, an denen der Beschleuniger und das Steuerventil direkt angeschraubt sind, so daß die Luftverbindungen innerhalb des Gußkörpers verlaufen.

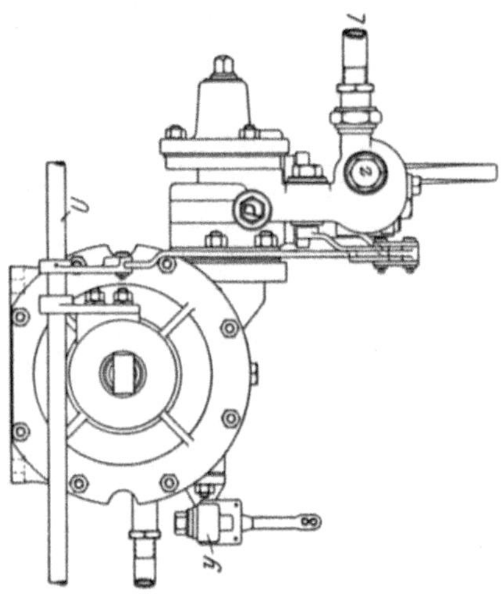

Abb. 212.

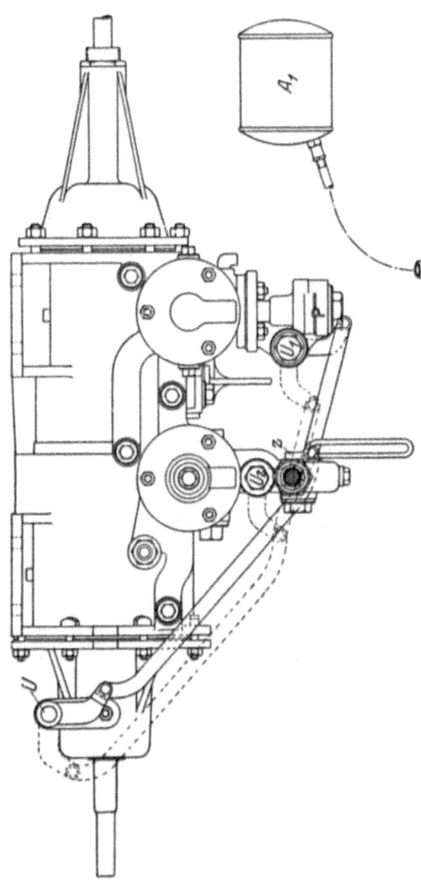

Abb. 211.

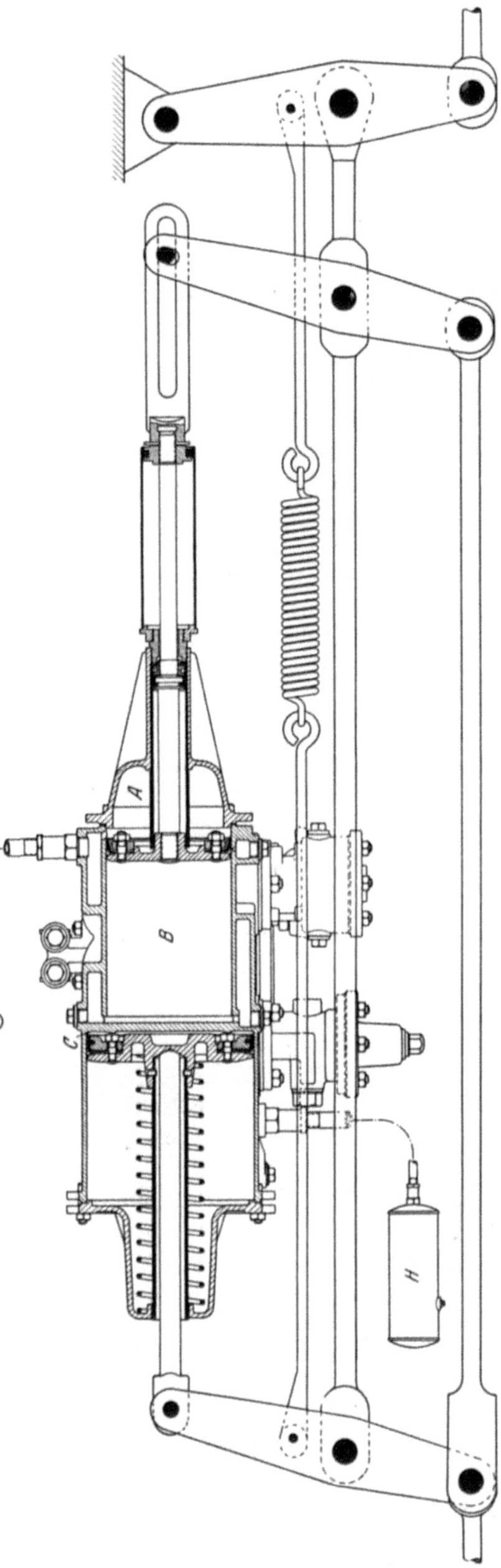

Abb. 213.

Abb. 211—213. Kunze Knorr-Bremse für Personenzüge.

Der Betätigungshebel für den Umstellhahn U_1 am Steuerventil ist mit dem Betätigungshebel des Umstellhahns U_2 am Beschleuniger durch eine Verbindungsstange verbunden, und beide zusammen werden durch eine Zugstange und einen Hebel von der quer zum Wagen liegenden Umschaltwelle U aus bewegt. Damit der Luftweg von der Leitung zum Beschleuniger möglichst kurz wird, ist dieser direkt mit der Leitung verbunden. Der Weg zum Steuerventil führt vom Beschleuniger durch den Gußkörper des Bremszylinders. Auf der gegenüberliegenden Seite des Bremszylinders ist, wie bei der Güterzugbremse, die Auslösevorrichtung y befestigt. Der Zusatzbehälter A_1 für den Raum A sowie der Steuerbehälter H für den Beschleuniger sind durch kurze Rohrleitungen mit dem Zylinderkörper verbunden.

Die Verbindung der Bremskolben mit dem Bremsgestänge erfolgt in genau der gleichen Weise wie bei der Güterzugbremse. Der Zweikammerkolben ist ebenfalls mit dem Gestänge verbunden, kommt aber nur zur Wirkung, wenn durch außergewöhnlichen Luftverlust im Einkammerzylinder der Druck im Raum B weiter abnimmt und sich dann die Schleife des Zweikammerkolbens an das Bremsgestänge anlegt.

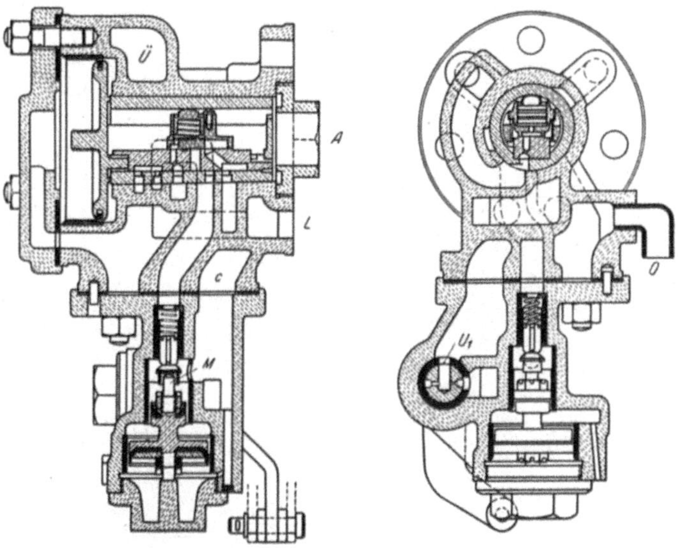

Abb. 214. Abb. 215.

Abb. 214 und 215. Steuerventil der Kunze Knorr-Bremse für Personenzüge.

Abb. 214 und 215 zeigen das Steuerventil in zwei Schnitten. Die Bauart ist im wesentlichen genau dieselbe wie bei der Güterzugbremse. Die Verbindung von der Leitung L her erfolgt jedoch durch den Befestigungsflansch des Steuerventils, und der Absperrhahn z, welcher zur Abschaltung der ganzen Bremsvorrichtung dient, ist, wie Abb. 211 zeigt, im Beschleuniger untergebracht. Das Zwischenventil v ist in Wegfall gekommen; der Umstellhahn U_2 hat zwei verschieden große Düsen, von denen die eine in der Stellung für Personenzüge und die andere, kleinere, in der Stellung für Güterzüge zur Anwendung kommt.

Abb. 216 gibt das Schaltbild der Bremse in Lösestellung. Das Steuerventil ist oben dargestellt, seine Schieber s_1 und s_a in zwei Schnitten nebeneinander. Das darunter ersichtliche Ventil ist der Beschleuniger.

Die für das Zusammenarbeiten mit Güterzugbremsen erforderlichen Einrichtungen sind die Umstellhähne U_1 und U_2 sowie das Mindestdruckventil M mit dem es betätigenden Differentialkolben.

In dem dargestellten Lösezustand der Bremse steht die bei L angeschlossene Leitung über Kanal l_1, Absperrhahn z, Kanal l_4 mit dem Raum l_5 links vom Beschleunigerkolben k_2 in Verbindung. Von dort tritt Druckluft über die Empfindlichkeitsbohrung t in den Raum h_2 rechts vom Steuerkolben und über Anschluß h_1 zum Steuerbehälter H. Durch Zweigkanal l_6 steht Leitungsluft auch unter dem Grundschieber s_2 des Beschleunigers. Durch den über den Befestigungsflansch des Beschleunigers führenden Kanal l_2 strömt Leitungsluft auch in die Kammer l_3 links vom Steuerkolben k_1 des Steuerventils. Ein Abzweig l_4 führt über die Kanäle j und f im Grundschieber und den Querkanal d im Abstufungsschieber des Steuerventils über Anschluß b zum Raum B des Bremszylinders. Von dort gelangt sie über die Bohrung x, Kanal x_1 zum Raum a_2

rechts vom Steuerkolben, der über Verbindung a_1 mit dem Raum A des Zweikammerzylinders in Verbindung steht. Die Beschleunigungskammer $Ü$ ist über den Anschluß $ü$, die Muschel n im Grundschieber, Kanal $ü_1$ mit dem Kanal c_1 verbunden, der über das geöffnete Mindestdruckventil M, Kanal c, die Bohrung q und p im Grundschieber und Muschel r im Abstufungsschieber nach o entlüftet wird. Der Raum C des Einkammerzylinders ist auf dem gleichen Wege mit der freien Luft verbunden.

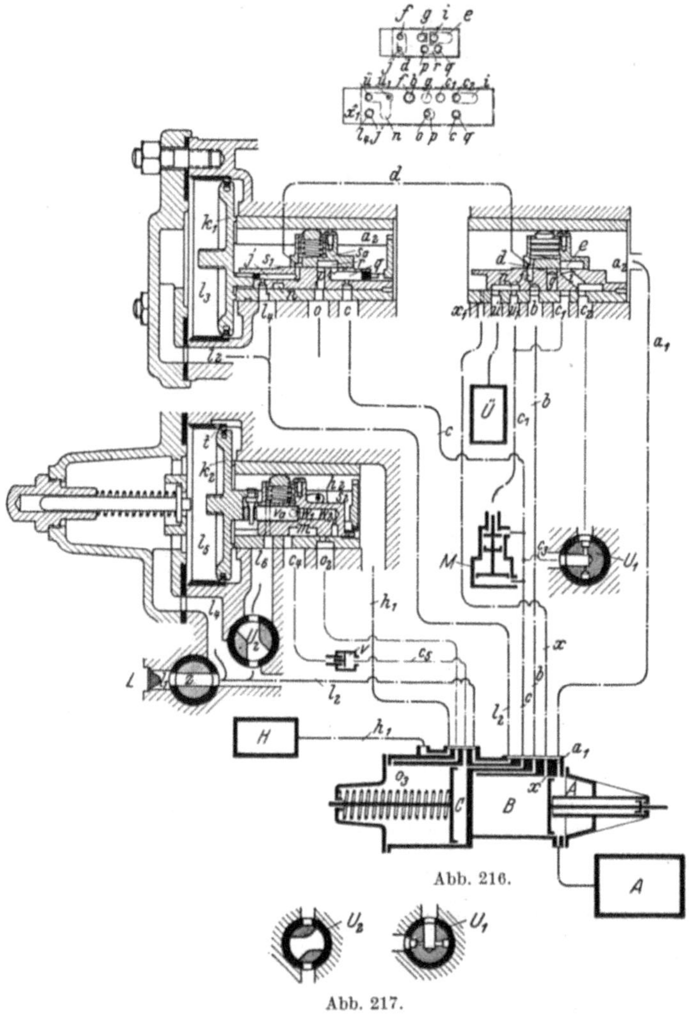

Abb. 216.

Abb. 217.

Abb. 217.

Abb. 216 und 217. Schaltbild der Kunze Knorr-Bremse für Personenzüge.

Wird eine Betriebsbremsung eingeleitet, so geht der Kolben k_2 des Beschleunigers nach links, bis er auf den gefederten Anschlag trifft. Dabei hebt er das Abstufungsventil v_a von seinem Sitz ab und bewegt den Grundschieber s_2 so weit, daß der Kanal w_2 mit der Öffnung o_2 zusammenfällt. Infolgedessen strömt Druckluft aus dem Steuerbehälter H, über h_1 und h_2, die Seitenbohrung w_1 im Grundschieber, Kanal w_2, o_2 zum Raum o_3 links vom Kolben des Einkammerbremszylinders und an der losen Führung der Kolbenstange vorbei ins Freie. Die Führung der Luft durch diesen Raum erfolgt zum Zweck der Schalldämpfung. Sobald der Druck in dem Behälter H auf diese Weise unter den Leitungsdruck gefallen ist, geht der Kolben k_2 in seine Abschlußstellung zurück. Ziemlich gleichzeitig mit der ersten Bewegung des Kolbens k_2 geht auch der Kolben k_1 des Steuerventils in seine linke Endstellung. Dabei verbindet er zunächst die Leitung über l_4 und die Muschel n mit dem zur Übertragungskammer $Ü$ führenden Kanal $ü$. Die Beschleunigungskammer nimmt dabei in der Hauptsache die von den beiden Steuerkolben k_1 und k_2 in die Leitung verdrängte Luftmenge auf. Sodann verbinden die Kanäle g und i im Grundschieber s und die Muschel e im Abstufungsschieber s_a den von der Kammer B kommenden Kanal b mit den beiden Kanälen c_1 und c_2 im Schieberspiegel. Durch den Kanal c_1 gelangt die Luft über das Mindestdruckventil M nach Kanal c und zum Bremszylinder C. Durch den Kanal c_2 strömt weiter Luft über den Umstellhahn U_1 und Kanal c_3 ebenfalls zum Einkammerbremszylinder, so daß dieser schnell mit Druckluft gefüllt wird. Dabei sinkt der Druck in B, und der Zweikammerkolben wird durch den Druck in A über die Bohrung x hinweg bewegt. Dadurch sinkt auch der Druck in A. Sobald dieser unter den Leitungsdruck fällt, geht der Steuerkolben k_1 in die Bremsabschlußstellung, in der der Abstufungsschieber s_a zum Grund schieber s die gleiche Stellung einnimmt wie in der in der Abbildung gezeigten Lösestellung.

Die Abstufung des Bremsens und das stufenweise Lösen vollzieht sich in genau der gleichen Weise wie bei der Kunze Knorr-Bremse für Güterzüge. Der Kolben k_2 des Beschleunigers führt bei den Bremsstufen nur Bewegungen zwischen der Abschlußstellung und dem federnden Anschlag aus, wobei der Druck im Steuerbehälter H stufenweise sinkt. Beim Lösen der Bremse geht der Beschleunigerkolben in die Lösestellung, und der Steuerbehälter H wird wieder aufgefüllt.

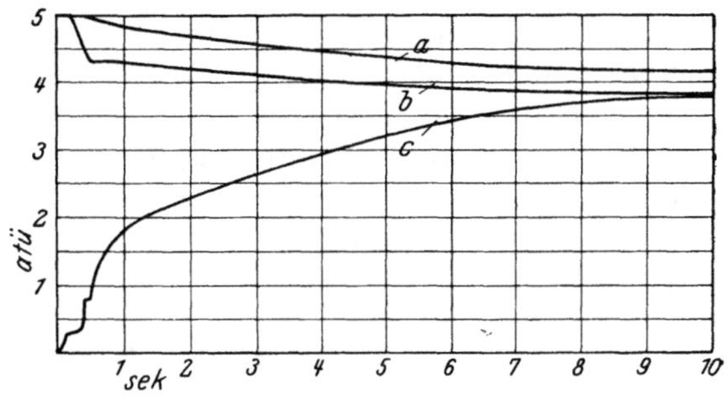

Abb. 218. Schaulinien einer Schnellbremsung mit der Kunze Knorr-Bremse für Personenzüge.

Bei einer Schnellbremsung dagegen, bei der der Druck in der Leitung plötzlich stark vermindert wird, geht der Kolben k_2 des Beschleunigers in seine äußerste Stellung links, indem er die Feder des Anschlags zusammendrückt. Hierbei wird die Leitung über Kanal l_6 und die Muschel m des Grundschiebers s_2 mit dem Kanal c_4 und über das Rückschlagventil v im Kanal c_5 mit dem Bremszylinder C verbunden. Infolgedessen strömt ein großer Teil der Leitungsluft sofort in den Bremszylinder ab, und hierdurch wird der Druckabfall in der Leitung schnell durch den ganzen Zug fortgepflanzt. Gleichzeitig geht auch der Kolben k_1 des Steuerventils in die äußerste linke Stellung und stellt die gleichen Verbindungen her wie bei der Betriebsbremsung. Durch das Hinzutreten der Leitungsluft im Bremszylinder wird der Anstieg des Bremsdrucks merklich beschleunigt. Dies ist aus der Bremsdruckschaulinie Abb. 218 deutlich zu erkennen. Der Anstieg bis auf etwa 2 Atm. erfolgt rasch, was für die Abkürzung der Bremswege, insbesondere bei größeren Fahrgeschwindigkeiten, notwendig ist. Der Anstieg bis zum Höchstdruck erfolgt in 10 Sek. entsprechend den Bremsdruckschaulinien bei der bisher eingeführten Einkammerbremse.

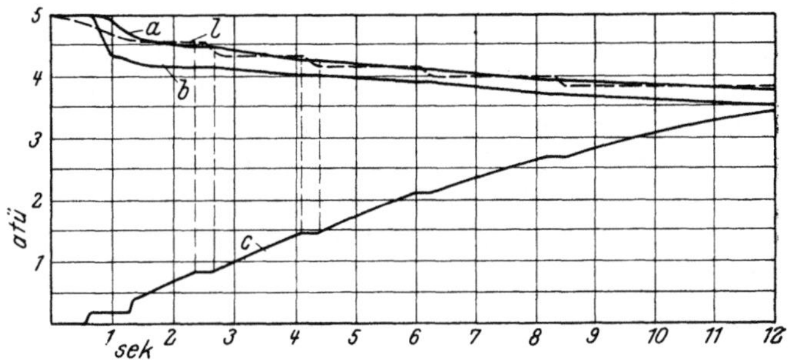

Abb. 219. Stufenweises Bremsen mit der Kunze Knorr-Bremse für Personenzüge.

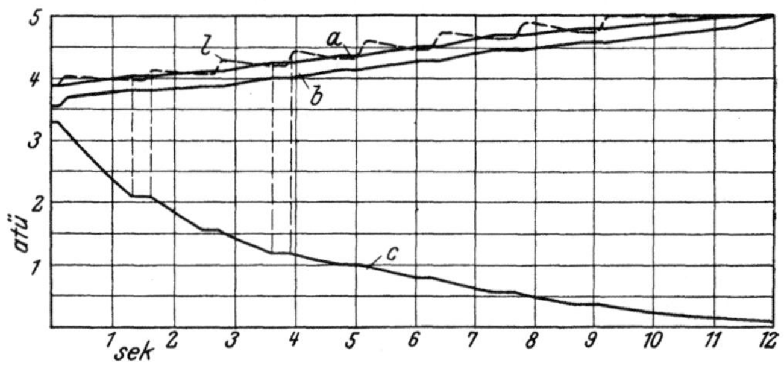

Abb. 220. Stufenweises Lösen mit der Kunze Knorr-Bremse für Personenzüge.

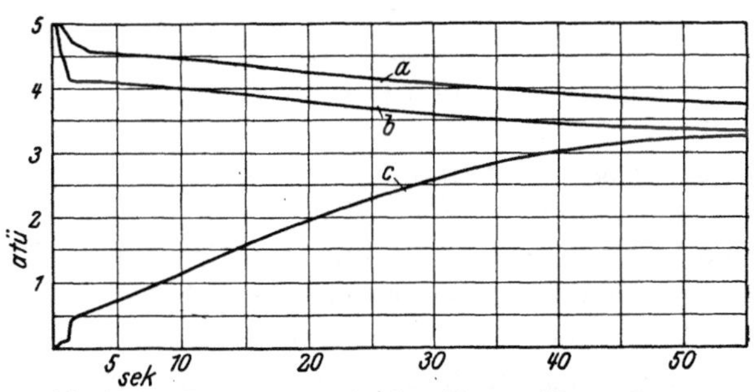

Abb. 221. Bremsung mit der Kunze Knorr-Bremse für Personenzüge bei Umstellung auf Güterzug.

Aus den Schaulinien Abb. 219 und 220 für abgestuftes Bremsen und Lösen geht hervor, daß die Wirkungsweise in bezug auf Abstufbarkeit genau die gleiche ist wie bei der Güterzugbremse.

Die Abb. 221 zeigt die Bremsdruckschaulinie für die Einstellung der Bremse für Güterzüge. Durch den Umstellhahn U_2 (Abb. 217) ist die durch den Beschleuniger führende Verbindung der Leitung mit dem Bremszylinder unterbrochen. Zur Beschleunigung dient also genau wie bei der Güterzugbremse nur die Übertragungskammer. Das Mindestdruckventil bewirkt einen schnellen ersten Anstieg des Bremsdruckes bis auf ½ Atm., und der weitere Verlauf des Bremsdruckdiagrammes wird durch die enge Düse des Umstellhahns U_1 gestreckt. Der Verlauf der Bremsdruckschaulinie bei der Einstellung für Güterzüge entspricht infolgedessen genau dem Bremsdruckdiagramm der Güterzugbremse.

3. Die Kunze Knorr-Bremse für Schnellzüge.

In Europa hat man bisher im allgemeinen die Personenzugbremse auch für Schnellzüge benutzt. Für die wesentlich höheren Gewichte der Durchgangswagen wurden nur größere Bremszylinder und Steuerventile mit entsprechend weiten Durchgängen verwandt. Das abzubremsende Gewicht wurde nicht über 85% des Wagengewichts erhöht.

Als die Preußische Staatsbahn die größte zulässige Fahrgeschwindigkeit der Schnellzüge auf 110 km/St. erhöhte, machte sie die Erfahrung, daß eine Abbremsung von 85% des Leergewichts eines mit dieser Geschwindigkeit fahrenden Schnellzuges nicht mehr ausreichte, um ihn innerhalb des Abstandes von 700 m zwischen dem Vor- und dem Hauptsignal zum Stehen zu bringen, wenn das Vorsignal auf „Halt" stand. Die Preußische Staatsbahn ging deshalb schon im Jahre 1912 zu der höheren Abbremsung der Schnellzüge über, wie sie im Abschnitt über die Bremsdruckschaulinie, Seite 61 dargestellt wurde.

Bei der Ausbildung der Kunze Knorr-Bremse für Schnellzüge wurde von vornherein eine bedeutend stärkere Abbremsung angestrebt. Hierfür war ein Bremszylinder von erheblich größeren Abmessungen erforderlich.

Beim Beginn der Entwicklung dieser Abart der Kunze Knorr-Bremse wurde der Berechnung eine Abbremsung von 185% des Wagengewichts von im Mittel 37000 kg zugrunde gelegt, die durch Zusammenwirken des Zweikammerzylinders (85%) mit dem Einkammerzylinder (100%) erreicht werden sollte. Die Erfahrung mit dieser Bauart hat indes gezeigt, daß der Gewinn an Verkürzung des Bremsweges durch diese hohe Abbremsung in keinem Verhältnis zu der außerordentlichen Verstärkung des Bremsgestänges und des Wagenuntergestells steht und zu der damit verbundenen Gewichtsvermehrung des Wagens. Bei der endgültigen Form der Kunze Knorr-Bremse für Schnellzüge ist man deshalb auf eine Abbremsung von 130% zurückgegangen, die durch den Einkammerzylinder allein geleistet wird. Der Zweikammerzylinder dient zur Abbremsung von 85% des Wagengewichts, wenn der Einkammerzylinder bei sinkender Fahrgeschwindigkeit durch den Bremsdruckregler (siehe Seite 62) entlüftet ist.

Die großen Räume des Zweikammerzylinders, die beim Lösen der Bremse von der Leitung her zu füllen sind, machten eine besondere Maßnahme notwendig. Beim stufenweisen Lösen der Bremse verschluckten diese Räume so viel Luft, daß eine schwache Druckerhöhung in der Leitung sich nicht bis zum Zugschluß fortpflanzen konnte und eine ungleichmäßige Lösung der Bremse im Zuge eintrat. Um diesen Nachteil zu beseitigen, wurde ein besonderer Füllbehälter vorgesehen, der im Ruhezustand den Leitungsdruck aufweist bzw. bei vollem Lösen wieder auf den vollen Druck aus der Leitung gebracht wird, bei stufenweisem Lösen der Bremse dagegen Druckluft an den Raum *B* des Zweikammerzylinders abgibt. Die Druckerhöhung in der Leitung dient also zunächst dazu, das Umsteuern der Steuerventile in die Lösestellung zu bewirken.

Die Mittel zur Beschleunigung der Bremswirkung durch den Zug sind die gleichen wie bei der Personenzugbremse. Für die Beschleunigung bei Betriebsbremsungen dient die Übertragungskammer; zur Beschleunigung der Schnellbremsungen tritt der besondere Beschleuniger (Abb. 59) hinzu.

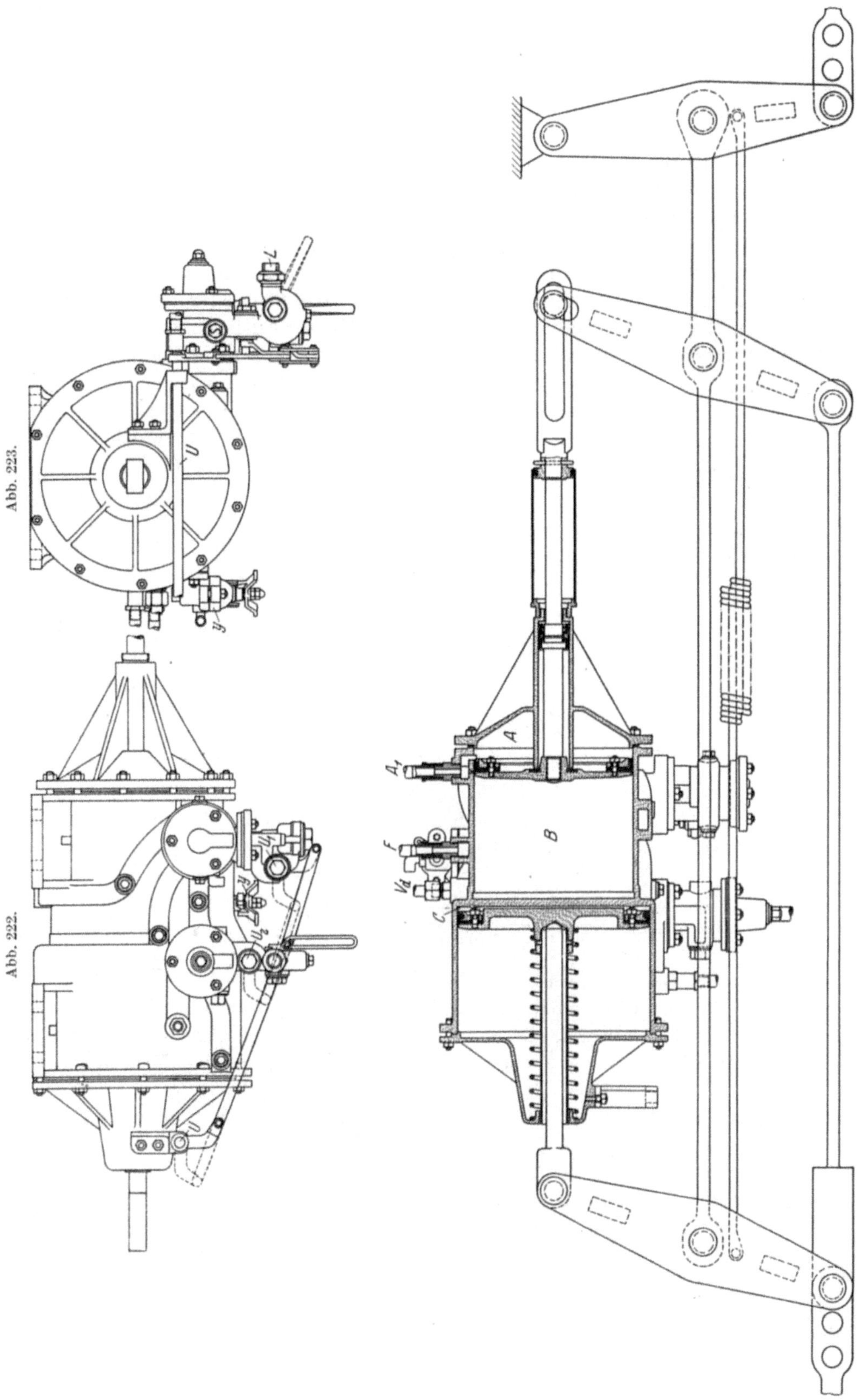

Abb. 224.

Abb. 222—224. Kunze Knorr-Bremse für Schnellzüge.

Abb. 224.

Abb. 222—224. Kunze Knorr-Bremse für Schnellzüge.

Die Abb. 222—224 zeigen den Bremszylinder mit den zugehörigen Organen und dem Anschluß an das Bremsgestänge.

Wie bei der Personenzugbremse sind Beschleuniger und Steuerventil direkt am Körper des Bremszylinders angeschraubt. Die Betätigungshebel der beiden Umstellhähne des Steuerventils U_1 und des Beschleunigers U_2 sind durch ein Doppelflacheisen verbunden und werden zusammen durch eine Stange und einen Hebel von der Welle U aus bewegt, die nach der zunächst liegenden Wagenseite geführt ist und dort in dem Bedienungshandgriff endigt. Durch diesen kann die Bremse für Schnellzug, Personenzug oder Güterzug eingestellt werden. Die wegen der erforderlichen großen Durchtrittsquerschnitte als Rundschieberventil ausgebildete Auslösevorrichtung y ist den Steuerventilen gegenüber am Zylinderkörper befestigt. Der Rundschieber wird durch den Luftdruck des Füllbehälters auf seinen Sitz gepreßt. Beim Auslösen des Bremsapparates verbinden die Kanäle des Rundschiebers den Füllbehälter mit der Kammer B, die Kammern C und A mit der freien Luft.

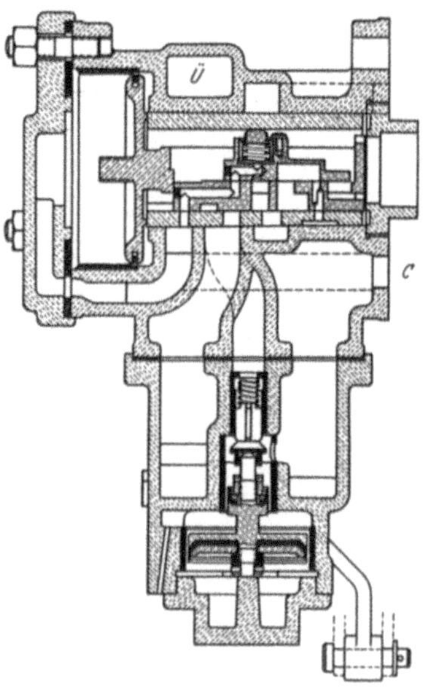

Abb. 225.

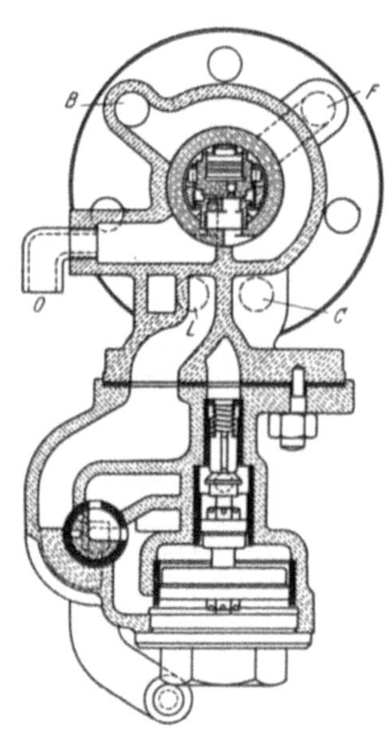

Abb. 226.

Abb. 225 und 226. Steuerventil der Kunze Knorr-Bremse für Schnellzüge.

Das Steuerventil (Abb. 225 und 226) hat den Räumen der Bremszylinder entsprechend wesentlich größere Abmessungen als das der Personenzugbremse. Damit es wie die Personenzugbremse mit Güterzugbremsen in längeren Zügen arbeiten kann, enthält es ebenfalls ein Mindestdruckventil, welches zwar auch in den Stellungen für Schnell- und Personenzugbremse mitarbeitet, aber nur in der Stellung für Güterzugbremsen seinen eigentlichen Zweck erfüllt.

Abb. 227—229 geben ein Schaltbild der Kunze Knorr-Schnellzugbremse in Lösestellung. Das oben in 2 Schnitten dargestellte Ventil ist das Steuerventil, darunter der Beschleuniger. Der an den Raum C des Einkammerzylinders durch Leitung c_6 angeschlossene Druckregler R mit dem Auslaßventil v_d ist schematisch dargestellt. Die genaue Konstruktion ist in der Beschreibung Abschnitt B II, Seite 60 gegeben.

Die Bremsleitung L ist an der tiefsten Stelle des Beschleunigers angeschlossen. Die Leitungsluft tritt bei l_1 ein und gelangt über den Absperrhahn z und Leitung l_2 zum Raum l_3 links vom Steuerkolben k_1 des Steuerventils. Außerdem gelangt sie durch Abzweig l_4 über die Kanäle j und t im Grundschieber und den Kanal d im Abstufungsschieber s_a zu dem nach dem Raum B des Zweikammerzylinders führenden Kanal b. Von dort gelangt sie in der Lösestellung des Zweikammerkolbens über die Bohrung x zum Raum A und zu dem mit diesem in Verbindung stehenden Behälter A_1. Durch Kanal a sind diese Räume mit dem Schieberraum a_1 des Steuerventils verbunden. Die Verengung in dem Kanal d des Abstufungsschiebers gibt das Maß für die Überströmung der Druckluft von der Leitung nach dem Raum B. Eine Drosselstelle zwischen den Räumen A und B, wie sie bei der Güterzug- und Personenzugbremse vorgesehen ist, war mit Rücksicht auf die großen Räume bei der Schnellzugbremse nicht erforderlich. Von dem Kanal b im Steuerventil aus wird über p, r und q und über den Kanal f auch der Füllbehälter F aufgefüllt.

Die Leitungsluft tritt weiter über den Abzweig l_5 in die Kolbenkammer l_6 des Beschleunigers, über die Empfindlichkeitsbohrung in die Schieberkammer h_2 und über den Kanal h_1 in den Steuerbehälter des Beschleunigers H über. Der Bremszylinder C steht über den Kanal c_3, den Umschalthahn U_1 und Kanal c, die beiden Kanäle i und g im Grundschieber, Kanal e im Abstufungsschieber des Steuerventils mit dem zur Außenluft führenden Kanal o in Verbindung. Die Übertragungskammer $Ü$ ist über Kanal $ü$,

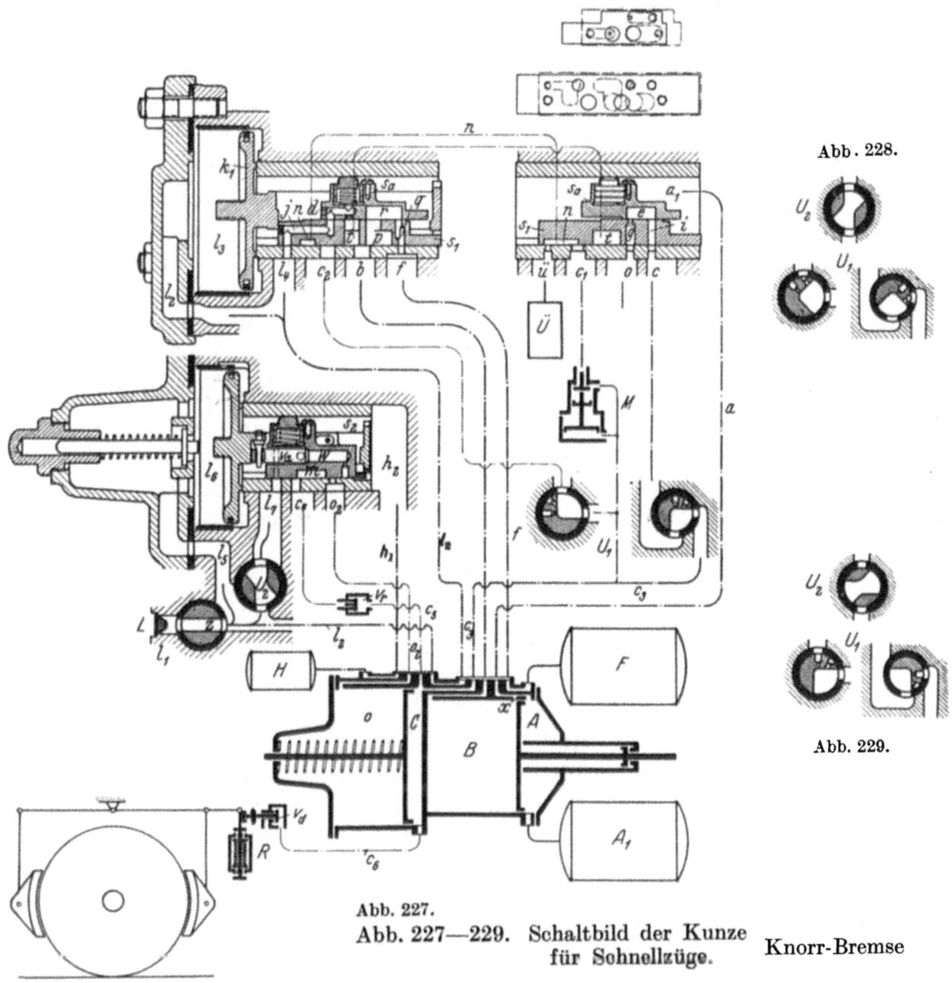

Abb. 228.

Abb. 229.

Abb. 227.

Abb. 227—229. Schaltbild der Kunze Knorr-Bremse für Schnellzüge.

Muschel n im Grundschieber, Kanal c_1, das Mindestdruckventil M und weiter über Kanal c_2 und c_3 auf dem gleichen Wege entlüftet wie der Bremszylinder.

Bei einer Betriebsbremsung arbeitet der Beschleuniger in der gleichen Art, wie sie für die Kunze Knorr-Bremse für Personenzüge beschrieben ist. Auch das Steuerventil arbeitet sehr ähnlich. Der Steuerkolben k_1 geht in seine linke Endstellung und verschiebt dabei den Abstufungsschieber s_a und weiter den Grundschieber s_1 in die Bremsstellung. In ihr wird zunächst durch die winkelförmige Muschel im Grundschieber der Leitungskanal l_4 mit dem zur Übertragungskammer $Ü$ führenden Kanal $ü$ verbunden. Die Menge der von dem Steuerkolben verdrängten Luft wird infolgedessen von der Kammer $ü$ aufgenommen, so daß sich die beabsichtigte Druckverminderung in der Leitung bis zum Zugschluß fortsetzt. Darauf verbindet der Grundschieber durch die Kanäle p und t, der Abstufungsschieber durch Muschel r den von der Kammer B

kommenden Kanal b mit den Kanälen c_2 und c_1. Die Druckluft der Kammer B strömt infolgedessen einerseits über c_1, das Mindestdruckventil M und Kanal c_3, andererseits über Kanal c_2, den Umstellhahn U_1 und c_3 zum Bremszylinder C. Dabei sinkt der Druck in der Kammer B, und infolgedessen wird der Zweikammerkolben durch den größer bleibenden Druck in der Kammer A nach links verschoben, so daß er die Überströmöffnung x überschleift. Dabei sinkt der Druck auch in der Kammer A und in der an sie angeschlossenen Schieberkammer a_1, und sobald der Druck auf dieser Seite unter den verminderten Leitungsdruck sinkt, geht der Steuerkolben k_1 und mit ihm der Abstufungsschieber s_a so weit zurück, daß er an den durch die größere Reibung festgehaltenen Grundschieber s_1 anstößt. Hiermit wird die Überströmung der Druckluft aus der Kammer B nach dem Bremszylinder C abgeschlossen. Durch stufenweise Ermäßigung des Druckes in der Leitung kann der Druck im Bremszylinder C stufenweise erhöht werden, indem gleichzeitig der Druck in der Steuerkammer H stufenweise ermäßigt wird. — Ist eine Schnellbremsung beabsichtigt, so wird plötzlich durch das Führerbremsventil viel Luft aus der Leitung ausgelassen. Da infolge der Drosselung in dem Kanal w des Grundschiebers s_2 des Beschleunigers der Druckabfall in der Steuerkammer H nicht schnell genug dem Druckabfall in der Leitung folgen kann, überwindet der Steuerkolben k_2 den vom federnden Anschlag ausgeübten Druck und geht in seine linke Endstellung. Dabei wird der Leitungskanal l_7 über die Muschel m mit dem Kanal c_4 verbunden. Leitungsluft strömt in diesen ein und geht über das Rückschlagventil v_r und Leitung c_5 zum Bremszylinder C, wodurch der Druckabfall in der Leitung beschleunigt wird. Der Kolben k_1 des Steuerventils geht ebenso wie bei Betriebsbremsungen in die linke Endstellung und bleibt dort, bis der Druck in der Kammer B sich mit dem des Bremszylinders C ausgeglichen hat. Das Rückschlagventil v_r verhütet dabei, daß die Druckluft aus dem Bremszylinder C in die Leitung zurückströmen kann, wenn der Druck in dieser weiter sinkt.

Die Abb. 230 zeigt die Bremsdruckschaulinie bei Schnellbremsungen. Durch die Mitwirkung der Leitungsluft wird die Füllung des sehr großen Bremszylinderraumes und der Anstieg des Bremszylinderdruckes bis auf 1 Atm. wesentlich verkürzt. Im weiteren Verlauf strömt die Druckluft des Raumes B durch die beiden Öffnungen des Schiebers und des Umstellhahns U_1 so schnell in den Bremszylinder über, daß der Druckausgleich bereits nach 5 Sek. eintritt. Dieser Druckausgleich liegt durch die Mitwirkung der Bremsleitungsluft um etwa 0,2 Atm. höher als bei Betriebsbremsungen. Der dadurch erzielte gesamte Bremsklotzdruck des Wagens ist auf 130% des Wagengewichts bemessen. Der über das Normale wesentlich erhöhte Bremsklotzdruck dient dazu, die Verringerung des Reibungskoeffizienten bei höheren Fahrgeschwindigkeiten auszugleichen. Damit der Bremsklotzdruck beim Bremsen aus geringeren Fahrgeschwindigkeiten oder nachdem die Fahrgeschwindigkeit durch die Bremsung vermindert worden ist, kein Gleiten der Räder herbeiführen kann, muß er durch den Bremsdruckregler ermäßigt werden. Dies geschieht dadurch, daß die Luft aus dem Bremszylinder C durch Vermittlung des Druckreglers vollständig ausgelassen wird, sobald die Reibung der Bremsklötze die entsprechend eingestellte Druckfeder des Reglers überwindet. Da der Raum B durch das in der Bremsstellung verharrende Steuerventil dauernd mit dem Raum C verbunden ist, so strömt auch die Druckluft aus dem Raum B ab, und die Druckluft im Raum A treibt den Zweikammerkolben so weit nach links, daß die Schleife der Kolbenstange (Abb. 224) am Bremszylinder anliegt. Es wirkt nun nur noch der in A herrschende Druck auf das Bremsgestänge und die Bremsklötze, wodurch der Gesamtbremsklotzdruck auf ca. 85% des Wagengewichts vermindert wird.

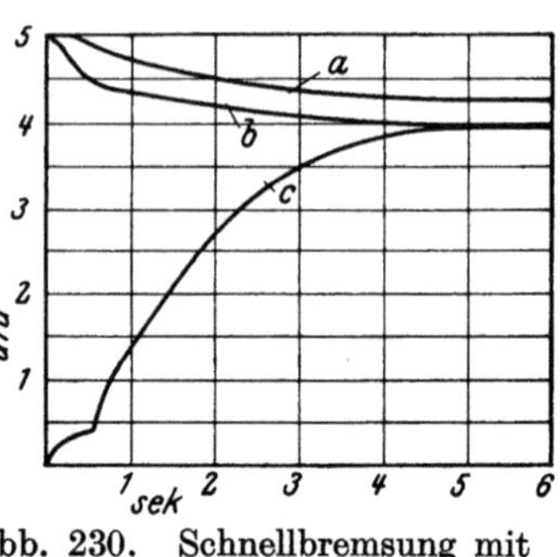

Abb. 230. Schnellbremsung mit der Kunze Knorr-Bremse für Schnellzüge.

Soll nach einer Betriebsbremsung die Bremswirkung stufenweise ermäßigt werden, so erhöht der Führer den Druck in der Leitung um ein geringes Maß. Hierdurch werden beide Steuerkolben in die rechte Endstellung verschoben. Der Kolben k_2 des Beschleunigers bleibt in dieser Stellung, wobei der Druck des Steuerbehälters H über die Füllbohrung n auf die Höhe des Leitungsdruckes gebracht wird. Der Kolben k_1 des Steuerventils geht mit dem Schieber in die in der Abbildung dargestellte Lösestellung. Dabei strömt einerseits aus dem Bremszylinder C die Luft über c_3, den Umschalthahn U_1 und die Öffnungen des Grundschiebers und Abstufungsschiebers aus, andererseits strömt aus dem Füllbehälter F und der Leitung Luft in die Kammer B ein und treibt den Zweikammerkolben nach rechts. Der Druck in A wird durch Kompression des in ihm unverändert erhaltenen Luftquantums erhöht, und sobald der Druck in A und in dem an diesen Raum angeschlossenen Schieberraum a_1 über den Leitungsdruck steigt, so wird der Steuerkolben k_1 nach links verschoben und nimmt den Abstufungsschieber mit, bis er durch die größere Reibung des Grundschiebers s_1 aufgehalten wird. In dieser Stellung, der Löseabschlußstellung, wird sowohl die Verbindung des Bremszylinders C mit der freien Luft als auch die Verbindung der Leitung zum Raum B unterbrochen. Die Übertragungskammer $\ddot{U}$ wird zwar über c_2, c_1 mit dem Mindestdruckventil verbunden, da dieses aber durch den im Bremszylinder herrschenden Druck geschlossen ist, bleibt der Druck in der Übertragungskammer erhalten, so daß die Übertragungskammer bei weiteren stufenweisen Bremsungen nicht erneut Druckluft aus der Leitung aufnehmen kann. Erst wenn der Druck im Bremszylinder unter ½ Atm. gesunken ist, kann auch die Druckluft der Übertragungskammer, der Ermäßigung des Leitungsdrucks entsprechend, ins Freie entweichen.

Die Abb. 231 zeigt die Druckverhältnisse in der Leitung und in den Räumen A, B und C bei abgestuften Betriebsbremsungen. Nach der Druckermäßigung in der Leitung um etwa 0,3 Atm. steigt der Druck im Bremszylinder auf 1 Atm. Bei weiteren Druckermäßigungen in der Leitung um je ca. 0,15 Atm. steigt der Bremsdruck entsprechend bis zum Maximum an, welches bei der Einstellung des Bremskolbenhubs auf das Mittel von 150 mm bei etwa 3,9 Atm. Leitungsdruck liegt.

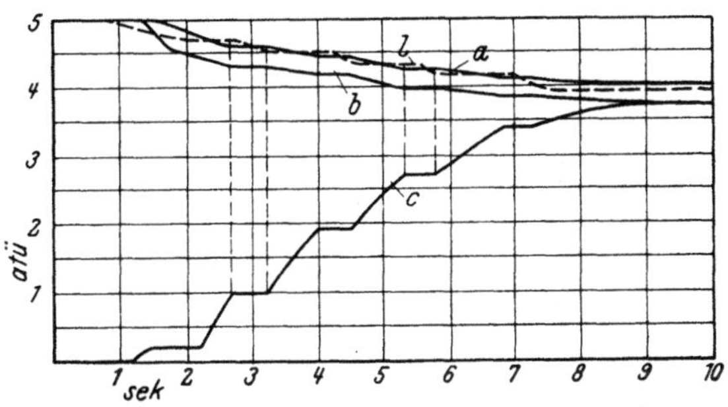

Abb. 231. Stufenweise Bremsung mit der Kunze Knorr-Bremse für Schnellzüge.

In der Abb. 232 sind die Druckverhältnisse in der Leitung und in den Räumen A, B und C bei stufenweisem Lösen der Bremse gegeben. Auch aus diesen Druckschaulinien sind die Abstufungen deutlich zu erkennen. Der zunächst durch das Führerventil erhöhte Leitungsdruck sinkt durch Abgabe von Druckluft an den Raum B des Zweikammerzylinders, während der Druck im Raum A steigt, bis der Steuerkolben infolge des Überdrucks in A in Löseabschlußstellung zurückgeschoben wird.

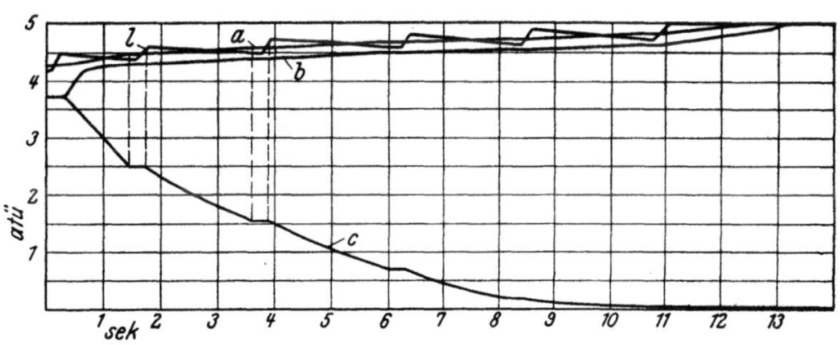

Abb. 232. Stufenweises Lösen mit der Kunze Knorr-Bremse für Schnellzüge.

Vermöge der Umstellhähne U_1 und U_2 kann die Kunze Knorr-Bremse für Schnellzüge auch für die Benutzung in Personen- und Güterzügen umgeschaltet werden. Die Abb. 228 zeigt die Stellung der Hähne für die Personenzugbremse. Der Hahn U_1

hat noch den vollen Durchgangsquerschnitt, so daß der Bremsbeschleuniger genau in derselben Weise wirken kann wie bei der Schaltung für Schnellzüge. Dagegen ist in dem Umstellhahn U_1 der Weg für die vom Raum B zum Bremszylinder führende Druckluft stark verengt. Hierdurch wird die Bremsdruckschaulinie (Abb. 233) so stark gestreckt, daß die höchste Bremswirkung erst nach 25 Sek. eintritt. Die Höhe des maximalen Enddruckes ist dabei zwar annähernd die gleiche wie bei der Schnellbahnbremse, indes nähert sich der Verlauf der Bremsdruckschaulinie demjenigen der Personenzugbremse, so daß bei der für Personenzug eingestellten Schnellbahnbremse nach gleichen Zeiten sich ungefähr die gleichen Bremswirkungen ergeben wie bei der Personenzugbremse.

Auch in der Stellung für Personenzugbremse tritt der Bremsdruckregler in Tätigkeit, sobald die Geschwindigkeit des Zuges entsprechend gesunken ist.

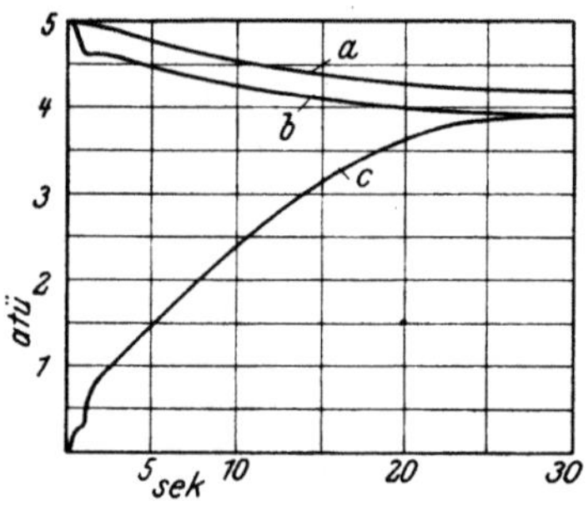

Abb. 233. Bremsung mit der Kunze Knorr-Bremse für Schnellzüge bei Umstellung auf „Personenzug".

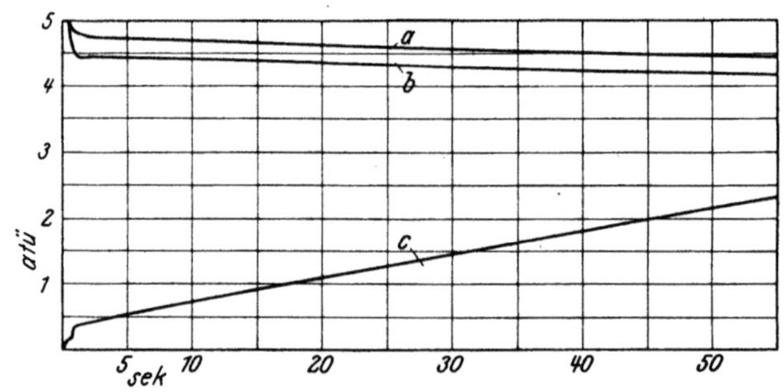

Abb. 234. Bremsung mit der Kunze Knorr-Bremse für Schnellzüge bei Umstellung auf „Güterzug".

In der Stellung für Güterzug (Abb. 229) ist der Umstellhahn U_2 geschlossen. Der Steuerkolben des Beschleunigers geht infolgedessen zwar bei Bremsungen ebenso in die Bremsstellung wie in der Stellung für Schnellbahnen, indes kann keine Druckluft aus der Leitung nach dem Bremszylinder überströmen. Der Weg von der Kammer B zum Bremszylinder ist durch den Umstellhahn U_1 derart gedrosselt, daß der Übertritt der Druckluft aus B nach C sehr langsam erfolgt. Das rasche Anlegen der Bremsklötze aber, wie es bei der Güterzugbremse erforderlich ist, wird allein durch die Vermittlung des Mindestdruckventils bewirkt, welches den Druck im Bremszylinder schnell auf etwa 0,4 Atm. ansteigen läßt. Der ganze Verlauf des auf die Bremsgestänge wirkenden Bremsdruckes (Abb. 234) ist derartig, daß er sich der Wirkung bei der Güterzugbremse nähert. Zwar ist auch bei Stellung „Güterzug" der höchste Druck im Bremszylinder bei mittlerem Bremskolbenhub etwa 3,7 Atm., indes wird die größte Bremskraft erst nach einer wesentlich längeren Zeit erreicht als bei der Güterzugbremse, so daß die Bremswirkung bei der Stellung der Schnellbahnbremse für Güterzug nach gleichen Zeitabschnitten nahezu die gleiche ist wie bei der Güterzugbremse. Auch bei der Stellung für Güterzug kommt zum Schluß der Bremsdruckregler zur Wirkung.

Schlußwort.

Die Annahme und Einführung der Kunze Knorr-Bremse bei den Güterwagen der Mitteleuropäischen Staaten wird in der Entwicklung der Vollbahnbremse für eine Reihe von Jahren einen gewissen Ruhezustand herbeiführen. Zum mindesten werden die Bahnen, die die Kunze Knorr-Bremse eingeführt haben, keine Veranlassung sehen, bald weitere eingreifende Änderungen vorzunehmen, denn es ist nicht angängig, einen so wesentlichen Sicherheitsfaktor, wie ihn die durchgehende Bremse im Eisenbahnbetrieb darstellt, durch fortdauernde Änderungen zu beeinträchtigen. Trotzdem wird der Erfindergeist nicht nachlassen, auf weitere Verbesserungen zu sinnen. Es sind ja auch lange schon eine Reihe von Erfindern an der Arbeit, den teils vermeintlichen, teils wirklichen Unvollkommenheiten der Kunze Knorr-Bremse durch neue Konstruktionen abzuhelfen. Bei den meisten der bisher bekannt gewordenen Vorschläge ist indes außer acht gelassen, daß das Bestehende nicht mit einem Male beiseite geschoben werden kann. Der Bremsenkonstrukteur hat es nicht so leicht wie der Konstrukteur einer für sich allein stehenden Maschine, der sich nur nach deren Verwendungszweck zu richten braucht, nicht aber berücksichtigen muß, daß sie mit einer großen Zahl Maschinen gleicher Art auf Schritt und Tritt zusammen gehen soll. Jene neue Bremse muß so gebaut sein, daß sie nicht nur mit den Bremsen derselben Bauart, sondern auch mit den schon im Betrieb vorhandenen Bremsen älterer Bauart einwandfrei zusammen arbeiten kann, da sonst die Hauptaufgabe der Bremse, die Sicherheit des Betriebes, gefährdet wird. Dies trifft insbesondere auch für den an sich denkbaren Fall zu, daß man einmal zu einer elektrisch gesteuerten Bremse übergehen will. Für diesen Fall muß entweder diese neue Bremse so gebaut sein, daß sie auch ohne elektrische Steuerung einwandfrei mit den vorhandenen nur pneumatisch gesteuerten Bremsen arbeitet, oder die bisher in Betrieb gewesenen Bremsen müssen vorher sämtlich zu der pneumatischen eine elektrische Steuerung erhalten, damit die neuen elektrisch gesteuerten Bremsen mit ihnen arbeiten können. Zu einer solchen doppelten Umänderung dürfte sich sobald keine Eisenbahnverwaltung entschließen.

Zudem muß bei dem Aufbau einer neuen Bremse berücksichtigt werden, daß ein Güterwagen zwischen den weit gesteckten Untersuchungsterminen keinerlei Wartung erfährt und von Land zu Land läuft. Die Einzelteile der Bremse müssen deshalb als unempfindlich im langjährigen Betriebe erprobt sein. Endlich muß die Bremse auch für Güter- und Personenzüge verwendbar sein.

Der Nachweis dafür, daß allen diesen Bedingungen genügt wird, wurde von der Kunze Knorr-Bremse bei Versuchsfahrten erbracht, die sich auf eine ganze Reihe von Jahren erstreckten. Wenn sich auch eine neue Bremse auf einem viel besser erforschten Untergrund aufbauen kann, als ihn die Kunze Knorr-Bremse vorfand, so sollte der Nachweis über die Erfüllung obiger Bedingungen erbracht sein, bevor die Einführung einer neuen Bremse ernstlich in Betracht gezogen wird.

Die Dampflokomotiven der Gegenwart. Hand- und Lehrbuch für den Lokomotivbau und -betrieb, für Eisenbahnfachleute und Studierende des Maschinenbaues. Unter Durcharbeitung umfangreicher amtlicher Versuchsergebnisse und des Schrifttums des In- und Auslandes sowie mit besonderer Berücksichtigung der Erfahrungen mit Schmidtschen Heißdampf-Lokomotiven der Preußischen Staatseisenbahnverwaltung. Von Geheimem Baurat Dr.-Ing. e. h. **Robert Garbe,** Berlin. Zweite, vollständig neubearbeitete und stark vermehrte Auflage. In einem Text- und Tafelbande. Mit 722 Textabbildungen und 54 lithographischen Tafeln mit den Bauzeichnungen neuer, erprobter Heißdampf-Lokomotiven des In- und Auslandes. XVII, 859 Seiten. 1920. Gebunden RM 64.—

Die zeitgemäße Heißdampflokomotive. Zugleich eine Ergänzung der 2. Auflage des Handbuchs „Die Dampflokomotiven der Gegenwart". Von Geh. Baurat Dr.-Ing. e. h. **Robert Garbe,** Berlin. Mit 116 Textabbildungen und 52 Zahlentafeln. IX, 167 Seiten. 1924. Gebunden RM 14.—

Die Dampflokomotive in entwicklungsgeschichtlicher Darstellung ihres Gesamtaufbaues. Von Prof. **J. Jahn,** Technische Hochschule der freien Stadt Danzig. Mit 332 Abbildungen im Text und auf 4 Tafeln. IX, 356 Seiten. 1924. Gebunden RM 18.—

Die Lokomotivantriebe bei Einphasenwechselstrom. Eine Untersuchung über Zusammenhänge von Motordimensionierung, Getriebeanordnung und Grenzleistung bei Einphasen-Vollbahnlokomotiven. Von Prof. Dr.-Ing. **Engelbert Wist,** Wien. Mit 48 Textabbildungen. 100 Seiten. 1925. RM 5.40

Einrichtung und Betrieb der Lokomotiven. Für Lokomotivführer, Lokomotivheizer, Bahnbeamte, Maschinenschlosser in Lokomotivfabriken und Eisenbahnwerkstätten und Besucher technischer Lehranstalten. Von Prof. Ing. **August Ulbrich,** Wien. Zweite Auflage. Mit 170 Abbildungen, 11 Tafeln und den Kesselgesetzen für das Deutsche Reich und für Österreich. 618 Seiten. 1923. (Technische Praxis, Band XV.) Gebunden RM 6.—

(Verlag von Julius Springer, Wien.)

C. W. Kreidel's Verlag in München 27

Berechnung und Konstruktion von Dampflokomotiven mit einem Anhang über elektrische Lokomotiven. Ein Nachschlagewerk für die Praxis und das Studium. Von Dipl.-Ing. **W. Bauer,** München und Dipl.-Ing. **X. Stürzer †,** Chemnitz. Zweite, neubearbeitete und erweiterte Auflage von Dipl.-Ing. **W. Bauer,** Heidelberg. Mit 428 Abbildungen im Text und auf 10 Tafeln nebst 8 Tabellentafeln. 421 Seiten. 1923. Gebunden RM 20.—

Die Eisenbahn-Fahrzeuge. (Die Eisenbahntechnik der Gegenwart, I. Band, I. Abschnitt.)

I. Teil: **Die Lokomotiven.**

1. Hälfte. Dritte, umgearbeitete Auflage. Bearbeitet von **Baumann, Courtin, Danner, Gölsdorf, Hammel, Kittel.** Mit 684 Abbildungen und 11 lithogr. Tafeln. XVI, 574 Seiten. 1912. RM 24.—
2. Hälfte. Erste Lieferung: Die Heißdampf-Lokomotiven mit einfacher Dehnung des Dampfes· Dritte, umgearbeitete Auflage. Bearbeitet von Dipl.-Ing. **Eugen Brückmann.** Mit 696 Textabbildungen und 11 lithogr. Tafeln. XVIII, 1177, 41 und 30 Seiten. 1920. RM 45.—; gebunden RM 48.—

II. Teil: **Die Wagen, Bremsen, Schneepflüge und Fährschiffe.**

1. Hälfte. Personenwagen, Gepäck- und Postwagen, Güterwagen und Dienstwagen. Anordnung der Achsen, Achslager, Federn, Bremsen, Zug- und Stoßvorrichtungen, Kuppelungen, Heizung, Lüftung, Beleuchtung. Zweite, umgearbeitete Auflage. Bearbeitet von **Biber, Borchart, Hefft, v. Littrow, Patté.** Mit 602 Abbildungen und 4 lithographischen Tafeln. IX, Seite 528—928. 1910. RM 18.—
2. Hälfte. Durchgehende Bremsen und Signalvorrichtungen. Schneepflüge und Schneeräummaschinen, Eisenbahnfähren. Vorschriften für den Bau der Wagen. Zweite, umgearbeitete Auflage. Bearbeitet von **Busse, Courtin, Halfmann, Staby** und **Patté.** Mit 129 Abbildungen und 8 lithographischen Tafeln. VIII, Seite 929—1105. 1911. RM 9.—

GPSR Compliance

The European Union's (EU) General Product Safety Regulation (GPSR) is a set of rules that requires consumer products to be safe and our obligations to ensure this.

If you have any concerns about our products, you can contact us on ProductSafety@springernature.com

In case Publisher is established outside the EU, the EU authorized representative is:

Springer Nature Customer Service Center GmbH
Europaplatz 3
69115 Heidelberg, Germany

Batch number: 10684220

Printed by Printforce, the Netherlands